AF475017

LIBRAIRIE F. SAVY

COUPE FIGURATIVE

DE LA STRUCTURE

DE

L'ÉCORCE TERRESTRE

ET

CLASSIFICATION DES TERRAINS

Avec indication et figures des principaux Fossiles caractéristiques des divers étages géologiques

PAR

CHARLES D'ORBIGNY

Une feuille jésus coloriée. — Prix : **6** FR.

La même, collée sur toile, vernissée et montée sur gorge et rouleau, **12** fr.

Ce grand et important tableau colorié a 1 mètre 25 centimètres de longueur, sur 75 centimètres de hauteur.

LES

EXPLORATIONS

SOUS-MARINES

Corbeil. — Typ. et stér. de Crété fils.

LES

EXPLORATIONS

SOUS-MARINES

HYDROGRAPHIE — APPAREILS DE SONDAGE
LE SOL SOUS-MARIN — LA VIE DANS LES PROFONDEURS DE LA MER
LES EAUX — LES MERS ANCIENNES

PAR

JULES GIRARD

MEMBRE DE LA SOCIÉTÉ DE GÉOGRAPHIE

PARIS
LIBRAIRIE F. SAVY
24, RUE HAUTEFEUILLE.

—

1874

PRÉFACE

Pendant ces dernières années l'exploration des mers profondes a été l'objet de recherches sans précédents. Des révélations inattendues ont doté la science de connaissances, qui ont jeté un jour nouveau sur ces régions impénétrables. Maintenant le monde sous-marin n'est plus relégué dans le domaine de la fiction; les résultats partiels que l'on a péniblement obtenus autorisent à le regarder avec une certitude plus autorisée.

Le but de cet aperçu d'hydrographie physique est d'interpréter succinctement les découvertes les plus remarquables que l'on doit aux sondages et draguages, en les rapprochant des faits déjà acquis aux sciences géographiques et naturelles. Nous avons essayé de les présenter sous une forme plus facile à saisir en dégageant les questions multiples qui ont trait au fond de la mer, de l'aridité et de la sécheresse, conséquence inévitable des observations.

Ce travail contient d'abord deux chapitres : les *Préliminaires historiques et hydrographiques ;* ensuite le *Matériel de sondage et d'investigation;* cet avant-propos expose l'état des connaissances avant les recherches et les moyens usités dans la pratique. Il est ensuite divisé en quatre parties : 1° *Les Caractères du sol sous-marin*, envisagés sous le rapport géographique ; 2° *La Vie dans les profondeurs de la mer*, coup d'œil sur les organismes du fond, mis en parallèle avec ceux qui vivent à la surface ; 3° *Les Eaux*, leurs propriétés chimiques et les phénomènes physiques qui s'accomplissent au sein des océans ; 4° *Les Mers anciennes*, notions géologiques déjà connues, comparées avec les découvertes provenant des sondages.

Nous avons eu recours aux documents étrangers et plus particulièrement aux observations recueillies dans les campagnes dues à l'initiative de l'Angleterre et de l'Amérique, explorations ayant eu un notable retentissement scientifique. Il est à regretter qu'à côté de ces travaux étrangers, les traditions de conquêtes géographiques semblent ralenties en France. Nous avons cependant profité du concours accidentel de plusieurs explorateurs nationaux isolés, à qui nous sommes redevable d'un témoignage de gratitude pour leurs informations.

LES

EXPLORATIONS

SOUS-MARINES

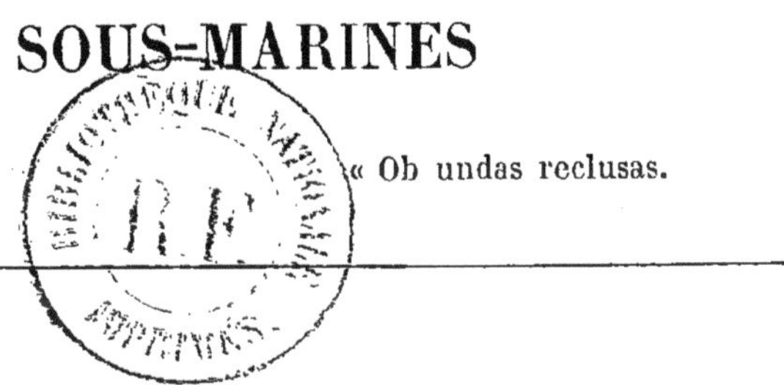

« Ob undas reclusas.

PRÉLIMINAIRES HISTORIQUES

ET HYDROGRAPHIQUES

Image grandiose de la mer. — Définitions. — Cause de l'ignorance sur le fond des mers. — Premières tentatives de sondages. — Travaux de Maury. — Travaux de la marine française. — Exploration de l'Atlantique pour la pose du câble télégraphique. — Initiative individuelle pour les explorations sous-marines. — Campagnes entreprises dans différents parages. — Expéditions du *Lightning* et du *Porcupine*, sous la direction du professeur Carpenter. — Expédition du *Hasseler*, par M. Agassiz. — Voyage de circumnavigation du *Challenger*. — Détails sur son organisation intérieure. — Contributions des savants français. — Importance scientifique des recherches sur le fond des mers.

Contempler la mer par un radieux soleil d'été, c'est le plus beau spectacle de la nature. Le regard s'étend sur cet horizon sans bornes, au-dessous du ciel incommensurable. Tout est grand dans la mer, autant par son immense étendue que par sa mystérieuse profondeur. Mais l'homme, placé dans l'univers comme le roi de la création, peut en comprendre la sublimité; car sa pensée et son intelligence planent sur les flots et pénètrent au fond des abîmes. La mer « fait naître des émotions sérieuses, j'oserais dire plus, « solennelles, par l'immensité du tableau qu'elle déroule aux yeux

« du navigateur. Celui qui aime à créer en lui-même un monde à « part où puisse s'exercer librement l'activité spontanée de son « âme, celui-là se sent rempli de l'idée sublime de l'infini, à l'as- « pect de la haute mer libre de tout rivage. Son regard cherche sur- « tout l'horizon lointain ; là, le ciel et l'eau semblent s'unir en un « contour vaporeux où les astres montent et disparaissent tour à « tour. Mais bientôt cette éternelle vicissitude de la nature réveille « en nous le vague sentiment de tristesse qui est au fond de toutes « les joies humaines (1). »

Chacun définit la mer à sa manière : pour le philosophe, c'est la goutte d'eau dans l'infini ; pour le physicien, un assemblage immense d'eau salée ; pour le peintre, un sujet d'étude ou un fond de tableau ; pour le voyageur, pour le commerçant, c'est la grande route des transactions ; pour l'historien, la mer est l'arène où se sont vidées des querelles fameuses. Enfin, pour le marin, la mer est non-seulement un métier, une profession, une carrière, mais encore une patrie, une passion, une habitude et souvent même un besoin impérieux ; il ne peut vivre sans naviguer. Dans un sens plus pratique, c'est l'activité par opposition à l'inaction.

L'élément liquide occupe à peu près les deux tiers du globe ; nous connaissons très-imparfaitement la partie terrestre, nous ignorons tout à fait la partie cachée sous les eaux. L'homme a multiplié à l'infini les conquêtes de son intelligence ; il a asservi les éléments déchaînés contre ses frêles navires, il fait sillonner la surface des mers par d'immenses bateaux à vapeur, qui emportent d'un pays à l'autre les produits de l'industrie. Mais c'est à peine si, avec toutes les ressources que la science moderne se flatte de posséder, il peut fouiller le fond de cette mer et, d'après quelques vagues renseignements, soulever un coin du voile épais qui cache les merveilles du monde sous-marin.

Quand le navigateur s'éloigne des côtes, il perd la terre de vue insensiblement et finit par se trouver isolé au milieu de l'Océan, environné de tous côtés d'un horizon qui se confond avec le ciel. S'il se laisse entraîner par les rêveries que procurent les loisirs prolongés d'une traversée, il se voit séparé, par une planche légère, des

(1) A. de Humboldt, *Cosmos*, I.

abîmes, où son imagination le porte instinctivement. Cet inconnu mystérieux a de tout temps provoqué des idées étranges et confuses.

Les relations que nous ont léguées les anciens géographes ne nous ont fourni que des documents insignifiants sur le sol sous-marin ; la fiction mythologique y avait beaucoup plus de part que les théories scientifiques ou les raisonnements géographiques. L'art de la navigation, borné à quelques notions élémentaires de pratique, suffisantes aux timides caboteurs de la mer Méditerranée, eût été incapable de faire des recherches : les moyens trop simples qui étaient à la disposition des anciens leur interdisaient toute initiative sur cette question. On avait même persévéré dans cette ignorance, jusqu'à ces dernières années, malgré les progrès incessants de l'art naval et de l'outillage mécanique. On ne comprenait pas quelle importance il y avait, pour la géographie physique, à résoudre les grands problèmes hydrographiques des espaces inconnus du fond des mers. Cette indifférence provient de ce que la science pure n'est pas aussi rémunérative que la science appliquée à l'industrie. En effet, il suffit au navigateur de connaître la configuration du sol sous-marin près des côtes : pourvu qu'il puisse éviter les écueils, qu'il ait des données exactes sur les plateaux d'atterrage, des relèvements à l'aide desquels il pénètre avec sécurité dans les ports, que lui importe combien il y ait de brasses au-dessous de son navire, quand il se trouve au milieu de l'Océan : il n'a rien à craindre au delà d'une dizaine de brasses : qu'il s'en trouve 1,000 ou 3,000 : qu'au-dessous du sillage vivent des animaux, dont la comparaison soit avantageuse à l'interprétation des grandes questions géologiques, qu'il existe telle ou telle température : ces problèmes ont beaucoup moins d'intérêt pour lui que les circonstances favorables ou préjudiciables à la navigation ! En général, une question scientifique n'est abordée résolûment que quand une utilité pratique s'y rattache.

Au surplus, les sondages et les draguages exigent un outillage dispendieux, un navire spécial, un équipage de choix et un personnel scientifique capable de diriger les travaux avec fruit. Les gouvernements européens ne reculent pas devant les frais que nécessitent les travaux courants d'hydrographie, car ils savent que ces nouvelles conquêtes répondent à un besoin impérieux, soit pour la marine militaire, soit pour le commerce.

Mais il était nécessaire qu'il se produisît un événement solennel dans les applications de l'industrie, pour décider un mouvement en faveur des explorations sous-marines. Dès 1855, la pose de câbles télégraphiques sous-marins obtint assez de succès dans les étroits passages, pour qu'on se préoccupât de réunir par l'électricité des points séparés les uns des autres par de grandes étendues d'eau. A partir de ce moment, la science, aidée des ressources qu'elle-même s'était créées, envahit le domaine des eaux, jusqu'alors fermé à ses recherches.

Au début, on se heurta contre l'impuissance des appareils de sondage ; la grande distance qu'il fallait atteindre, l'énorme pression à vaincre, la résistance due à l'entraînement latéral des lignes et surtout la combinaison des sondes, avec lesquelles on recueillerait aisément les spécimens du fond, étaient autant de difficultés qu'il fallait résoudre. On était encore peu avancé, lorsqu'il y a vingt-cinq ans, le capitaine Maury, de la marine américaine, fit appel aux navigateurs de toutes les nations, pour obtenir des renseignements sur les accidents météorologiques et autres faits concernant la physique de la mer ; il fit aussi exécuter les premiers sondages dans les grandes profondeurs de l'océan Atlantique. Cet appel eut pour résultat de remarquables travaux sur la *météorologie* et la *géographie physique de la mer,* auxquels les marins payent un juste tribut de reconnaissance, ainsi qu'envers le gouvernement américain, qui n'a pas reculé devant les dépenses considérables qu'entraînait l'immense compilation faite par l'illustre directeur de l'observatoire de Washington. Indépendamment des cartes de traversées, *track charts,* qui ont rendu de si grands services au commerce du monde entier, il dressa le premier profil transversal de l'Atlantique du Sénégal au Yucatan, montrant le vaste sillon qui sépare l'ancien monde du nouveau. Réunissant aussi tous les documents fournis par les sondages de la marine américaine, il établit l'orographie de l'océan Atlantique septentrional, en traçant les courbes de niveau des plans équidistants de 1,800 mètres en 1,800 mètres. Quoique cette topographie fût esquissée à grands traits, elle n'en donnait pas moins une première idée du relief de la grande vallée océanique.

La marine française eut aussi une part honorable dans les premiers essais de reconnaissance du fond des mers. Les commandants Du Petit-Thouars et Dumont d'Urville entreprirent des travaux isolés, qui furent trop peu multipliés pour fournir par eux-mêmes des documents géographiques importants. L'expédition du *Phare* détermina les profondeurs et les courants du détroit de Gibraltar, détruisant les idées erronées sur ces parages. MM. Ploix et Delamarche firent des lignes de sondages dans la Méditerranée entre la côte d'Espagne et la Sardaigne. Depuis le commencement du siècle, les expéditions hydrographiques se renouvelèrent fréquemment et apportèrent un contingent respectable à la cartographie, mais les grandes sondes furent laissées de côté.

On songea bientôt à utiliser au profit de la télégraphie transocéanique les documents épars recueillis par Maury. En 1853, le navire américain *Dolphin* opéra des sondages espacés de 100 milles en 100 milles, depuis Terre-Neuve, jusqu'à la côte d'Écosse ; il se dirigea ensuite sur les Açores, afin de comparer le profil de cette ligne directe, avec celle qui prenait ces îles pour station intermédiaire. Après trois ans d'hésitations, le lieutenant Berryman, commandant l'*Artic*, reprit le travail de son devancier sur le même parcours, à l'exception du point d'atterrage, qui fut choisi à Valentia (Irlande).

La marine anglaise n'était pas restée inactive dans la solution de ce grand problème. En 1855, le lieutenant Dayman, commandant le *Bulldog*, entreprit sur la même ligne une série de sondages, qu'il compléta en 1857, à bord du *Cyclops*. Ces explorations, contrôlées les unes par les autres, confirmèrent l'existence d'une vaste plaine sous-marine, légèrement ondulée, à laquelle on donna le nom significatif de *plateau télégraphique*. Le premier câble fut posé en 1858 avec succès ; mais, au bout de quelques jours, il fonctionnait difficilement et finit bientôt par ne plus transmettre les dépêches. Cet échec fut imputé au mode de fabrication, où l'armature métallique provoquait des courants d'induction. Avertis par l'expérience, les hardis innovateurs se remirent résolûment à l'œuvre et aujourd'hui, il y a quatre fils conducteurs de la pensée qui unissent le nouveau monde à l'ancien.

Outre les recherches hydrographiques d'un nouveau genre, dont le succès eut un grand retentissement, des études plus modestes avaient déjà été entreprises par des observateurs isolés. L'un des plus anciens draguages qui aient été faits en vue de l'histoire naturelle, remonte à 1843 ; Hans Peter Christian Möller, auteur de l'*Index molluscorum Groenlandiæ*, fit des recherches sur les côtes du Groënland et à Fair Isle, dans la mer du Nord. En 1844, M. Aimé fit d'importantes recherches sur la température de l'eau, la direction des courants et l'agitation de la mer, au moyen d'ingénieux appareils dont il était l'inventeur. Vers 1860, le capitaine Ivaschinzoff, de la marine russe, opéra des sondages en quantité suffisante dans la mer Caspienne, pour permettre d'en établir l'orographie sous-marine.

Les brillants résultats de l'expédition du capitaine Dayman, et ses découvertes d'histoire naturelle, décidèrent MM. Torrell et Chydenius à faire des recherches sur la faune sous-marine des côtes scandinaves ; le professeur Sars détermina une quantité de genres nouveaux qui avaient été recueillis par leurs soins. A peu près à la même époque, M. Mac Andrew, à bord du yacht *Naïade*, faisait des draguages dans les mêmes parages. L'intérêt croissant que provoquaient ces travaux modestes détermina le gouvernement des États-Unis à donner toute facilité au professeur Agassiz, pour explorer le fond du Gulf-Stream entre les îles Bahama, Cuba et les côtes de la Floride ; les draguages entrepris sous la direction de MM. Platt et Pourtalès, à bord du *Bibb*, en 1867, 1868, 1869, apportèrent leur contingent aux résultats déjà appréciés. En 1868, le lieutenant Chimno, de la marine anglaise, explorait aussi le lit du Gulf-Stream, à bord du *Gannet*, étendant ses opérations sur une surface de 10,000 milles carrés, au N.-E. des Antilles. En même temps MM. Torrell et Chydenius reprirent leurs travaux interrompus sur les côtes scandinaves, avec la *Sofia*, et de son côté l'expédition allemande au Spitzberg n'oublia pas de sonder et de draguer sur sa route toutes les fois que les circonstances le permettraient. On peut aussi signaler, pendant l'année 1870, l'exploration de la Baltique par le *Pomerania*, de la marine allemande, celle de l'Adriatique par une commission d'hydrographes italiens, les draguages du yacht *Norna* sur les côtes du Portugal et dans la mer Rouge ; et enfin l'exploration de la fosse du cap Breton par MM. de Folin et Perrier.

La Société royale de Londres voulut prendre sous son patronage une œuvre dont l'importance scientifique s'affirmait de plus en plus. Les précédents faisaient comprendre quelle était la richesse des documents que l'on pouvait récolter en histoire naturelle. En 1868, le professeur W. Carpenter usa de sa haute position scientifique pour obtenir de l'Amirauté anglaise un navire muni de tous les instruments nécessaires ; l'Amirauté mit à sa disposition le *Lightning*, vieux bateau à aubes dont les qualités nautiques étaient contestables. Il partit de Pembroke le 4 août 1868, pour aller rallier Oban et de là Stornoway, d'où il fit route pour l'Atlantique ouest, explorant les fonds qui se trouvent dans le voisinage des îles Féroë. L'expédition était de retour à la fin de septembre, après avoir recueilli des informations multipliées sur la température, la vie animale et la profondeur.

Cette première campagne d'essai avait été assez favorable à la science, pour que le directeur du bureau hydrographique mît, au mois de mars 1869, à la disposition de la Société royale, le *Porcupine*, capitaine Calver, officier familiarisé avec les travaux hydrographiques exceptionnels. Ce navire était armé en prévision d'une longue campagne scientifique et pourvu de tous les instruments nécessaires et notamment d'appareils de sondage destinés aux grandes profondeurs ; car la commission de la Société royale insistait sur la reconnaissance de la vie animale dans les fonds de 4,000 à 5,000 mètres. Afin de ne pas trop prolonger la croisière scientifique, on la fractionna en trois parties. Pendant la première exploration, on dragua à 40 milles de Valentia (Irlande), de 51° à 58° de latitude, sans dépasser le quinzième méridien ; pendant la seconde, on opéra depuis le cap Clear jusqu'à 48° de latitude, et pendant la troisième, on continua les investigations commencées précédemment entre les Feroë et les Shetland. Ces expéditions, soigneusement organisées, tiennent le premier rang dans les travaux d'hydrographie physique ; leurs résultats ont été consignés dans le bel ouvrage de M. Wyville Thomson : *The depths of the sea*.

En 1870, le *Porcupine* fit des recherches dans la Méditerranée, sur le même sujet et notamment sur les courants du détroit de Gibraltar. Le professeur W. Carpenter y étudia la loi d'équilibre des grandes masses d'eau et plusieurs faits importants à peine signalés par ses prédécesseurs.

Ceux qui avaient donné l'impulsion dans ce nouveau genre de recherches continuèrent à leur prêter tout leur appui. Indépendamment des remarquables relevés hydrographiques du *Coast-Survey* de la marine américaine, le gouvernement des États-Unis organisa en 1871 un voyage de circumnavigation de New-York à San-Francisco, en doublant le cap Horn. Il avait été décidé à l'instigation du professeur Agassiz, qui désirait continuer, dans des parages plus étendus, les draguages exécutés les années précédentes dans le Gulf-Stream. On arma le *Hasseler*, steamer de fort tonnage, approprié à la circonstance et muni des appareils nécessaires pour les travaux scientifiques. Cette expédition fut féconde en résultats d'histoire naturelle et spécialement en géologie ; la rencontre de certaines espèces de mollusques dans les mers profondes fut le point de départ des discussions de haute portée.

Le zèle des découvertes ne se ralentit pas en Angleterre ; l'Amirauté, qui avait déjà beaucoup fait, céda encore aux sollicitations des sociétés savantes et fit armer un navire, le *Challenger*, destiné à un grand voyage d'exploration ; la durée en fut fixée à cinq ans, pendant lesquels il parcourrait les mers les moins connues du globe, jetterait la sonde et draguerait sur toutes les latitudes, et enfin se conformerait aux nombreuses instructions d'un programme où toutes les notabilités scientifiques avaient placé des questions restées obscures jusqu'ici.

Le *Challenger* était une corvette à *spar-deck* de 2,000 tonneaux, dont la construction était parfaitement appropriée au but qu'il devait poursuivre. On avait retiré les canons des batteries, et les logements compris dans le *spar-deck* avaient été transformés en un véritable établissement scientifique. A l'arrière se trouvait la chambre du capitaine et le laboratoire du chef de l'expédition, M. Wyville Thomson. A l'avant, on avait ménagé une bibliothèque spéciale aux savants de l'expédition. Au milieu, on avait réservé une chambre obscure destinée aux opérations photographiques ; à côté était disposé un magnifique laboratoire de chimie installé avec tout le luxe possible pour la plus grande commodité des opérateurs. Tout l'avant avait été affecté aux lignes de sonde, aux dragues, appareils de remontage, et à toutes les machines encombrantes. Les laboratoires de zoologie, les cabinets de physique, les divers établisse-

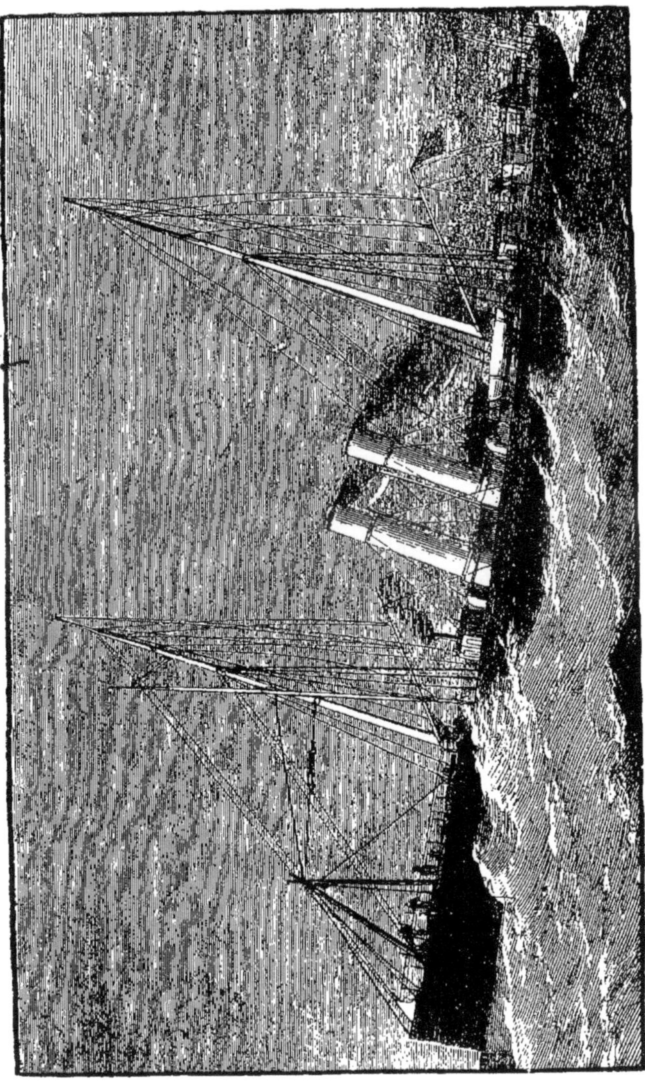

Fig. 1. — Navire faisant des sondages.

ments scientifiques y contribuèrent largement, en prêtant leurs plus beaux instruments. Cette expédition était digne de fixer l'attention du monde savant, autant par les soins qui avaient présidé à son organisation que par la valeur intellectuelle des observateurs. Pendant le cours du voyage, aux principaux points de relâche, on réunissait les documents les plus intéressants recueillis pendant la dernière traversée, pour les expédier en Angleterre et leur donner une publicité immédiate, au lieu d'attendre jusqu'au retour pour en faire profiter la science.

Il est regrettable que des noms français n'aient pas encore été mêlés aux noms anglais et américains dans les travaux d'exploration du fond des mers, qui nous réservent sans doute bien des révélations précieuses. Malheureusement ces opérations exigent, surtout en haute mer, un matériel et un personnel dont ne disposent guère les particuliers. La marine française atteinte, comme chaque partie de la nation, par les funestes événements de ces dernières années, a des devoirs plus pressants. Cependant plusieurs savants isolés ont aussi apporté leur contribution à la reconnaissance des régions océaniques. Citons parmi les ouvrages importants : *La Lithologie du fond des mers*, de M. Delesse, qui établit une nouvelle intimité de relations entre l'hydrographie et la géologie, en faisant pénétrer cette dernière dans les profondeurs inconnues, et les *Fonds de la mer*, sous la direction d'un comité d'études, représenté par MM. P. Fischer, de Folin et L. Périer. Cette publication a pour but de consigner le résultat des recherches faites par les marins qui peuvent récolter des spécimens de fond.

Si les exigences du budget « n'autorisent pas l'ouverture de crédits nécessaires pour l'exécution méthodique de vastes recherches, l'initiative privée peut cependant édifier sans dépenses notables un monument qui ne sera élevé ailleurs qu'avec des flottes et des millions (1). » Tout marin peut recueillir, en rade, une certaine quantité de la vase ramenée par les pattes des ancres, en notant le relèvement du mouillage et la profondeur ; à la mer, il peut mettre de côté les matières incrustées dans le suif du plomb de sonde, et laisser tomber sur certains bas-fonds une petite drague destinée à ramener les coquilles qui seraient sur le sol sous-marin. Les échantillons doivent être desséchés à l'air libre ou mis dans un vase

(1) A. de Folin.

quelconque ; les animaux se conservent dans l'alcool, l'eau phéniquée, l'eau additionnée d'acide acétique et de glycérine, etc. Les plantes marines se plongent dans l'eau douce, se font ensuite égoutter à l'ombre et se mettent entre les feuillets d'un livre, si elles sont flexibles, ou se renferment dans un bocal, si elles sont rigides ou encroûtées de calcaire.

Ce n'est qu'en comparant les observations, qu'il est possible d'esquisser à grands traits les principaux caractères de l'espace sous-marin ; plus elles seront multipliées, plus leur vérification mutuelle apportera de précision dans les appréciations. A peine une lueur vague apparaît-elle à l'horizon de ce monde nouveau, que l'on entrevoit déjà tout le vif intérêt de la question. Ce que l'on sait est peu de chose, ce que l'on espère découvrir est immense.

L'Océan renferme dans ses abîmes les documents les plus utiles à l'histoire du globe ; les lois qui président au développement insensible et progressif des êtres se déroulent à notre insu dans cet espace humide. Ils accomplissent mystérieusement, dans leur ténébreux séjour, l'œuvre éternelle à laquelle participe la création tout entière. Ensuite l'énorme dépression de l'écorce terrestre, dans laquelle s'est retirée la grande quantité des eaux, ne doit pas rester ignorée, si l'on veut mieux approfondir les grands caractères de notre planète. Les fouilles à la surface de la terre ont donné un aperçu sur les âges géologiques, et l'examen de la croûte qui la recouvre a revélé des couches ou assises formées par la succession des végétaux et des êtres organisés particuliers à chacune d'elles. L'étude des sondages est le complément des connaissances sur l'organisation physique de la terre ; elle est appelée à dévoiler des problèmes inexpliqués jusqu'ici, et dont l'importance peut encore à peine se faire pressentir.

LE MATÉRIEL DE SONDAGE

ET LES APPAREILS D'INVESTIGATION

Les sondages usuels dans la navigation. — Allégations théoriques. — Dérivation des lignes par les courants. — Qualités requises aux lignes. — Les plombs de sonde employés dans la pratique. — Bouée de sonde ou loch-sondeur. — Appareils enregistreurs automatiques. — Appareil électro-bathométrique de M. P. Hédouin. — Sonde dite : *cup-lead*. — Sonde de Fitzgerald. — Sondeur libre. — Essai de sondage au moyen de la pression barométrique. — Instrument manométrique de Buchanan. — Emploi de la propagation du son. — Sonde de Brooke. — Les lois de la chute des corps dans l'eau et le temps nécessaire aux sondages. — Les dragues. — Outillage et installation à bord. — Examen du contenu des dragues. — Opérations de draguage pour repêcher le câble transatlantique.

Il arrive fréquemment qu'après une longue traversée, il se glisse des erreurs dans la détermination du point ; l'impossibilité d'observer les astres, la mauvaise appréciation de la dérive, le mauvais temps persistant, sont des causes d'inquiétude sur l'exactitude des calculs nautiques. Il faut donc que le navigateur use de précaution, quand il approche de terre. Les ordonnances prescrivent de sonder quand on est à 30 lieues de terre ; c'est aussi la sonde en main que l'on reconnaît le moment où l'on arrive sur les plateaux d'atterrage, et, lorsque même on est encore à grande distance de terre, la profondeur donne un renseignement sur la position du navire.

On obtient le fond à vingt ou trente brasses en ralentissant un peu la marche du navire ; mais, au delà, il est nécessaire d'opérer dans une immobilité presque complète. Le plomb est jeté sur l'avant, la ligne de sonde passant sur une poulie disposée à l'arrière, sur laquelle on la laisse filer librement. On s'aperçoit que le plomb a touché fond au ralentissement de vitesse de la ligne ; à ce moment, deux ou trois hommes font effort dessus pour bien la tendre. On évalue la légère inclinaison qu'elle peut conserver, pour la déduire de la hauteur cherchée.

La sonde est l'auxiliaire de la navigation dans tous les endroits sur le fond desquels on a des doutes ; dans les passages dangereux, le navigateur n'avance que la sonde à la main ; en arrivant au mouillage, elle lui donne des renseignements précieux sur la nature du fond où il cherche à jeter l'ancre. Elle lui indique aussi la position où il se trouve, quand il navigue près des côtes.

L'exactitude de cette opération est inversement proportionnelle à la profondeur. Plus le poids de plomb est fort, plus aussi la ligne doit augmenter de diamètre. La pesanteur doit être d'autant plus grande que la profondeur est plus considérable, car les courants que l'on rencontre sont souvent tels que la ligne paraît toujours être animée de la même vitesse, quoique le plomb ait déjà touché le fond. On se trouve ainsi trompé, sans avoir aucun moyen de correction. L'expérience démontre qu'au delà de 1,500 à 2,000 mètres, on ne peut accorder une entière confiance aux moyens ordinaires de sondage.

On a cherché à faire disparaître les causes d'erreur dues à ce que la grande longueur de la ligne rend le choc du plomb sur le fond. inappréciable aux observateurs placés à la surface. Un corps tombant dans l'eau est soumis à une pesanteur proportionnelle à la densité croissante des couches de liquide ; d'un autre côté, la résistance s'accroît proportionnellement au carré de la vitesse. Avant que la pratique ait répondu aux allégations théoriques, on croyait qu'au delà d'une certaine limite, le plomb de sonde ne pouvait atteindre le fond, à cause de cette pression croissante du liquide qui était en raison directe de la densité. D'après cet énoncé, un corps submergé, abandonné à lui-même dans un semblable milieu, flotterait dans l'eau, quel que fût son poids ; il resterait toujours ainsi dans un état d'équilibre indifférent. On avait assigné la profondeur de 4,000 mètres comme infranchissable ; les canons les plus forts, les épaves les plus pesantes, s'y seraient arrêtés dans leur chute. Maintenant l'expérience pratique a démontré que les corps lourds descendent partout, quelle que soit la profondeur.

Il ne suffit pas que le plomb de sonde parvienne au fond, il faut aussi que la ligne qui le retient soit tendue verticalement comme un fil-à-plomb. Si le sondeur n'est pas averti à temps, au moment même du contact, la ligne s'affaisse par son propre poids ou bien elle est entraînée par des courants inappréciables, qui règnent au sein des eaux. Leur direction ne pourrait être constatée, puisque le navire à bord duquel se font les sondages est lui-même sollicité par d'autres courants de surface ou l'impulsion du vent.

Un courant fait dévier une ligne de trois manières (fig. 2) : à la surface, il lui imprime une courbure graduelle, ayant pour effet de reporter le plomb loin de sa direction normale ; en second lieu, le

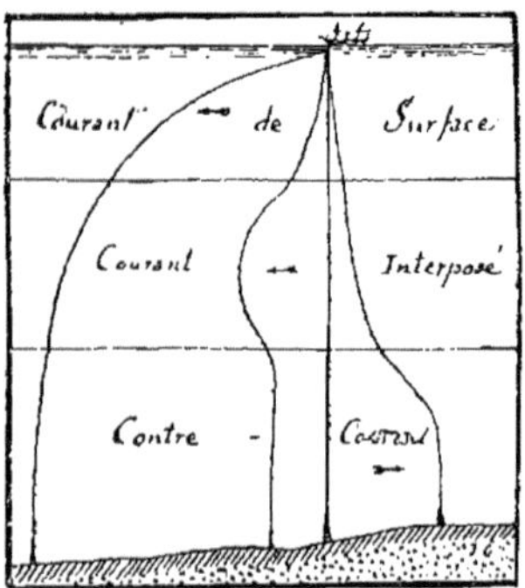

Fig. 2. — Déviation des lignes de sonde par l'effet des courants.

contre-courant produit une dérive en sens opposé ; enfin le courant interposé, celui qu'il est impossible de reconnaître, provoque des ondulations dans un sens ou dans l'autre.

Les qualités requises pour une ligne de sonde sont difficiles à faire concorder entre elles, puisque, d'un côté, il faut de la *solidité* pour supporter le poids lourd destiné à l'entraîner rapidement, et de l'autre de la *finesse*, pour la soustraire au frottement dans le liquide ou à l'entraînement latéral pendant la descente. La ligne sera d'autant plus sujette à la dérive, que sa surface donnera prise aux courants. Les opinions ont été très-partagées sur sa grosseur ; les fils métalliques, si avantageux pour la diminuer, n'ont pas une résistance uniforme ; leur maniement est difficile, et ils se détériorent rapidement. On y a renoncé, pour adopter le chanvre de première qualité, tel que celui de Manille. Les lignes sont éprouvées à une tension déterminée, suivant le poids qu'elles sont appelées à supporter. On les gradue suivant les services qu'elles doivent faire ; soit de 10 mètres en 10 mètres pour les sondes ordinaires, soit de

100 mètres en 100 mètres quand on opère par de grandes profondeurs.

Les sondes sont plus ou moins compliquées, selon les usages auxquels elles sont destinées. La plus simple de toutes, celle dont on se sert communément dans la marine, dans les reconnaissances des passes et à l'approche des côtes, consiste tout simplement en une tige de fer plus ou moins longue, garnie d'un anneau à la partie supérieure. Cet instrument, qu'on lance à la main, pèse de 3 à 4 kilogrammes; il atteint 30 et même 45 kilogrammes pour les sondages à faire sur les plateaux d'atterrage. La base de la tige offre une cavité dont on garnit la partie supérieure de suif (fig. 3), afin de détacher par la simple agglutination, un échantillon des matières

Fig. 3. — Coupe de l'extrémité d'une sonde, montrant la cavité collectrice garnie de suif S ramenant une empreinte du fond F.

sur lesquelles le plomb est tombé. Le *plomb à lance* est un modèle dont les indications sur la nature du sous-sol sont encore plus exactes. On appelle ainsi une tige de fer longue d'un mètre environ, garnie d'une masse métallique à la partie moyenne et portant des échancrures ou dentelures le long de la partie inférieure qui se termine en pointe aiguë. Cette lance est attachée à l'extrémité d'une forte ligne ; on ne la laisse tomber, qu'après avoir enduit de suif les échancrures de la tige. On obtient ainsi des renseignements plus exacts sur la nature du fond, parce que, la tige s'y enfonçant, les dentelures rapportent des spécimens pris, non pas à la surface comme dans la sonde ordinaire, mais dans l'épaisseur même du terrain. Aussi on emploie cette lance de préférence pour les mouillages, car c'est le sous-sol même qu'il importe de connaître, quand il s'agit de la tenue des ancres.

La sonde, telle qu'elle est, ne donne que des indications entachées d'erreurs, pour peu que le navire ne soit pas immobile et que la profondeur soit grande. Si une cause accidentelle fait changer le

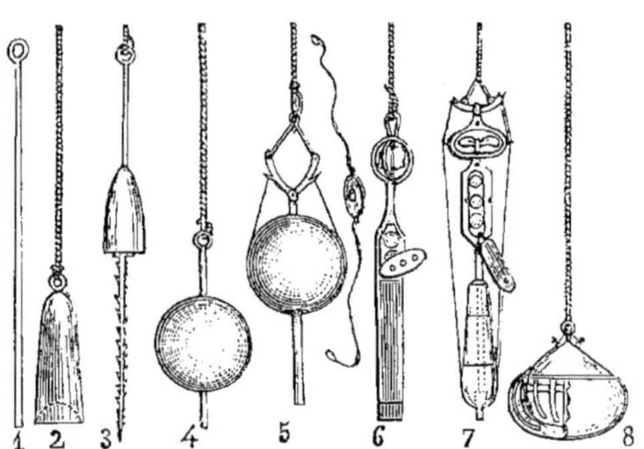

Fig. 4. — Appareils divers de sondage.

1, simple tige de fer lancée à la main. — 2, plomb de sonde ordinaire. — 3, sonde à lance. — 4, tige avec sphère fixe. — 5, sonde de Booke avec l'appareil de déclic. — 6, sondeur Lecoëntre adopté par la marine française. — 7, sondeur enregistreur à déclic avec compteur et à poids variable. — 8, *électro-bathomètre*. Sondeur de M. Paul Hédouin avec indicateur automatique.

point d'opération, on n'obtient qu'une ligne oblique, au lieu d'une perpendiculaire. C'est pour obvier à cet inconvénient, qu'on a inventé le *loch-sondeur*, qui peut fonctionner sans arrêter l'erre du navire. La bouée de sonde, en usage à bord des bâtiments de la marine française, se compose d'une bouée en liége ou en barillage traversée par un montant carré en bois ; l'extrémité de ce montant porte un rouet dont l'essieu, maintenu par une clavette, peut s'enlever facilement. La ligne passe au-dessus du rouet, et porte à son essieu une lame d'acier fixée sur une des faces du montant en formant ressort, au moyen d'un cercle en fer muni d'une vis de pression. Pour s'en servir, on jette successivement à la mer le plomb et la bouée, laissant courir la ligne à la demande, jusqu'à ce qu'elle n'éprouve plus de tension ; à ce moment on hale à bord. La bouée de sonde arrêtée sur la ligne, par la pression du ressort provenant de la traction, donne la profondeur cherchée. L'avantage de cet appareil est de donner un brasseyage exact, sans exiger que le bâtiment soit complétement étale et sans tenir compte de la dérive qu'il peut éprouver. C'est ce système qui est représenté par le loch-sondeur Pécoul (fig. 5).

On fait aussi un fréquent usage d'un sondeur ou plutôt d'un compteur, indiquant, sur deux ou trois cadrans différents, les dizaines, les centaines et les mille de mètres filés pendant la

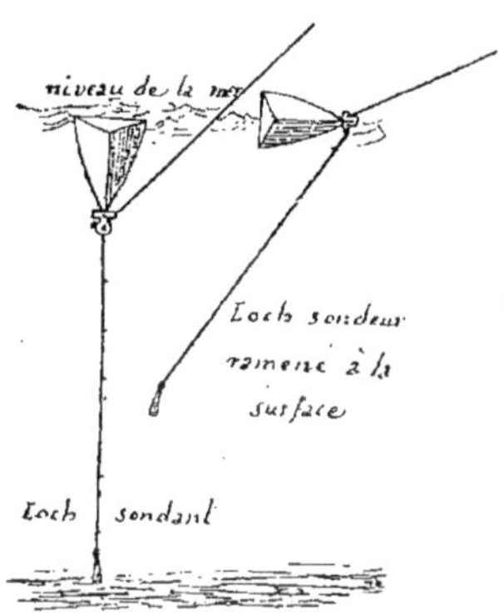

Fig. 5. — Loch-sondeur Pécoul.

descente. C'est le système Lecoïntre perfectionné par M. Massey. Cet instrument enregistreur se compose d'une hélice située dans un anneau protecteur, qui accomplit par la seule pression de l'eau pendant la descente, une révolution par mètre parcouru ; ce mouvement se traduit sur les cadrans du compteur logé dans l'épaisseur du métal. Dès que le fond est atteint, il ne fonctionne plus, puisque le plomb reste immobile. Pendant le remontage, un petit chapeau métallique, soulevé par la pression de l'eau à la descente, comprime pendant l'ascension les ailettes de l'hélice au moyen de dents inclinées ; quand l'appareil est hors de l'eau, une simple lecture accuse la profondeur. Malgré les courants, on sonde assez exactement jusqu'à 500 et 800 mètres ; mais, au delà, il faut vérifier les indications fournies, en les comparant avec la longueur de la ligne filée.

Cet appareil a reçu une modification avantageuse ; un déclic automatique laissant échapper un poids variable, que l'on règle suivant la profondeur, permet de constater plus facilement le moment du contact et donne un caractère de précision à l'opération. Cet appareil est recherché pour les expériences importantes.

On a fait aussi des tentatives sur l'emploi de l'électricité dans l'indication automatique du contact et de la profondeur. L'appareil électro-bathométrique de M. P. Hédouin est destiné à établir par le choc du plomb sur le fond, un courant électrique indiquant instantanément à l'observateur le moment précis de l'arrivée sur le sol, quelle qu'en soit la profondeur. Une ligne de transmission électrique à deux conducteurs est renfermée dans une enveloppe isolée, placée dans l'intérieur de la ligne. Le poids formant plomb de sonde est enveloppé dans une bourse en caoutchouc, qui vient faire bourrelet au-dessus de la rondelle isolante, en restant fortement maintenue par une ligature. L'intervalle compris entre la bourse et les tiges de contact intérieur est rempli d'alcool pur où baignent les ressorts ; l'alcool conserve sous toutes les pressions son volume initial et, de plus, il est mauvais conducteur de l'électricité. Quand la bourse en caoutchouc touche un corps dur, la pression se transmet par les ressorts inférieurs établissant le contact, qui, laissant circuler le courant électrique, fait retentir une sonnerie placée à la surface (fig. 4, n° 8).

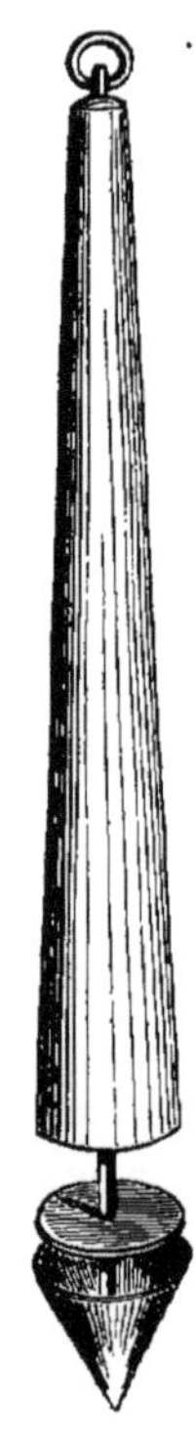

Fig. 6. — Sonde à godet conique, dite *cup-lead*, destinée à ramener des spécimens du fond.

On a fait usage en Angleterre d'un plomb de sonde dont l'extrémité est terminée par un godet conique, où les matières recueillies se placent naturellement. On lui a donné le nom de *cup-lead*, plomb-tasse (fig. 6). La masse métallique est traversée par une tige de fer qui les dépasse de quelques centimètres. Elle est terminée par le godet conique, au-dessus duquel glisse librement un disque faisant fonction de couvercle. Pendant la descente, il se trouve relevé ; au moment où le plomb est couché horizontalement sur le fond par le fait même de la chute, le godet s'emplit en pénétrant un peu dans le sol. Le spécimen ainsi recueilli se laverait pendant l'ascension, si un disque mobile, venant s'appliquer sur la base du cône, ne le recouvrait pas. Les officiers de la marine anglaise, qui en ont fait usage, constatent que, deux fois sur trois, on est sûr de ramener un échantillon du fond ; cependant, dans les grands sondages, il est délayé et le godet remonte à vide.

M. W. Thomson mentionne avec avantage l'appareil dit *Fitzgerald*, qu'on employa dans l'expédition du *Lightning* en 1868, pendant le mauvais temps et dans les grandes profondeurs, sans qu'il fût trouvé en défaut. La ligne de sonde aboutit à un fléau aux bouts duquel se trouvent, d'un côté une chaîne pendante, et de l'autre, une tige qui bascule au moment où la tension n'existe plus, par suite du contact avec le fond. Par le mouvement même d'inversion, le poids se détache, faisant manœuvrer une cuiller qui ramasse le spécimen du fond, préservé du lavage par une fermeture à pression.

On peut signaler au nombre des inventions écloses dans l'imagination des chercheurs, le sondeur libre de M. Gouëzel. Sans ligne, entièrement indépendant, il se compose d'un petit tube métallique lesté, terminé à sa partie inférieure par une tige en fer recourbée, en talon et surmontée d'une autre tige portant une sorte de chapeau convexe, dit champignon ; ensuite d'un flotteur formé d'une sphère creuse et muni d'un crochet, dont l'extrémité s'ajuste sous le champignon. En abandonnant l'appareil, le lest l'entraîne, il plonge verticalement. Le crochet engagé suit forcément le poids du flotteur ; mais, dès que le talon en fer qui forme le bas du lest rencontre un arrêt fixe, l'appareil est renversé de lui-même, laissant le champignon couché de telle façon que, dès ce moment, la tige recourbée qui accrochait le flotteur peut se dégager, en le laissant remonter à la surface. Il y a donc deux parties distinctes : un plomb de sonde qui tombe de lui-même librement jusqu'à ce qu'il touche le fond et un flotteur insubmersible, qu'il entraîne dans sa chute, mais qu'il met en liberté au moment du contact. Il est facile de comprendre que, si l'on note le moment précis de l'immersion avec une montre à secondes, le temps écoulé représentant la durée de la descente et celle de l'ascension permettra de calculer, d'après la loi de la chute des corps, la distance parcourue par le corps durant la descente et par conséquent la profondeur de l'eau à l'endroit où l'expérience a eu lieu. Le plomb de sonde est perdu, mais comme on peut se servir de lest peu dispendieux, tel que des pierres, il n'y a pas d'inconvénient.

Au centre du cylindre, il existe une sorte de tuyau ou drague en tôle formant cuiller, avec clapets de fond s'ouvrant de bas en haut. Le flotteur est une bouée en tôle composée de deux cônes juxtaposés par la base et surmontée d'une tige portant un *voyant* garni de quatre petites ailettes courbées en hélice. La drague est suspendue à la bouée par une chaîne, et le poids est fixé à cette drague par un fort barreau en verre, qui se brise au moment du choc. Ce lien étant rompu, la force ascensionnelle fait que le flotteur remonte, et la bouée reparaît sur l'eau, ramenant avec elle les fragments du fond que la drague a heurtés. L'inconvénient inhérent à cet appareil est que la dérive exerce une très-grande influence, trop difficile d'appréciation pour qu'on puisse faire la correction, en ayant recours au calcul d'évaluation des angles.

On a aussi essayé d'obtenir la profondeur au moyen de la pression de l'eau; puisque celle de l'air permet de préciser les hauteurs, pourquoi n'aurait-on pas recours au même moyen pour reconnaître la hauteur des couches de liquide? Si l'on attache à un plomb de sonde, par son extrémité ouverte, un tube clos d'un bout et qu'on l'immerge rempli d'air, l'eau montera dans ce tube, d'autant plus haut que sa pression comprimera davantage l'air contenu. Or, cette pression étant croissante avec la profondeur, la hauteur du niveau de l'eau dans le tube sera proportionnelle. Le point mouillé maximum donnera la cote cherchée. Le moyen de la déterminer serait un flotteur ou tampon glissant, à frottement doux dans le tube, muni d'une soupape inférieure, qui permette à l'air de repasser dessous, au lieu de le repousser en reprenant sa position pendant l'ascension. C'est d'après ce principe que M. Joby a construit son sondeur manométrique. Cet appareil, très-séduisant par le mode de son fonctionnement, est sujet à des erreurs fréquentes, à cause des influences perturbatrices inhérentes à l'irrégularité de la pression.

L'expédition du *Challenger* était munie d'un instrument manométrique ingénieux, inventé par M. Buchanan. Il était destiné à indiquer la profondeur sans avoir à tenir un compte exact de la quantité de ligne filée. Une grosse boule surmontée d'une tige analogue dans la forme à celle des thermomètres pour les grandes profondeurs, est remplie d'eau préalablement débarrassée de tout l'air qu'elle contenait ; l'axe est mobile dans un tube rentrant monté sur une tige complémentaire d'environ 3 centimètres de long. A la partie inférieure de cette courte tige, on a soudé une autre boule remplie de mercure. Il existe ainsi un contact direct entre l'eau et le mercure. Les deux tiges sont assemblées au moyen d'une tubulure en caoutchouc, dont l'élasticité permet au plus petit des deux tubes d'avoir ses mouvements d'oscillation libres, selon l'expansion de l'un ou l'autre liquide, quand la pression agit sur eux ; le tube renferme un indicateur avec des aiguilles à frottement. Dès qu'il existe une pression de l'extérieur, le mercure étant le liquide le plus dense, la transmet à l'eau qui met en mouvement l'indicateur. A côté des divisions, on a disposé une échelle de correction dont on tient compte dans les évaluations. Cet instrument expérimenté dans le Loch Lhomond et ensuite sous la presse hydraulique, a donné de bons résultats avant d'être définitivement mis en service pour l'expédition à laquelle il était destiné.

M. de Tessan eut recours à l'ingénieuse méthode expérimentale de l'emploi du son. En laissant tomber une bombe dans l'eau, elle fait explosion dès qu'elle rencontre le fond. Si l'on prend note du temps écoulé entre l'instant de la chute et le bruit qui se produit à la surface, on en conclut, par le calcul, la distance verticale parcourue. Quelque abstrait et théorique que soit ce procédé, il est indubitable qu'en opérant avec temps calme et entouré de circonstances favorables, l'explosion est nettement perçue à la surface. Plusieurs expériences sur la transmission du son dans l'eau ont prouvé l'intensité des vibrations sonores à grande distance.

La plupart de ces ingénieux appareils attestent certainement le génie des inventeurs, mais il en est peu qui soient restés dans le domaine de la pratique pour les grandes sondes, autant que celui de Brooke, midshipman de la marine des État-Unis, qui le proposa à Maury en 1854. Il a pour principe le détachement du poids au moment du contact. Il se compose d'un boulet traversé suivant son diamètre par une tige en fer, au sommet de laquelle se trouvent deux pattes mobiles autour d'un axe commun. La ligne bifurquée à son extrémité se rattache à chacune d'elles, garnies de crochets où aboutissent deux cordes soutenant le poids. Pendant la descente, les pièces mobiles relevées par la traction de la ligne retiennent le poids; ce n'est qu'au moment même du contact, que la suspension, en cessant de fonctionner, le laisse tomber. L'observateur, ainsi averti par l'absence de pesanteur, remonte la ligne avec l'assurance d'avoir touché le fond.

Cette sonde, moins compliquée que les instruments enregistreurs automatiques, est celle qui a rendu les services les plus signalés dans les opérations préparatoires à la pose des câbles transatlantiques et dans les explorations scientifiques de ces derniers temps. Avec l'usage elle a reçu de notables perfectionnements, au nombre desquels figure avec avantage l'addition de poids variables, dépendant de la longueur de la tige dans laquelle ils sont enfilés et par conséquent gradués proportionnellement à la profondeur où l'on opère. Un système de récepteur automatique prend scrupuleusement une empreinte du sol.

La sonde employée dans l'expédition de la *Porcupine* était le modèle de Brooke perfectionné, à poids variables, muni d'un nouveau déclanchement à ressort. Elle avait été précédemment employée par l'*Hydra*, pour les sondages préparatoires à la pose d'un câble dans le golfe Arabique. Selon l'avis des explorateurs, c'est le meilleur instrument dont on puisse disposer pour les grandes sondes.

Malgré ces améliorations incontestables, on reste fréquemment en présence d'erreurs; souvent, dans les eaux très-profondes, l'intervalle écoulé a été le renseignement le plus important pour juger du contact, car les lignes se détendent quelquefois subitement d'une façon très-sensible. Il ne faut pas oublier que le plomb, pendant la descente, n'est pas seulement soumis aux lois de la pesanteur simple, mais il est suspendu à une ligne entraînée avec lui à travers l'eau, et il agit sur elle d'autant plus, qu'il descend plus bas. L'entraînement latéral de la ligne avec ses aspérités, glissant dans le liquide, est beaucoup plus fort qu'on n'est porté à le supposer. Aussi, comme vérification, on a été souvent obligé de faire deux opérations subséquentes, l'une pour obtenir la cote, l'autre pour ramener un spécimen du fond.

Comme il n'a pas été possible d'établir régulièrement les lois de la chute des corps dans l'eau, on détermina, dans la pratique, le temps qu'un poids connu met à descendre à une profondeur vérifiée précédemment; puis en employant des lignes de dimensions constantes, identiques en poids et en volume, on parvient à établir une formule empirique des vitesses pour la descente. Avec ces données, on peut apprécier le moment où, le plomb de sonde cessant d'entraîner la ligne, celle-ci n'obéit plus qu'à l'action des courants qui lui communiquent une vitesse uniforme, tandis que celle du plomb est croissante. Les tables construites d'après les expériences faites par la marine anglaise montrent qu'un poids de 14 kilog. descend suivant cette proportion : 183 m. 1'02" — 1,000 m. 2'24" — 2,000 m. 3'26" — 3,000 m. 4'12" — 4,000 m. 4'49".

La disposition des sondes s'oppose à ce qu'elles ramènent à la surface d'autres matières qu'une très-faible parcelle de la superficie du sol, un faible indice de sa nature, sur le point où le hasard fait tomber la tige. Que représente cette parcelle logée dans une cavité de quelques millimètres cubes, par rapport à l'immense espace où elle a été recueillie? Ces maigres empreintes contenaient tant de sujets d'étude dignes de fixer l'attention, qu'on eut recours à la drague pour en ramasser en plus grande quantité.

La drague fut employée en premier lieu par Frédéric Müller en 1750 ; il en donne une description en latin dans sa *Description et Histoire des animaux rares du Danemark et de la Norwége*. C'est un appareil formé d'une monture carrée en fer, à laquelle est suspendu un filet à peu près semblable à ceux dont les pêcheurs se servent pour prendre les huîtres sur les bancs. Bon dans son principe, cet appareil avait besoin de modifications pour les recherches scientifiques. En 1838, R. Ball construisit une drague dont la monture était en forme de couteau, destiné à ramasser en grattant les objets qu'elle rencontrait sur le sol. En 1844, M. Bache fit aussi avec la drague des recherches fructueuses, qui devinrent la base d'une collection, plus tard continuée par M. Pourtalès. En 1849, Michaël Sars dragua sur les côtes de Norwége, près du Nordland, du Finmark, des îles Loffoden, et recueillit une quantité de mollusques, dont la plupart étaient inconnus.

Draguer sur des bas-fonds à bord d'une embarcation est une opération beaucoup plus aisée que de descendre un appareil collecteur à 3 ou 4,000 mètres de profondeur. En général il faut avoir à sa disposition une drague solide, quand elle est traînée sur le sol sous-marin; mais comme elle peut laisser des mollusques, on y ajoute des touffes de chanvre naturel, formant une sorte de *faubert*, qui fait office de balai où s'embarrassent les crustacés aux contours rugueux, les étoiles de mer et quelques mollusques à test très-épineux. Dans l'expédition anglaise, on a ramassé avec ces appendices une foule d'échinodermes, de coraux, d'éponges, sans avoir l'inconvénient de les remonter ensevelis dans la boue visqueuse de la poche de la drague. Dans une seule remonte, on trouva dans la drague plus de 20,000 représentants de la famille des oursins et de petites espèces extrêmement rares jusqu'alors dans les collections.

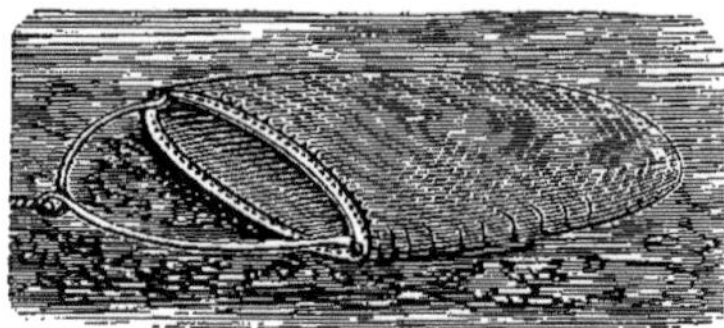
Fig. 7. — Drague.

Fig. 8. — Drague employée dans les expéditions anglaises du *Lightning* et du *Porcupine*.

Toutes ces opérations de descente et de remonte exigent un navire à vapeur : un voilier serait trop influencé par les vents et les courants, il traînerait irrégulièrement la drague ; grâce à la vapeur, on se porte dans la direction qu'on croit être la plus favorable au draguage ou bien on *étale* le courant contraire à la descente des sondes ; on a toute liberté d'allures. Le halage de la ligne à force de bras serait impraticable pour les opérations un peu importantes ; les hommes se fatigueraient rapidement, se couperaient les mains et la rentrée de la ligne serait interminable. On installe sur le pont un treuil à vapeur d'une force de 8 à 10 chevaux, organisé de façon à pouvoir travailler à grande et à petite vitesse, muni d'un frein, pour arrêter au moindre besoin, pourvu d'un indicateur accusant la quantité de ligne filée, d'un dynamomètre permettant une surveillance constante de la tension. On le pourvoit de tambours de rechange dont le diamètre est variable selon la rapidité nécessaire à la remonte et à la descente (fig. 9).

La manœuvre de la descente et du halage est assez délicate du moment que les coups de roulis ou de tangage sont forts ; le poids de 50 à 100 kilogrammes, suspendu en l'air par une ligne mince, est soumis à des oscillations dont l'amplitude peut provoquer la rupture. L'enroulement trop rapide pendant le remontage produit aussi le même accident.

La ligne de sonde n'arrive pas directement sur le tambour, elle

Fig. 9. — Installation des appareils de sondage et du draguage à bord d'un navire.

s'engage dans une poulie suspendue par deux *bigues* ou bouts de mâts, faisant saillie en arrière et assez hautes pour que le rentrage soit facile. Si l'appareil de descente était trop rapide, il arriverait que la ligne casserait pendant qu'elle est tendue ; dans les secousses inévitables, on lui donne une certaine flexibilité en interposant dans le cordage de retenue un *condensateur* ou *accumulateur;* il consiste en un faisceau de câbles en caoutchouc vulcanisé d'une longueur d'un mètre, qui cèdent à la tension quand elle devient trop grande. Une légère flexion suffit pour diminuer l'effort brusque produit sur la ligne retenue par l'adhérence du liquide.

Le condensateur supporte jusqu'à 2,000 et 3,000 kilogrammes dans les sondages de grande profondeur, où le poids de la ligne est égal ou supérieur à celui du plomb ; ou bien dans les dragages, quand il faut que la corde ait une inclinaison double de la hauteur verticale pour être aisément traînée sur le fond. D'après le rapport de l'expédition du *Porcupine*, le poids total supporté par le condensateur était de 2,700 kilogrammes, à la profondeur de 4,000 mètres.

La drague revient sur le pont plus ou moins remplie ; on doit s'estimer heureux si elle est à moitié pleine. Les dépôts boueux sont lavés par l'effet du halage, de sorte que l'on juge, dès la sortie de l'eau, si la récolte est abondante en mollusques. Quand la drague est amenée, au lieu de retourner le sac et de le vider entièrement sur le pont, on en met le contenu sur une table en treillage métallique avec rebords, sur laquelle le choix et la recherche sont plus faciles. Il est aussi nécessaire d'avoir une collection de tamis en toile métallique de différentes grosseurs, pour passer ce qui vient d'être recueilli. On examine de suite les principaux sujets trouvés et on les place, suivant leur nature, dans des bocaux remplis d'alcool ou sans liquide, avec des étiquettes indiquant le nom, l'habitat et la profondeur.

Plus le progrès marche, plus les sciences semblent devenir connexes. Les sondages et la télégraphie sous-marine, cette application née d'hier, puisqu'elle n'a que vingt ans d'existence, en sont un exemple frappant ; ce n'est qu'au concours de l'un, que l'autre a dû son rapide progrès. La possibilité de l'immersion des câbles télégraphiques en mer profonde avait été démontrée ; le problème était résolu ; il n'y avait plus à inventer, mais à appliquer en grand.

Le premier câble entre l'Europe et l'Amérique, posé en 1857, se rompit à plusieurs reprises ; relevé et réparé, il se rompit une dernière fois à 3,600 mètres et dut être abandonné. L'année suivante, au lieu de partir de terre, les deux navires, l'*Agamemnon* et le *Niagara*, se rencontrèrent au milieu de l'Atlantique. Les deux tronçons furent soudés, le câble se dévida régulièrement, les deux navires restèrent en communication électrique et les deux continents furent de nouveau réunis. Mais après 400 dépêches échangées, le câble ne fonctionna plus. Les choses en restèrent là jusqu'en 1864, époque à laquelle se forma une nouvelle compagnie. Le *Great-Eastern*, ce navire colosse, fut aménagé en 1865 pour la grande mission qui lui était confiée, mais le câble se rompit de nouveau. En 1866, il retourne à la charge avec un nouveau câble ; il remplit cette fois son mandat avec un succès complet. Plus encore, il releva celui de 1865 et depuis ce jour une double communication fut établie.

Après avoir traîné plusieurs fois des grappins sur le fond dans une direction perpendiculaire au câble, on l'accrocha à la profondeur de 4,500 mètres ; à ce moment une violente tempête se déchaîna ; il fallut attacher le câble à une bouée et manœuvrer pendant 48 heures, de manière à ne pas le perdre de vue.

Les appareils dont on fit usage consistaient en grappins de différentes formes ; les uns à ressorts pour la préhension, les autres à pattes évasées, pour agrafer le câble. On avait aussi préparé des

Fig. 10. — Grappins, bouées et appareils qui ont servi à remonter le câble transatlantique.

grappins à couteaux pour détacher un tronçon s'il était nécessaire, et d'autres en forme de champignon, pour mouiller les énormes bouées destinées à l'amarrage du câble en pleine mer (fig. 10). Un treuil à vapeur de forte dimension était installé à bord ; il servait à l'enroulage des grelins composés de 49 fils de fer cordés ensemble, calculés pour résister à une tension de 29,500 kilogrammes ; leur longueur s'élevait à 30 kilomètres. La préhension du câble était indiquée par un dynamomètre, seul indice du résultat du draguage.

Aujourd'hui le réseau télégraphique constitue le système nerveux de la vie du globe; « 213 câbles sous-marins, immergés depuis six ans seulement, ont déjà une longueur de 80,000 kilomètres; en Europe, les lignes aériennes mesurent 270,000 kilomètres. Pour le globe, le développement des fils peut s'élever à 2,000,000 de kilomètres; en les soudant ensemble, on pourrait entourer cinquante fois la terre (1). »

(1) William Huber, *Bulletin de la Soc. de géog.*, mai 1873.

PREMIÈRE PARTIE

CARACTÈRES DU SOL SOUS-MARIN

I

Configuration du fond des mers.

Croyances des anciens sur la profondeur. — Opinion des savants français. — Théorie d'Adhémar. — L'orographie des continents comparée à celle du fond des mers. — Équidistance relative des montagnes élevées et des abîmes de l'Océan. — Ressemblance entre les terres submergées et les terres émergées. Les reliefs du globe comparés au globe lui-même. — Détermination de la topographie sous-marine. — Hypothèses déduites de la démonstration. — Incorrectitude des sondages. — Idées sur l'ensemble de la configuration des mers. — Fausses interprétations des sondages. — Analogie entre le caractère des côtes et celui du sol sous-marin. — Les vigies. — Conquête du fond des mers par les travaux de l'homme.

Lorsqu'en quittant la côte, le navigateur s'avance vers le large la sonde à la main, il arrive graduellement à des profondeurs d'autant plus fortes qu'il s'éloigne plus de terre. On croyait, dans les temps anciens, que cette dépression croissante du fond arrivait à des hauteurs augmentées par l'imagination. En nous reportant vers les auteurs de cette époque, nous trouvons que toutes leurs suppositions se résumaient à considérer la mer comme « un abîme sans fond. » Leurs recherches étaient nulles, mais l'idée des révolutions terrestres leur était familière ; la présence de coquilles enfouies sur les rivages et dans les couches de sédiments distants de la mer n'avait pas échappé au géographe Strabon ; il dit que « le sol est tantôt soulevé, tantôt abaissé (1). » Hérodote décrivait

(1) *Géographie*, livre I, chap. II.

l'Égypte, cinq siècles avant l'ère chrétienne, comme « une terre de nouvelle acquisition et un présent du Nil. » On trouve dans la *Nature de l'Univers*, attribuée à Ocellus Lucanus, que « le fond de la mer change de temps en temps. »

L'opinion des savants du moyen âge ne fut pas sensiblement modifiée ; les documents cartographiques qu'ils ont laissés sont grossiers et se bornent aux indications terrestres. Le plus ancien ouvrage qui ait quelque rapport avec l'hydrographie, est l'atlas de Pietro Vesconte di Genoa, imprimé à Venise en 1518, époque à laquelle florissait la marine vénitienne. Peu à peu les cartes s'enrichirent de quelques rares sondages dans les passes fréquentées, mais très-près de terre ; comme on n'avait aucun document à faire prévaloir sur la profondeur, on persévérait dans la vieille croyance populaire, accréditée même par les savants, d'une « mer sans fond. » Marsigli, dans son *Histoire de la mer*, regarde la Méditerranée comme telle.

Les savants français furent les premiers qui considérèrent la profondeur des mers comme certainement très-grande, mais non pas incommensurable. Buffon, s'appuyant sur les conjectures que les mathématiciens s'efforçaient de faire prévaloir pour la découverte d'une formule générale, l'estimait par simple approximation à 400 ou 500 mètres. Laplace, prenant un ensemble des reliefs continentaux, assigna une moyenne de 1,000 mètres. L'astronome Lacaille, abondant dans ce sens, voulut aussi l'obtenir par le calcul ; raisonnement également faux, que l'exploration seule pouvait combattre. M. de la Bèche porta les dépressions sous-marines, de 3,200 mètres à 4,800 mètres ; le premier, il basait avec beaucoup de tact cette supposition sur l'analogie qui existe entre le relief de la partie immergée du globe avec la partie émergée. Les sondages nous démontrent que cette hypothèse est exacte en principe. Suivant M. de la Bèche, toutes les terres suffisamment nivelées pourraient être aplanies au niveau même de la mer ; ce que certains géologues supposent avoir existé à l'époque primitive, avant le refroidissement général de la terre. A. de Humboldt estimait à 1,843 mètres le plan moyen de profondeur ; admettant ainsi qu'il est six fois plus grand que la hauteur réduite des continents, estimée d'après ses calculs à 307 mètres. Ces différentes appréciations, uniquement fondées sur des théories voisines de la fantaisie, sont une preuve que la question ne pouvait se résoudre qu'au moment où les sciences appliquées seraient assez avancées pour répondre par l'évidence des faits.

A l'époque où furent exécutés les premiers sondages, M. Adhémar essayait aussi de donner son idée par voie d'induction ; enthousiaste des solutions du calcul, il reprit l'hypothèse de ses devanciers (1) ; en les modifiant, il arriva à ce théorème « qu'une nappe d'eau est en général d'autant plus profonde, qu'elle est plus large. » Ce fait physique est exact jusqu'à un certain point, mais la progression qu'il semble admettre, est rarement en harmonie avec la définition abstraite. En prenant pour unité la longueur des différents parallèles, il a cherché quelle est la fraction de ces cercles correspondant à la surface du liquide. Il supposait que, dans le voisinage des pôles, la profondeur devait être considérable, à cause de la distance des terres. Il y aurait ainsi un énorme enfoncement dans l'Atlantique méridional et septentrional, au milieu des deux continents. Les sondages ont démontré qu'il existe, mais non pas dans les proportions surfaites, que M. Adhémar voulait établir par sa théorie progressive.

Aujourd'hui, depuis que l'on a jeté la sonde pour la pose des câbles télégraphiques dans la plupart des mers du globe, on peut formuler avec une certaine autorité des appréciations générales, sur ces deux tiers de la surface du globe cachés sous les eaux. Deux opinions ont prévalu parmi les savants anglais sur la configuration des océans : d'un côté, le capitaine Sherard Osborn regarde le lit des mers comme une plaine aux ondulations légères ; de l'autre, le professeur Huxley le considère comme une continuation naturelle de la surface terrestre.

Quoique les exceptions à la règle des hauteurs et des dépressions soient nombreuses, le fait n'en est pas moins évident dans l'ensemble, ainsi que l'avaient préconçu A. de Humboldt et M. de la Bèche. En prenant comme plan de nivellement général la surface des mers, ce qui est le plus parfait exemple de planimétrie qu'on

(1) *Les Révolutions de la mer. Formation géologique des couches supérieures du globe.*

puisse trouver dans le globe, on verrait, au moyen de ce repère universel existant partout, que le plan de nivellement donné par la création est à peu près à distance égale des plus hauts sommets des montagnes et des plus grandes profondeurs de la mer, que les sondages nous ont revélé. Ainsi, nous voyons au centre du continent asiatique, le plus vaste de tous les continents, que dans la majestueuse chaîne de l'Hymalaya, le pic culminant, le Gaurisankar, atteint l'altitude de 8,800 mètres (fig. 11). En nous reportant au milieu de l'océan Atlantique, au sud du banc de Terre-Neuve, nous

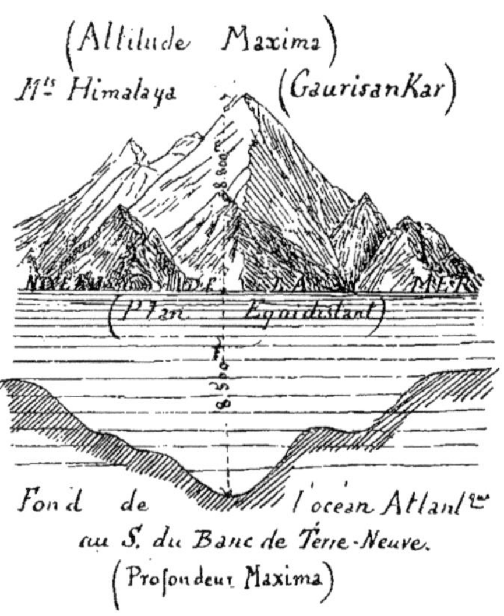

Fig. 11. — Théorie figurée de l'équidistance relative des reliefs et dépressions de l'écorce terrestre.

trouvons la cote maxima de 8,500 mètres, cote sur laquelle on peut s'arrêter sans crainte d'avoir accepté des sondages incorrects. Ces deux limites extrêmes sont ainsi à peu près à égale distance, l'une au-dessus, l'autre au-dessous du plan de comparaison auquel nous rapportons les cotes d'altitude. Elles ont aussi une certaine corrélation avec l'épaisseur de la couche atmosphérique, dont la portion respirable ne s'étend pas à plus de 8 à 10 kilomètres au-dessus de la surface des eaux. L'atmosphère qui enveloppe les parties émergées est remplacée dans les eaux par une pression proportionnelle, nécessaire à l'équilibre de ces immenses amas liquides. Il existe une merveilleuse pondération en tous points, malgré la répartition irrégulière des terres et l'excédant des eaux. Ainsi, l'hémisphère austral contient une masse liquide beaucoup plus importante que celle de l'hémisphère boréal, où la superficie des mers est environ une fois et demie celle des terres. Dans l'hémisphère austral, elle atteint plus de six fois cette proportion.

Il existe donc, au fond des abîmes océaniques, les mêmes caractères orographiques que sur les terres où nous vivons. Supposons que les eaux se retirent d'elles-mêmes : on verrait apparaître les sommets les plus élevés, les escarpements, les vallées, les plateaux immenses. En contemplant le panorama du grand bassin océanique ainsi asséché, les inégalités ne présenteraient pas un aspect différent de celui que nous sommes habitués à voir. La scène seule aurait changé : d'immenses solitudes recouvertes de vase s'offriraient à nos yeux, au lieu de la nature verdoyante et animée, au milieu de laquelle la création nous a placés. Pourquoi cette partie cachée sous les eaux dérogerait-elle à la loi générale de la configuration du globe? La croûte terrestre supportant ces amas d'eaux salées n'en diffère que par quelques modifications de détail, qui ne portent aucun préjudice à l'harmonie générale de la nature. Le lit des mers ressemblerait à ces steppes sans limites de l'Asie centrale, au désert de sable du Sahara, ou encore aux pampas de l'Amérique méridionale, régions qui, selon les probabilités de la géologie, ont été submergées à une époque que nous ne pouvons déterminer.

Les phénomènes de la vie s'accomplissent dans cette zone de faible épaisseur, comprise entre le fond des mers et les régions supérieures de l'atmosphère, sur une distance maxima de 17 kilomètres. En deçà et au delà, c'est l'inconnu ! Dans cet espace limité, seul perceptible à notre imagination, se développent les plus merveilleuses fonctions de la nature ; malgré ses horizons et sa colossale organisation, cette zone est insignifiante en comparaison du diamètre de la terre. Les saillies maxima de la surface n'offrent qu'une dépression insensible par rapport à la coupe équatoriale. A peine si le contour offre une légère ondulation ou des protubérances microscopiques, qui ont été comparées avec justesse aux rugosités de la peau d'une orange. Au centre, se trouvent des matières inconnues, que l'on suppose en incandescence perpétuelle ; quelles qu'elles soient, elles sont contenues dans une écorce relativement délicate, dont la surface seule est appropriée à la vie animale et végétale. Le merveilleux système de pondération à l'aide duquel les mondes se meuvent dans l'espace établit l'harmonie entre chacun des éléments qui composent le globe.

En compilant toutes les cotes de sondages, dont certaines mers sont émaillées, on est parvenu à construire des cartes orographiques, à dresser le figuré du terrain de la même manière que pour la surface de la terre. On a opéré comme pour les pays en voie d'exploration, c'est-à-dire, en faisant une esquisse topographique à grands traits, basée sur quelques notions élémentaires et laissant beaucoup à la supposition. Mais il viendra un moment où d'autres indications s'ajouteront à celles que l'on possède déjà, et prendront l'aspect d'une carte achevée, établie sur une multitude de données positives.

Pour se rendre compte des ondulations des terres cachées sous les eaux, on opère comme pour le relief terrestre, avec cette seule différence, que le plan de nivellement auquel on rapporte toutes les cotes est directement au-dessus ; au lieu que, pour le relief continental, il est toujours éloigné du lieu d'opération. Supposons qu'on veuille dresser le relief du fond d'un lac, on tendrait à la surface des lignes réelles ou fictives sur lesquelles on sonderait de distance en distance. Quand on connaîtrait la hauteur comprise entre le fond et la surface pour un grand nombre de points, on ferait passer par tous les points de même hauteur un plan idéal ou, en d'autres termes, on en marquerait la trace par une courbe. En traçant parallèlement au plan directeur de la surface d'autres plans équidistants, ceux-ci viendraient couper le profil en un point, dont la projection horizontale déterminerait les *courbes de niveau* (fig. 12).

On ne pourrait donner une meilleure idée des courbes de niveau que de les représenter telles qu'elles auraient été produites naturellement par les eaux elles-mêmes. Supposons un bassin dont le niveau de la surface aurait varié à plusieurs époques, jusqu'à ce qu'il fût progressivement desséché. Il en résulterait que sur les bords il se produirait, par suite du clapotage de l'eau (fig. 13), des érosions régulières en forme de longues bandes parallèles entre elles; toutes seraient équidistantes puisque la surface de l'eau a toujours été horizontale. Ces bandes représenteraient à l'observateur qui

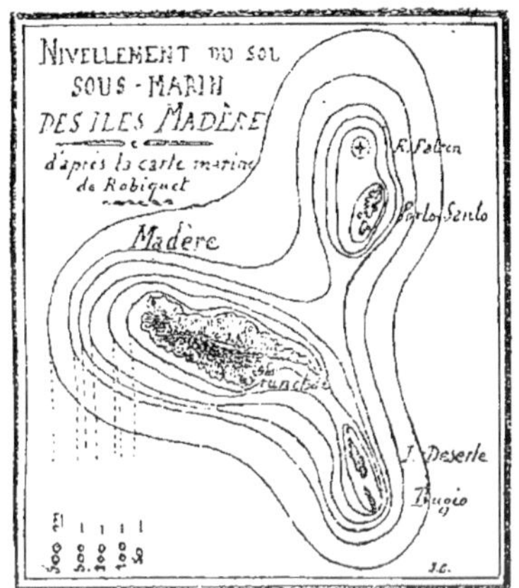

Fig. 12. — Exemple de relief sous-marin, traduit par des courbes de niveau.

contemplerait d'une éminence voisine ce bassin desséché, les traces de plans horizontaux ou courbes de niveau dégradées, suivant toutes les sinuosités du sol. C'est ce que l'on représente sur les

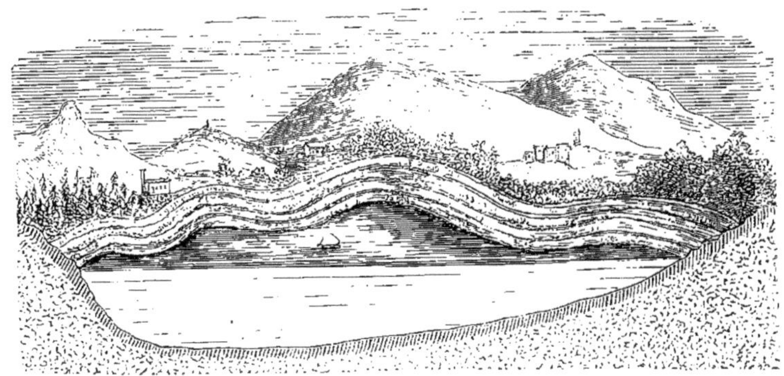

Fig. 13. — Zones ou gradins parallèles formés sur les rives d'un bassin, par le retrait des eaux à différentes périodes.

cartes, pour exprimer graphiquement les indications données par les sondages.

Le premier travail de ce genre fut exécuté par Maury pour l'océan

Atlantique septentrional ; réunissant toutes les données fournies par les explorateurs qui avaient entrepris des sondages à son instigation, il esquissa de grandes lignes orographiques ; bien que ne donnant qu'une idée imparfaite de la configuration, cette carte indiquait cependant les caractères généraux d'une façon suffisante, pour démontrer qu'il y avait absence de profondeurs abruptes et que les contours étaient doux et arrondis.

La cartographie sous-marine restera encore longtemps bien imparfaite, à cause de l'insuffisance des points déterminés et de l'inexactitude des opérations. Les déviations que les courants font éprouver aux lignes de sonde sont une cause d'erreurs d'autant plus fâcheuses, qu'on n'a aucun moyen de correction. Le poids n'est pas suffisant pour résister à l'effet d'entraînement de la ligne, et d'un autre côté, s'il était trop lourd, il faudrait employer des lignes épaisses, sur lesquelles la résistance due à la dérive se ferait sentir plus fortement. Quelquefois aussi la ligne est tellement longue, que, son poids se confondant avec celui du plomb, elle coule sur elle-même après le contact.

Ces sources d'erreurs obligent à n'accorder qu'une confiance limitée à beaucoup d'observations faites en mer profonde. Les profondeurs de l'Atlantique ont ainsi été fort exagérées. Le lieutenant Walsh, de la marine des États-Unis, crut avoir trouvé le fond par 10,200 mètres ; le lieutenant Berryman rapporte avoir fait à bord du *Dolphin* une sonde de 11,700 mètres ; le capitaine Denham en aurait aussi exécuté une de 13,500 mètres ; au même point de l'Atlantique, le capitaine Parker déroula 19,500 mètres de ligne et, dans une seconde opération, la sonde n'indiquait que 5,500 mètres. Dans les mêmes parages, la carte de l'Amirauté anglaise du vice-amiral Richard, publiée en 1870, n'indique aucune cote plus élevée que 6,000 mètres.

Il semble aussi que la sonde descendue au hasard puisse atteindre accidentellement une anfractuosité, ou qu'elle rencontre à une faible distance un bas-fond, qui serait le point culminant d'un plateau ou le sommet d'une montagne sous-marine. Ceci se présente fréquemment près des côtes abruptes et des terrains mouvementés sur le littoral. Mais au large, où un chiffre isolé ne peut se rattacher à aucun ensemble topographique, il ne doit être admis qu'avec circonspection. Le meilleur procédé graphique pour s'en rendre compte est de comparer les ondulations du sol entre elles au moyen de profils rapprochés ; si les discordances sont trop frappantes, il est préférable de laisser l'appréciation incomplète, sans chercher à combiner un tracé fantaisiste.

Si l'on jette les yeux sur la carte marine de l'Atlantique, on est frappé de voir qu'elle est parsemée d'une grande quantité de cotes de sondages. Malheureusement les indications sont peu de chose, comparativement à l'immensité des mers ; de plus elles sont réparties sans méthode ; car les opérateurs ont été soumis aux exigences de la navigation dans leurs sondages ; on rencontre dans certains endroits des lacunes regrettables pour le tracé du relief hydrographique ; tandis que, dans d'autres, leur abondance, compliquée d'une incohérence inexplicable, est une source d'erreurs dans les appréciations. S'il est facile de déduire le caractère topographique de certaines mers intérieures et des golfes, dont le système orographique est peu compliqué, il est souvent fort délicat de porter un jugement sur la nature du fond au milieu des océans ; car la sonde tombe sur des déclivités ou des plateaux dont il est impossible de reconnaître les grandes lignes du contour, sans avoir de point de départ déterminé.

Les géographes s'accordent à reconnaître qu'il existe des rapports nettement caractérisés entre la configuration de la partie de l'écorce terrestre submergée et celle qui est au-dessus des eaux. On peut regarder l'espace sous-marin comme un vaste continent déprimé qui aurait été recouvert par les eaux, comme une fraction distraite de l'écorce du globe par l'inondation. En faisant abstraction des eaux, les grands traits caractéristiques de la charpente terrestre, les systèmes de montagnes, les accidents généraux, sont identiques de part et d'autre. Si les eaux se retiraient, on verrait que les grandes lignes de relief du globe ne seraient pas interrompues ; les ondulations se poursuivraient sans être coupées par les mers. On voit donc qu'elles ne sont qu'un accident à l'égard des terres. Ainsi le profil passant par le massif des Alpes, dans l'ancien continent, par le fond de l'Atlantique, et se prolongeant jusqu'à la chaîne des Cordillères, montre une continuité et une graduation de pentes du même caractère que les continents.

Les groupes d'îles qui surgissent à grande distance de terre sont les points culminants de quelque chaîne de montagnes cachée sous les eaux, ou un piton gigantesque qui se dresse isolément. C'est ce qui se produirait si le continent européen était inondé ; les sommets des Alpes, des Pyrénées, les montagnes Scandinaves émergeraient seules, formant autant de groupes d'îles ; comme les archipels des Açores, des Canaries, des îles du Cap-Vert, dont la base sous-marine est en parfaite conformité avec le caractère des reliefs continentaux.

Ce n'est pas seulement près de terre que les rochers dressent leur cime noircie par les tempêtes ; le navigateur en rencontre au large, là où il croyait n'avoir pas à redouter les grandes lames. Une roche ainsi détachée n'est pas une exception à la règle orographique (fig. 14) ; elle révèle une base cachée, dont on reconnaîtrait toutes les formes, si l'on établissait des courbes de niveau après avoir

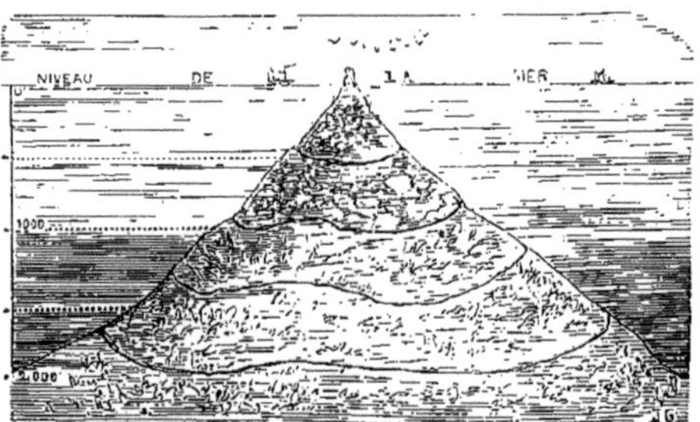

Fig. 14. — Base figurée d'un rocher isolé au milieu de l'Océan avec les courbes de niveau.

préalablement exécuté des sondages. C'est une montagne dont l'immersion a été assez forte, pour ne laisser comme témoignage que les dernières assises qui couronnent son sommet. Si, par exemple, la France était submergée à une hauteur suffisante pour couvrir les montagnes d'Auvergne, le Puy-de-Dôme seul surgirait, laissant apercevoir les rochers dénudés de sa cime, tandis que tous les mamelons environnants, qui sont beaucoup moins élevés, seraient dérobés sous les eaux. On peut citer, comme exemple de piton solitaire, l'îlot de Rockall, à 50 lieues de la côte d'Écosse, qui surgit au milieu des flots sans se rattacher à aucun archipel.

Les écueils sur lesquels la grande houle de l'Océan vient perpétuellement se briser sont exactement déterminés sur les cartes marines ; mais il n'en est pas ainsi pour les récifs à fleur d'eau ou les bancs qui ne découvrent pas. Les cartes sur lesquelles on porte la position des brisants ou dangers signalés dans les rapports de mers, sont émaillées de points d'interrogation. Il existe ainsi sous toutes les latitudes des *vigies* plus ou moins douteuses. S'il est admissible qu'on puisse rencontrer à certaine distance de terre des saillies voisines de la surface, on ne saurait accorder entière confiance aux rochers supposés, vus souvent par des navigateurs trop timorés ; d'autant plus que souvent les renseignements se détruisent les uns par les autres ; ainsi, au point même où l'on a cru voir des brisants, d'autres navigateurs ont trouvé de grandes profondeurs. Si l'on se rend un compte exact des accidents du sol au moyen de profils multipliés, on est souvent obligé de conclure que les observateurs ont été le jouet d'illusions optiques et que la grande voix des brisants qu'ils ont cru entendre la nuit, était due à d'autres causes, parmi lesquelles on doit mettre en première ligne les épaves flottantes. Il arrive fréquemment qu'un navire, abandonné par son équipage, reste à flot pendant longtemps, surtout si la nature de son chargement le maintient sur l'eau malgré ses avaries ; s'il se trouve sur une route fréquentée par la navigation, il finit par être signalé de différentes façons et pris pour un brisant.

Après avoir scruté avec patience les profondeurs des mers, l'homme a voulu conquérir cet espace et le disputer à l'habitant de ces séjours humides. Mais son organisation lui interdit la vie dans l'eau ; s'il plonge exceptionnellement, il éprouve une oppression graduelle sur la poitrine ; à peine si les plus hardis plongeurs peuvent rester une minute sous l'eau. Muni d'un scaphandre, il peut atteindre au maximum la limite de 30 mètres ; même, celui qui est accoutumé à cet exercice contre nature, supporte difficilement une pression supérieure. La conquête du fond des mers n'ira pas au delà des sondages et de la pose des câbles télégraphiques : il est prématuré de penser que la navigation sous-marine finira par permettre de voyager sous l'eau comme on voyage au-dessus.

Sur terre, on pénètre à des profondeurs où il faut que le mineur puisse déployer tous les secrets de son art; mais ces travaux sont insignifiants par rapport au fond de l'Océan. La mine de Rose-Bridge,

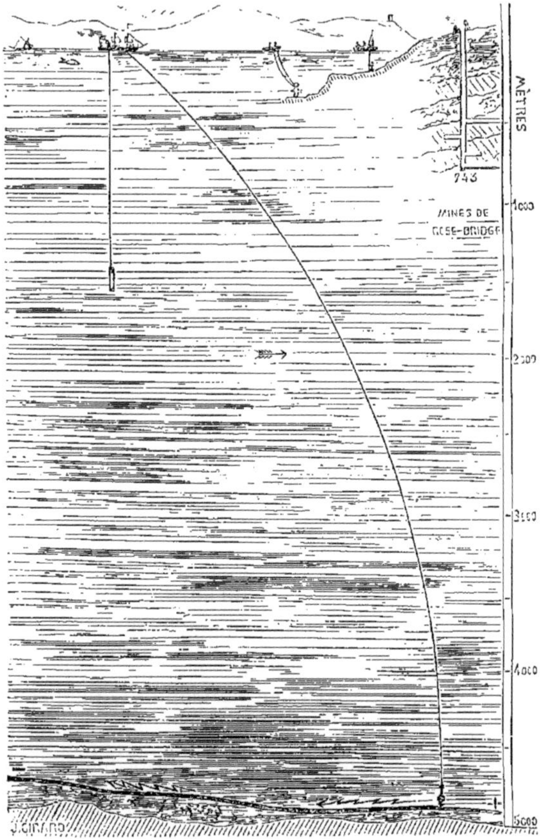

Fig. 15. — Travaux des hommes au fond des mers comparés à ceux qui sont exécutés dans les profondeurs de la terre.

dans le Lancashire, atteint 743 mètres ; elle est une des plus profondes de l'Europe : à Épinac, dans la Saône-et-Loire, on a poussé les forages pour la recherche de la houille, jusqu'à 1,000 et même 1,200 mètres. Et cependant quelle différence avec le lit des mers, où l'on est parvenu à déposer des câbles télégraphiques à 5,000 mètres ! L'art du mineur dispute aussi à la mer les richesses enfouies dans la terre ; la mine de Botallack, dans le Cornwall, s'étend sous la mer à une distance de 400 mètres du rivage. Un grondement sourd se répercute au-dessus des voûtes ; c'est la mer ! on assure que dans certaines galeries le mugissement des vagues, qui remuent les galets, est assez épouvantable pour faire fuir les mineurs eux-mêmes. Quoi qu'il en soit, il est assez étrange que ces mines sous-marines passent pour être les plus sèches du pays.

II

Orographie des principales mers.

Le bassin de l'océan Atlantique septentrional est le mieux connu. — Ensemble de la configuration sous-marine entre les deux continents. — La grande vallée centrale du bassin atlantique. — Les îles émergentes du centre du bassin. — La mer des Antilles et le golfe du Mexique. — Les mers arctiques et les expéditions au pôle Nord. — La profondeur des mers polaires. — La mer du Nord et les côtes scandinaves. — La Manche. — La mer Baltique — La Méditerranée. — La mer Adriatique. — La mer Noire. — Renseignements généraux sur l'océan Pacifique. — Les mers australes. — Les mers intérieures. — Comparaison.

La forme exacte de la terre nous a été révélée par Christophe Colomb, et la configuration générale des continents par les navigateurs portugais et espagnols. Les géographes modernes ont compris que la géographie ne se borne pas exclusivement à la description des terres que nous pouvons fouler aux pieds, mais aussi à la connaissance de ces deux tiers du globe qui sont cachés sous les eaux. Les découvertes de Darwin sur les grandes questions de la géologie et de l'histoire de l'époque antédiluvienne demandaient une solution. Maury donna un nouvel élan en publiant le résultat de ses observations sur la physique de la mer ; il montra qu'il y avait sous les eaux un monde nouveau, dont la découverte restait encore à faire, après les voyages des grands navigateurs du moyen âge.

Les explorateurs se jetèrent résolûment dans cette voie. L'océan Atlantique, qui avait été le premier champ d'expériences, fut également celui des imitateurs de Maury. Il a été aussi plus privilégié que les autres mers, parce qu'il sert de grande voie de communication entre les deux continents, intimement liés maintenant par des intérêts communs. On possède quinze cents ou deux mille sondages sur le bassin de l'Atlantique, sans comprendre ceux des plateaux d'atterrage et des côtes. Malgré ce nombre relativement élevé, qui a coûté tant de peines et de dépenses, ils sont encore insuffisants pour déterminer l'orographie d'une surface, dont l'étendue se compte par millions de kilomètres carrés. Ils ont été faits au hasard, à l'exception de ceux qui ont été exécutés suivant un plan préconçu, pour la pose des câbles télégraphiques.

En envisageant l'Atlantique d'après les premiers sondages qu'il avait fait entreprendre, Maury réfuta péremptoirement l'opinion erronée sur sa profondeur. Quand M. Cyrus Field vint le consulter en 1854, sur la possibilité d'établir le câble transatlantique, il répondit, en s'appuyant sur l'expédition du *Dolphin*, exécutée sous le commandement du lieutenant Berrymann : « La ligne de sondages faite dans cette direction résout la question d'un télégraphe sous-marin entre les deux continents, autant qu'on peut émettre une affirmation sur les fonds de la mer. De Terre-Neuve à l'Irlande il y a 1,600 milles ; le fond entre ces deux points est une sorte de plateau, qui semble parfaitement approprié à cet usage ; il n'est ni trop bas ni trop profond ; le câble sera toujours à l'abri des ancres de navires, des glaces flottantes, et des épaves en dérive. » Ces régions sous-marines ont reçu le nom de « plateau télégraphique », qui est une immense plaine sans aucun accident de terrain. Le relevé du profil démontre en effet qu'entre le 50e et le 53e degré de latitude, l'inclinaison, très-peu accentuée sur les plateaux qui forment la base ouest du continent européen, subit une rapide inflexion ; dans l'espace de deux degrés de longitude, la pente descend brusquement de 1,000 à 5,500 mètres, pour continuer ensuite avec des intermittences de 3,000 à 4,000 mètres. Près du banc de Terre-Neuve, les pentes sont la contre-partie de celles du côté de l'Europe. Le profil se relève, sans transition, de 5,000 à 500 mètres. Il y a lieu de remarquer cependant que les grands fonds ne sont qu'à une grande distance des côtes et qu'ils sont précédés de part et d'autre d'un plateau en pente douce.

La partie la plus profonde de tout l'Atlantique septentrional se trouve dans le voisinage des côtes de l'Amérique du Nord ; elle est limitée au nord par le grand banc de Terre-Neuve et au sud par le groupe des Antilles. Les courbes de niveau tracées de 1,000 à 5,000 mètres, contournent avec une apparence de régularité le littoral plat du continent américain ; mais la déclivité, au lieu de commencer près de la côte, ne se produit qu'à une grande distance. Ces pentes aboutissent à une grande dépression de 7,000 mètres, au delà de laquelle les indications sont vagues. Au milieu de ce grand entonnoir s'élève un pic isolé formant les Bermudes, îles situées très-loin de toute terre et autour desquelles il existe de grands fonds ; c'est en réalité une pyramidede 6,000 à 7,000 mètres, dominant un amphithéâtre de 500 lieues de rayon.

Il paraît exister entre les deux continents une grande vallée sous-marine, dont le fond est occupé par une immense plaine, que l'on pourrait comparer aux déserts de l'Afrique. Il résulte des recherches faites par l'expédition du *Challenger*, que cette vallée, profonde de 4,000 à 5,000 mètres, s'étend de l'équateur au 52e degré de latitude nord entre l'Europe et l'Afrique. Si elle n'était pas couverte par les eaux, elle laisserait voir les sommets gigantesques formés par les îles du cap Vert, les Canaries ; l'île de Madère la dominerait de toute sa hauteur ; le pic de Ténériffe se détacherait comme une pointe énorme. A l'ouest du plateau des Açores se trouve une plaine inégale, d'une grande étendue, dont la surface est occupée par la mer des Sargasses, grande prairie flottante composée de *fucus* et d'autres herbes marines. On n'y a pas trouvé de traces de nombreux écueils si redoutés des marins dont il a été souvent parlé. En faisant passer des lignes par les sommets des montagnes émergentes dans l'Atlantique, autrement dit des groupes d'îles précités, on verrait que les grandes chaînes de montagnes suivent les mêmes directions que les continents dans lesquels elles sont situées. La principale chaîne de l'ancien continent commencerait au pic de Ténériffe, pour se confondre avec les sommets des Sierra d'Espagne d'une part et dans le Maroc de l'autre, s'élevant successivement jusqu'aux Alpes et aux Apennins pour se relier au massif asiatique.

Il existe aussi, dans les régions équatoriales, une chaîne sous-océanique interceptant la grande dépression allant d'un pôle à l'autre, dans laquelle s'étend l'océan Atlantique. Cette chaîne rocheuse et volcanique est accusée à fleur d'eau par les pics isolés de Fernando de Norhona, la roche Saint-Paul, l'île de l'Ascension, le rocher de Sainte-Hélène. La ligne passant par ces points paraît être la séparation entre le bassin nord et celui du sud.

On remarque également un étrange rocher qui surgit seulement de quelques mètres au-dessus des eaux ; c'est le Penedo de San-Pedro, vu accidentellement par des navigateurs et cherché longtemps en vain par d'autres. Cette île n'a pas plus d'un mille de long ; du moins l'îlot le plus grand ne dépasse pas cette dimension, car il y a encore quatre autres groupes de rochers plus petits. Cet îlot semble assis sur une base ayant une certaine étendue, puisque d'après la couleur de l'eau, qui est extrêmement blanche, on voit un plateau de ceinture, où l'on pourrait trouver fond. Les têtes

Fig. 16. — Récif *penedo de San-Pedro* au milieu de l'océan Atlantique, vu à 3 milles au S.-O. D'après M. H. Hermant du paquebot *Palestro* (1869).

des rochers ne font qu'un seul bloc, dont on distingue à peine les ouvertures en s'approchant. La mer, brisant continuellement sur cette vigie, l'a tellement blanchie par le bas, qu'on le prendrait pour une grève de sable blanc. Les lames sont si furieuses, qu'elles passent même par-dessus la tête de ces lugubres roches (fig. 16).

Le bassin méridional de l'Atlantique est peu connu ; les sondages y sont rares, les quelques repères qui existent sur la côte brésilienne donnent des écarts trop sensibles pour même autoriser des conjectures. Il est tout au plus possible de comprendre que la pente littorale soit assez régulière et que les grandes profondeurs ne commencent qu'à 80 ou 100 lieues au large; comme elles semblent être beaucoup plus éloignées de la côte dans le Nord que dans le Sud, on est porté à croire que le fleuve des Amazones, au lieu de former des atterrissements, par la quantité d'apports qu'il amène à la mer, aurait son limon entraîné par le grand courant qui longe la côte dans la direction du Nord sur plusieurs centaines de lieues.

Nous trouvons plusieurs sondes aux environs du cap San-Roque, mais le peu de concordance qu'elles ont entre elles est trop forte pour en admettre l'exactitude. Ainsi, près de la côte entre Fernando de Norhona et le banc de Las Rocas, points émergents rapprochés l'un de l'autre, on obtient le fond à 4,900 mètres. La même remarque existe pour la côte près de Pernambouc. Ces accidents du sol indiquent d'énormes crevasses dans les montagnes sous-marines, comparables aux gorges que l'on voit dans les Alpes.

Le golfe du Mexique a la forme d'une cuvette dont la profondeur maxima atteint au milieu du bassin 2,300 mètres. Les pentes marginales de l'Ouest sont les continuations des plaines d'alluvions de la côte du Mexique, tandis qu'à l'Est, les pentes sont abruptes, comme si elles étaient le résultat d'une énergique érosion du Gulf-Stream.

La mer des Antilles est encore plus profonde que le golfe du Mexique, puisque l'on obtient dans certains endroits 4,200 mètres. On peut la diviser en deux bassins séparés : celui de l'Ouest, limité par la côte méridionale de l'île de Cuba et celui de l'Est, ayant un contour elliptique, compris entre les Grandes et les Petites Antilles d'un côté et la Colombie de l'autre. L'orographie se révèle comme étant très-accidentée, car il existe une confusion d'îlots, de rochers, de bancs de sable, de vigies multipliés. On y trouve à peu de distance des côtes, de grandes profondeurs indiquant des ravins, des dépressions brusques. On serait tenté de croire que ces régions sous-marines auraient une physionomie analogue aux terres voisines, bouleversées si fréquemment par les tremblements de terre. Les quelques sondages qui ont été entrepris dans le bassin Est dénotent plus de régularité; la pente du fond est brusque, même verticale, du côté d'Haïti et de Porto-Rico, sans aucune trace d'îles ou de récifs; au lieu que, du côté du continent, les plages basses s'infléchissent lentement sous les eaux, laissant comme trace de leur faible déclivité une multitude de bancs et de bas-fonds. Le milieu de cette mer, qui est presque intérieure, n'est connu que par deux ou trois sondages, permettant cependant de croire que la profondeur maxima doit être voisine de 4,000 mètres.

Entre l'Océan et la mer des Antilles, il s'élève une sorte de barrière : l'archipel des Petites Antilles, qui représente assez sensiblement les sommets émergents d'une chaîne de montagnes, dont les deux versants Est et Ouest auraient une inclinaison identique. Elle rattacherait ainsi sous les eaux deux points séparés du nouveau monde, en se reliant également au système orographique général.

En remontant vers les mers arctiques, nous trouvons des notions toutes nouvelles apportées dans ces dernières années par les expéditions allemandes. Il semblerait que le courant du Gulf-Stream ait continué à couler depuis les Antilles, dans une grande vallée qui vient déboucher entre l'Islande et le Groënland dans les mers polaires. On y a trouvé fond à 4,000 mètres au nord du Spitzberg. L'expédition suédoise de 1868, dirigée par MM. Otter et Palander, opéra des sondages à bord de la *Sofia*, au milieu des glaces flottantes entre le 80° et le 82° degré de latitude Nord. En 1871, les explorateurs Smyth, Ulve et Torkilsen, ont continué ces travaux hydrographiques au sud du Spitzberg, jusqu'à la péninsule Scandinave. Ils démontrèrent que le Spitzberg et les îles qui en dépendent, peuvent être regardés orographiquement comme une continuation l'un de l'autre. Il ne faut aussi considérer la chute rapide de la côte norwégienne que comme la suite immédiate des montagnes qui la composent.

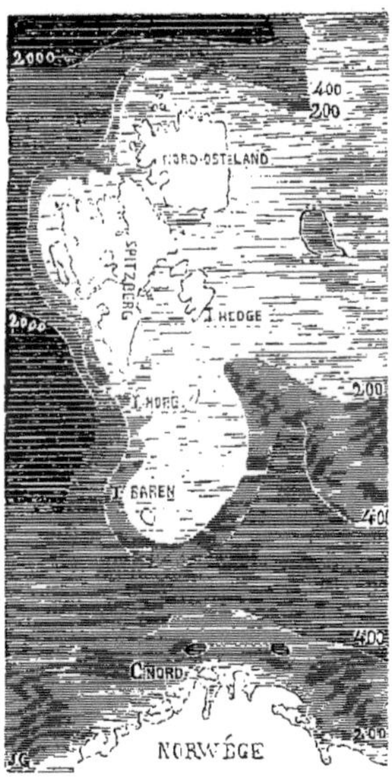

Fig. 17. — Carte de la profondeur de la mer du Nord aux environs du Spitzberg d'après les explorations allemandes.

Entre le cap Nord et l'île Baren (île aux Ours), qui sont équidistants du cap Nord et du Spitzberg, l'ondulation suit la déclivité du grand plateau formant la base de cette dernière terre. En remontant tout à fait au Nord, les fonds sont de 2,000 mètres; dans ces passages perpétuellement envahis par les glaces flottantes, les sondages indiquent un abaissement graduel vers le pôle, car ceux qui ont été faits sous le 81°30' donnent 260 mètres. Si cette partie, accessible pendant seulement quelques mois de l'année, a été relevée, il n'en est pas de même pour la partie Est, constamment encombrée.

Quelle peut être la profondeur de la mer dans les régions immédiatement voisines du pôle? Si la pente sur laquelle la sonde s'est arrêtée continue jusqu'au pôle même, le mont Blanc et la chaîne des Alpes disparaîtraient dans ces abîmes. Mais en procédant par déduction, il est parfaitement admissible qu'elle doit être en relation directe avec les autres mers du globe et qu'il n'y a pas plus là qu'ailleurs d'abîmes insondables.

Ces grands fonds des mers polaires ne se retrouvent pas dans la mer du Nord; cette mer, très-peu profonde, est composée des grands bancs qui s'étendent en longueur du Nord au Sud; tels sont le Dogger-Bank, le Fischer-Bank, et les bancs de l'entrée de la Manche qui sont autant de rendez-vous de pêche; ils se prolongent beaucoup dans le Nord, jusqu'au travers des îles Shetland. Ces bas-fonds constituent le plateau sur lequel repose l'extrémité occidentale de l'Europe. La France, les îles Britanniques, les Hébrides, les Shetland et les Feroë ne doivent être considérées que comme des parties émergées du massif continental, qui se continue encore sous les eaux, jusqu'aux pentes rapides de la grande vallée atlantique.

En relevant le profil de la mer du Nord, des Shetland aux côtes scandinaves, on est frappé de voir à l'Ouest une chute brusque du lit de la mer du Nord. On trouve également sur la côte scandinave un long ravin, étroit dans le Sud et plus évasé dans le Nord; cette profonde déchirure a environ 75 à 100 kilomètres de longueur sur 400 mètres de profondeur; elle suit la côte jusqu'à Stadt. Cette dépression, d'où se détachent les *fiords*, est limitée par une pente très-raide, qui porte le nom de banc du Jutland (*Iydske-Rev*) et se continue au Nord, en suivant la côte jusqu'à Bremangerland. Il existe par le travers de Stadt, plusieurs bancs d'une profondeur moyenne de 170 mètres, tels que celui de Storeg. L'orographie est moins connue en avançant vers le Nord; les quelques renseignements fournis par les expéditions allemandes vers le pôle, ne portent que sur une ligne de parcours. En deçà des îles de Tromsoë, la dernière ville européenne dans les régions septentrionales, la profondeur est moindre près des côtes où les découpures donnent naissance à de beaux fiords, tels que le Brandseras.

On peut regarder l'étroit bras de mer, qui sépare ou plutôt qui unit les îles Britanniques au continent, comme un canal de communication entre la mer du Nord et l'océan Atlantique, et même comme un accident à la surface de l'Europe. Ce n'est qu'un fossé comparativement aux océans: car entre Douvres et Calais la profondeur maxima ne dépasse pas 50 mètres. Qu'est ceci comparativement aux 5,000 mètres de l'Atlantique? c'est-à-dire que, si les tours Notre-Dame étaient placées au milieu du Pas-de-Calais, elles émergeraient encore de 15 mètres. Malgré les bancs que les marées accumulent constamment dans le sens de la longueur, la Manche est une des mers les plus fréquentées du globe, parce qu'elle est située entre deux pays qui tiennent la tête du commerce Européen.

La mer Baltique n'est guère plus profonde que la Manche; elle n'est connue que depuis trois ou quatre ans, par l'expédition de la *Pomerania*. Quoique son orographie soit assez variée, à cause des groupes d'îlots dont elle est parsemée, son fond s'harmonise avec les côtes plates de la Suède et de la Finlande. La profondeur maxima se trouve entre l'île de Gottland et Vindau (Courlande); on y a trouvé 240 mètres; mais un peu plus à l'est, le fond n'est qu'à 180 mètres. Il y a donc lieu de remarquer que l'inflexion qui s'étend depuis les Alpes Scandinaves, jusqu'aux steppes du nord de la Russie, subit une légère déviation transversale, formant la cuvette de la mer Baltique, obstruée par des bas-fonds sablonneux dus plutôt au caractère même du sol qu'aux apports des courants.

La Méditerranée, la plus grande de toutes les mers intérieures, a été aussi l'objet d'études importantes, parce que sa situation la plaçait au centre de la civilisation; l'histoire du monde s'est déroulée sur ses bords. Les études du commandant Mouchez, de la marine française, ont beaucoup contribué à en faire connaître les principaux caractères. Le travail hydrographique de l'amiral Smith (1854) est un des plus remarquables sur la topographie des côtes et à l'égard des instructions nautiques, mais il n'a pas abordé la question de la profondeur. Il s'est contenté de faire quelques sondages avec le loch-Massey, dans ces : « unfathomable depths of water. » Il constate sa division naturelle en deux bassins distincts : l'un à l'Est, l'autre à l'Ouest, au milieu desquels les plus grandes hauteurs d'eau doivent se trouver; en effet, la sonde accuse 3,970 mètres entre Malte et Candie pour le bassin Ouest et 2,930 mètres entre Rhodes et Alexandrie pour le bassin Est. Le lit de la Méditerranée offre donc, sur des distances relativement courtes, des profondeurs et des inégalités aussi considérables que l'Océan. Ces deux bassins sont séparés, près de la Sicile, par le banc *Adventure;* mais, du côté de Malte, il se trouve un entonnoir de 4,500 mètres, point le plus bas de toute cette mer, qui est le commencement de la grande vallée séparative de l'Europe occidentale et de l'Afrique dont le fond moyen est de 2 kilomètres. Le bassin Gréco-Égyptien se prolonge dans la grande partie méridionale dépourvue d'îles; ceux de Candie, de Chypre, de Karso, de Karpatho, sont trop rapprochés de l'Archipel grec, pour ne pas être considérés comme faisant partie du même plateau. Vers les côtes d'Égypte, les alluvions du Nil rendent la déclivité très-modérée; elle est d'environ un mètre par kilomètre, à partir des bouches du Nil, ce qui n'empêche pas qu'au milieu du bassin, il n'y ait près de 3,000 mètres de profondeur.

On retrouve dans la mer Adriatique un exemple de plus de la ressemblance entre les côtes et les pentes sous-marines. (Ce théorème n'est pas neuf, puisqu'il a été énoncé par Dampier.) Les plaines basses de la vallée du Pô se prolongent dans tout le fond du golfe de Trieste: l'inclinaison peu sensible due aux alluvions de ce fleuve torrentueux est pareille à celle des bouches du Nil; les bas-fonds s'étendent doucement jusqu'au travers des escarpements du Montenegro, où il existe un gouffre de 900 mètres de profondeur, entouré de hautes montagnes escarpées, qui donnent naissance à cette pittoresque et fantastique indentation des « Bouches de Cattaro. » Le profil se relève ensuite brusquement jusqu'à 110 mètres, au milieu du canal d'Otrante, pour s'infléchir de nouveau en se raccordant avec la Méditerranée.

Le bassin de la mer Noire offre, comme toutes les mers intérieures, une dépression en forme de cuvette. D'après la carte de Böttger, les plus grandes profondeurs n'excéderaient pas 900 mètres au milieu ; le sol descend rapidement dans la partie méridionale, depuis le pied des cimes du Caucase et des montagnes d'Arménie, au lieu qu'au Nord, les steppes russes prolongent leur pente insensible au loin sous les eaux.

Quittons les mers de l'ancien continent, pour résumer l'état des connaissances actuelles sur l'océan Pacifique, la plus grande étendue d'eau de la surface du globe. Les documents sont fort incomplets, car il n'a pas, comme l'Atlantique, le privilége d'être aussi fréquenté par la navigation. Cependant il s'étend comme lui d'un pôle à l'autre, sans comporter cette grande vallée séparative des deux continents ; mais il règne au pied des Cordillères, sur la côte occidentale de l'Amérique du Sud, une autre vallée sous-marine, dont les profondeurs doivent être aussi accentuées que celles du milieu de l'Atlantique, s'il est permis d'en juger par les grandes hauteurs de la chaîne des Cordillères, qui s'étend depuis le cap Horn jusqu'aux régions polaires de l'Amérique septentrionale. Les quelques rares sondages exécutés par les officiers de la marine américaine, dans l'Ouest de San-Francisco, confirment cette assertion. D'autre part, entre les Mariannes et les Philippines, les sondages faits au hasard ont donné 5,900 et 6,600 mètres ; au Sud des îles de la Sonde, le capitaine Ringold aurait laissé filer la ligne sur une longueur de 14,000 mètres ; expérience qui ne prouve autre chose que la présence de courants sous-marins.

En observant les cartes détaillées de l'Océanie, on remarque que la plupart des sondages sont inférieurs à 100 mètres ; les endroits larges et ouverts ne font même pas exception. Dans cet Océan, émaillé d'îles, de recifs madréporiques, de bancs, de rochers douteux, qui s'étendent entre l'Indo-Chine, la Nouvelle-Guinée et l'Australie, les parties que les géologues considèrent comme étant émergées reposent sur deux plateaux de hauteur inégale. Celui de l'Ouest est inférieur à 100 mètres et celui de l'Est a moins de 200 mètres de profondeur. Entre ces deux assises, il règne une grande crevasse suivant la direction du Sud-Ouest au Nord-Est, parcourue par un courant dont les eaux passent entre Bali et Lombok, entre Bornéo et Célèbes, entre les Philippines et les Moluques. L'un de ces plateaux paraît être la continuation de l'Asie ; l'autre serait un prolongement du continent Australien. Ces terres morcelées, dont les points culminants représentent autant d'îles de l'Océanie, sont comme les épaves de terres autrefois émergentes. Si l'on compare l'orographie sous-marine avec l'orographie terrestre, on comprend combien les archipels de l'Océanie sont à juste titre l'effroi des navigateurs. Au dire de certains géologues, cette partie du monde aurait été soumise à de grands cataclysmes volcaniques à l'époque préhistorique; actuellement elle doit aussi sa physionomie particulière au corail, qui, par ses incessants accroissements, modifie à la longue les fonds où il se développe.

Le grand Océan austral est encore beaucoup moins connu que l'océan Boréal ; son éloignement de l'Europe, les glaces flottantes, la nullité de l'intérêt commercial ou politique, sont autant de causes de l'ignorance de son hydrographie. D'après les rapports entre les fonds et leur distance des terres, le grand Océan austral doit avoir de grandes profondeurs. Les sondages exécutés au Sud du cap de Bonne-Espérance et sous le 40° de latitude Sud atteignent plus de 2,000 mètres. La carte physique de Berghaüs, le seul document que l'on possède, a démontré qu'à partir du Cap, la profondeur s'accroît sensiblement et qu'elle doit devenir très-grande sous les 60° et 70° de latitude Sud. Cette nappe d'eau, sans îles, doit recouvrir d'immenses plaines sous-marines, qui ne seraient que la continuation de celles du Pacifique et de l'Atlantique.

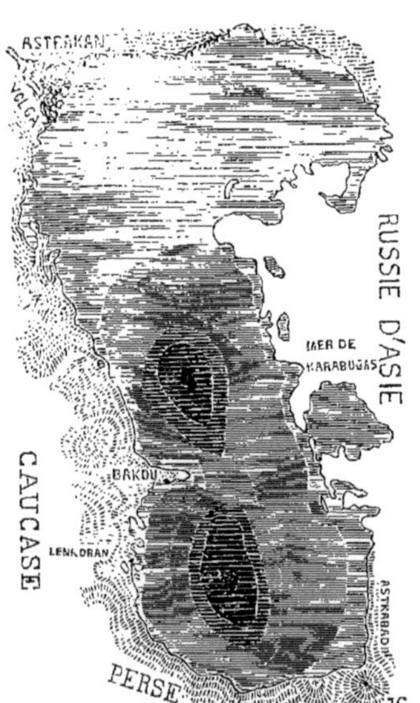

Fig. 18. — Carte de la profondeur de la mer Caspienne, d'après Iwaschinzoff (1860). (L'intensité des teintes est proportionnelle à la profondeur.)

Les mers intérieures n'offrent pas autant de complication dans le relief du fond que les océans, puisque l'étendue en est moindre. Ainsi, la mer Caspienne, ce grand lac d'eau salée perdu dans l'intérieur de l'Asie, conserve la physionomie des pays qui l'environnent. Les grands steppes plats du bassin du Volga se poursuivent sous les eaux dans toute la partie septentrionale, tandis que les contre-forts du Caucase s'arrêtent brusquement sur la côte occidentale (fig. 18); la profondeur y est plus prononcée. Le bassin se divise en deux dépressions concaves, séparées l'une de l'autre par le prolongement de la pointe de Bakou, le cap Schachow. Au Nord, les apports constants du Volga ensablent toutes les côtes septentrionales, les transforment insensiblement en marécages précurseurs de leur conversion en terre ferme, dans une période peu éloignée.

Toutes les expansions d'eau intérieures sont plus sujettes aux atterrissements que les océans; les sédiments apportés par les fleuves qui s'y jettent ne sont pas entraînés par les courants ou l'action des marées; ils s'étalent alors en bancs d'alluvions dont l'avancement graduel ne peut être déterminé qu'avec des repères; on a constaté que le delta du Pô s'avance dans la mer de 25 mètres par an, et que celui du Mississipi gagne également 350 mètres.

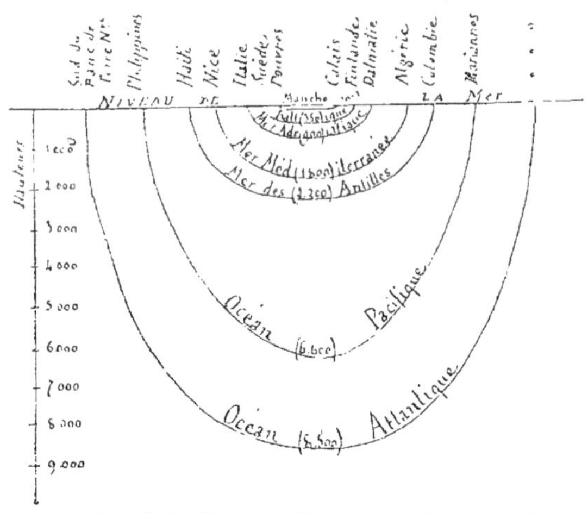

Fig. 19. — Indication schématique de la profondeur relative de différentes mers.

Cette observation s'applique aussi aux lacs d'eau douce de l'Amérique du Nord, les lacs les plus considérables du globe, sauf peut-être ceux de l'Afrique équatoriale, qui sont peu connus. Le lac Érié finira par être asséché suivant les prédictions de certains géologues. Sa profondeur maxima, actuellement de 40 mètres, est en décroissance perpétuelle, par suite des dépôts limoneux entraînés par les nombreux petits cours d'eau qui s'y déversent. Le lac Supérieur est le plus profond de tous les lacs américains. Les recherches hydrographiques entreprises par le « U. S. Lake-Survey » en 1871, ont donné pour résultat une profondeur maxima de 250 mètres dans la partie Nord.

En résumé, les connaissances sur la profondeur des mers sont encore bien incomplètes pour satisfaire les besoins de la cartographie ; il s'écoulera du temps avant qu'on puisse dresser des cartes sous-marines exactes. Néanmoins le peu qu'on sait éclaire les idées confuses sur la géographie physique.

En comparant entre elles les données recueillies de part et d'autre, nous voyons qu'au milieu de l'incertitude qui plane encore sur le monde des eaux, les différents écarts du relief ont des proportions qui s'enchaînent entre elles comme sur les terres continentales. En mettant en regard les cotes maxima des différentes mers, nous voyons que leur profondeur est en rapport avec leur étendue et leur volume d'eau (fig. 19).

III

Les sédiments du sol sous-marin.

La multiplicité des sondages est l'unique moyen de reconnaître le fond des mers. — L'Océan a modelé la surface de la terre. — Les transports et les érosions. — Comment les dépôts se produisent. — Analyse de la boue recueillie au fond de l'Atlantique. — Les grandes accumulations formées par les courants océaniques. — Comparaison tirée des mers intérieures. — Structure de l'écorce terrestre sous les mers. — Exemple de continuité des couches de craies sur les côtes de la Manche. — Raisonnement par analogie. — Les formations géologiques ont été interprétées de même en tout temps.

L'Océan cache ses mystères avec un soin jaloux ; quoique les nouvelles recherches aient permis de répondre à plusieurs interrogations, la solution de beaucoup de questions appartient encore à l'avenir. Mais il est évident, dès aujourd'hui, que les progrès de la géologie, de la paléontologie et de la zoologie marine, dépendent exclusivement d'une connaissance plus intime de la constitution du sol sous-marin ; les éléments qui en recouvrent les montagnes et les vallées sont presque aussi peu connus que s'ils appartenaient à un autre monde. Dans ces abîmes, se dérobent des faits géologiques nouveaux, une faune et une flore toutes différentes de celles que nos regards sont habitués à contempler.

Les sondages et surtout les draguages sont insuffisants par eux-mêmes, pour mettre en évidence les nombreux documents nécessaires aux rapprochements ; mais, quels qu'ils soient, chacun d'eux, comparé aux autres, devient un jalon pour établir un ensemble d'appréciations. C'est en scrutant les origines et les raisons des phénomènes, que l'on en peut saisir la signification réelle, car chaque découverte prouve la connexion intime de sujets nouveaux. « Que ne doit-on pas attendre d'investigations nombreuses étendues point par point à toutes les côtes d'un pays, à tout un bassin géographique, à toutes les profondeurs d'une des grandes divisions des mers et enfin aux mers entières ? Nul doute que la réunion d'un nombre considérable d'observations, d'abord isolées et notées simplement par ordre chronologique, puis ensuite coordonnées, n'ait une influence marquée sur une foule de questions encore inabordables à la géographie physique du globe (1). »

Nous avons appris depuis une vingtaine d'années que la vie végétante existe à de grandes profondeurs, contrairement à l'opinion émise avant les révélations de la sonde. Les travaux contemporains jettent un nouveau jour sur la formation des terrains neptuniens et sur le mouvement des eaux ; en sachant comparer les roches émergées, placées maintenant au milieu des continents, avec les fonds explorés, il est possible d'émettre des opinions plus exactes sur différents caractères stratigraphiques.

La surface de la terre est sujette à de perpétuelles mutations ; rien dans l'ordre de la nature ne reste dans l'immobilité complète. La philosophie pythagoricienne envisageait les formes de la vie, comme la matière morte, en lançant cet axiome : *Nihil est toto quod perstet in orbe.* Les efforts de la nature tendent toujours à rendre l'équilibre à une incessante perturbation. Ils sont un mélange de forces mécaniques et physiques qui occasionnent des métamorphoses.

Cette évolution, visible en ce qui concerne les animaux et les végétaux, s'opère aussi dans tous les détails du règne minéral ; elle n'y est sensible que pour l'étude et la comparaison, mais l'étendue sur laquelle elle se produit offre des proportions incommensurables. Au nombre des plus importantes mutations, figure la sédimentation, ce grand modificateur de l'écorce du globe. « Durant la longue période d'âges géologiques, pendant laquelle les diverses parties de la terre ont été baignées, non pas par les flots marins, mais seulement par les ondes de l'atmosphère, l'Océan ne cesse d'en modeler le relief par ses nuages, ses pluies et les météores naissant à sa surface. Tous ces agents de l'atmosphère qui s'acharnent contre les sommets des monts, les ravinent et les abaissent peu à peu ; c'est la mer qui les envoie ; tous ces glaciers qui polissent les roches et poussent devant eux dans les vallées de puissantes moraines de débris, ce sont les nuages venus de l'Océan

(1) A. de Folin, *les Fonds de la mer.*

qui les déposent sous forme de neige dans les cirques des montagnes ; toutes ces eaux qui pénètrent par des fissures dans les profondeurs du sol, qui dissolvent les rochers, percent les grottes, entraînent à la surface des substances minérales et causent parfois de grands écroulements souterrains, que sont-elles, sinon des vapeurs marines retournant à l'état liquide d'où elles sont sorties....? C'est donc aux phénomènes de la vie maritime qu'il faut attribuer l'immense travail géologique des fleuves et le rôle si important qu'ils remplissent dans la faune, la flore et l'histoire de l'humanité (1). »

L'extrême mobilité des eaux produit des effets qui, combinés les uns avec les autres, sont un des agents les plus énergiques de l'érosion et du transport des matériaux. La mer est sillonnée de courants de nature périodique ou accidentelle, qui, joints aux vagues, charrient des sables et des galets; ils apportent aussi d'innombrables particules vaseuses, dont les accumulations finissent à la longue par former des bancs considérables ; dans les régions polaires, ils charrient des blocs de glace semblables à des îles flottantes. Nous voyons aussi à l'embouchure des fleuves, dans cette lutte perpétuelle entre les eaux salées et les eaux douces, les apports venus de l'intérieur former tantôt des deltas, tantôt se précipiter directement au fond des mers, où ils accumuleront des sédiments, comme ceux que nous voyons sur les terres émergées. A force d'entraîner ainsi, pendant plusieurs siècles, les produits de la désagrégation dans toutes les directions dues à certains grands courants pélagiques, les contours des terres et le fond des mers se modifient notablement. Les marées exercent aussi sur le rivage un effet permanent d'érosion destructive. Les vents tendent encore à repousser vers la côte les matériaux arrachés au pied des rochers, qui finissent par se réduire en atomes de sable.

Si nous ne voyons pas comment les courants exercent leur influence dans les accumulations sous-marines, nous pouvons nous en rendre compte par comparaison avec les effets dus à l'action des courants aériens sur les matières légères. La façon dont les neiges s'amoncellent démontre, jusqu'à un certain point, quel est

(1) E. Reclus, *la Terre*.

le procédé de modelage des bancs de vase et de sable. Les molécules légères, entraînées par un courant, se réunissent ou se dispersent suivant les accidents du terrain ; ainsi un obstacle arrêtant le courant devient le noyau d'un petit banc de neige ; si le vent glisse le long d'une surface plane telle qu'un mur, les matières s'amasseront non pas au pied du mur, mais parallèlement et à certaine distance ; le contraire aurait lieu, si la direction du vent était perpendiculaire, car le mur formerait obstacle. Un fond se remplira ; au lieu que les particules légères ne pourront se fixer sur une saillie du terrain. Les phénomènes se passent dans les eaux comme dans l'air ; les mêmes lois président à la formation des dépôts.

Les appareils de draguage ne ramènent que de minces fragments du fond, seuls échantillons sur lesquels nous puissions le juger. Ceux qui sont recueillis sur la plage à marée basse, s'harmonisent avec la constitution géologique du rivage, puisqu'ils ont été désagrégés par le choc répété des lames ; mais, au milieu des bassins océaniques, on ne trouve généralement que de la vase ; les matières calcaires ou siliceuses sont roulées plus ou moins loin par les courants : la densité en étant supérieure à celle de l'eau, elles ne peuvent être transportées, comme les particules vaseuses qui flottent dans l'eau, dont elles ont le même poids. Voilà pourquoi la vase est en même temps l'élément qui prouve l'existence des courants supérieurs et celui des grandes profondeurs, au lieu que les bancs de sable proprement dits ne se trouvent que sur le littoral ou dans les mers peu profondes.

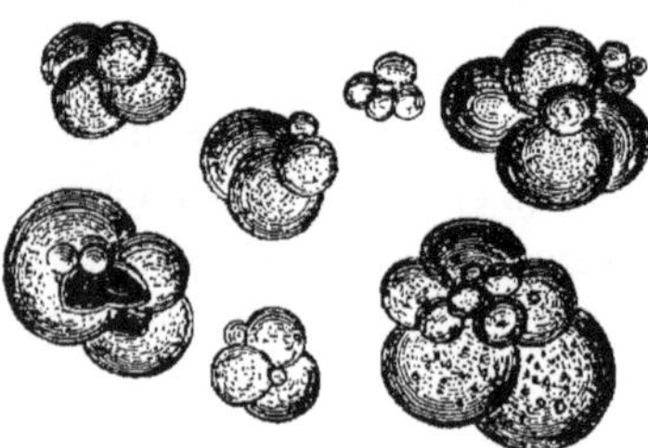

Fig. 20. — Globigérinées (*Globigerina bulloïdes*) du fond de l'océan Atlantique (4,800 mètres). Grossissement, $\frac{1}{100}$.

L'examen organique et inorganique du limon de la mer révèle aussi des faits d'une haute portée sur l'érosion et le transport par les eaux. Ainsi les graviers vaseux, trouvés sur le parcours du Gulf-Stream, sont composés d'une multitude de Foraminifères, parmi lesquels dominent les Globigérinées, au lieu que, dans les parages situés à l'Ouest de l'Irlande, les dépôts comprennent des particules volcaniques, que M. David Forbes suppose appartenir aux volcans de l'Islande ou de l'île Jean-Mayen (fig. 20).

La drague a ramené du fond de l'Atlantique à 4,800 mètres, une vase bleuâtre contenant beaucoup de tests coquilliers (1).

L'analyse de M. Hunter, chimiste anglais, se résume ainsi :

Silice	23,34
Oxyde de fer	5,91
Alumine	5,35
Carbonate de chaux	61,34
Carbonate de magnésie	4,00
Perte	0,06
	100,00

La boue visqueuse qui est remplie d'organismes exhale une odeur fétide, preuve évidente de fermentation, car les matières renfermées dans les coquilles sont soumises à une décomposition perpétuelle.

On ne doit considérer l'analyse chimique, que comme un renseignement purement local, mais la composition de la vase fournit cependant des notions sur le travail de la sédimentation : la vase pure indique des courants supérieurs qui ont apporté les boues de quelque grand fleuve ; la vase remplie de tests coquilliers indique un calme parfait dans les régions inférieures, car, sans cela, les foraminifères ne pourraient pas vivre ; le sable vaseux n'existe que dans les bas-fonds, dans le voisinage des côtes ; les rochers sont extrêmement rares en mer profonde, à moins que les courants inférieurs ne soient assez énergiques, pour balayer constamment le sol sous-marin.

Le lit de l'Océan n'est pas toujours calcaire ; les recherches multipliées que nous trouvons signalées dans les *Fonds de la mer* (2) ne laissent aucun doute à ce sujet. « Pour la cinquième ou sixième fois depuis le commencement de nos recherches, nous rencontrons un dépôt privé de calcaire. Le premier exemple de ce genre nous fut fourni par un sable argileux des îles du Salut, près la Guyane française ; le second par un spécimen vaseux pris au banc d'Orga-

(1) W. Carpenter, *Expédition du Porcupine.*
(2) Année 1869, tome I, p. 198.

nabo dans les mêmes parages. Ces points n'ayant encore donné aucun animal inconnu, nous ne nous en étions plus occupés et nous avions songé à attribuer l'étrangeté de cette absence de chaux et de carbonates à l'action des grands courants d'eau douce descendant des rivières continentales. »

Les modifications du fond de la mer sont dues principalement aux mouvements des eaux ; elles en transforment lentement la surface, comme les eaux douces des rivières produisent de capricieux méandres dans les vallées où elles circulent. Le grand banc de Terre-Neuve est le résultat des apports amoncelés par la rencontre du courant Arctique et du Gulf-Stream ; les eaux froides qui descendent du pôle rencontrent, près de Terre-Neuve, les eaux relativement plus chaudes de ce fleuve océanique ; elles y abandonnent les glaces flottantes arrachées aux banquises de la côte du Groënland ; en se dissolvant rapidement sous l'influence d'une température plus élevée, elles laissent échapper les graviers, les sables amassés pendant leur formation dans les glaciers polaires. A chaque printemps, les débris mis ainsi en liberté ajoutent de nouveaux matériaux à l'édification du banc de Terre-Neuve, un des plus étendus du monde. Cette accumulation dure depuis des siècles, sans que jamais le véhicule naturel se dérange de la voie tracée par des causes encore mal définies.

Le mouvement des glaces flottantes, dû à des courants relativement plus chauds, a produit entre le Spitzberg et l'île Baren des amas de rochers et de décombres, pareils aux moraines terminales des glaciers des Alpes ; dans ces parages, les montagnes sous-marines montent jusqu'à 20 mètres de la surface, sur certains points. Dans ces accumulations de pierres constatées par l'expédition allemande dans l'océan Glacial en 1868, on a rencontré de beaux échantillons de roches polies et striées par les glaces en mouvement et charriées par la mer, à de grandes distances de leur point d'origine. Cette découverte a été du plus vif intérêt pour l'étude des blocs erratiques, puisqu'elle confirme l'opinion des géologues sur le transport des roches par les glaces, à l'époque antédiluvienne.

La vase du fond de certaines mers offre souvent si peu de consistance, qu'un plongeur y disparaîtrait de plusieurs fois sa hauteur. C'est une pâte molle, demi-liquide, présentant beaucoup d'analogie avec celle des fondrières de l'embouchure de certains fleuves, ou des grèves limoneuses de la baie du mont Saint-Michel, qui engloutissent sans aucun espoir le voyageur téméraire engagé sans guide. Il s'enfonce insensiblement, sans pouvoir se dégager, et finit par être enseveli vivant. Telle est la nature des dépôts vaseux qui recouvrent d'immenses surfaces sous-océaniques.

Dans ce limon entassé sur des hauteurs inconnues, atome par atome, pendant des périodes de temps que l'imagination se refuse à supputer, vit une faune qui se propage de génération en génération, créée spécialement pour cette atmosphère visqueuse. Les sondages multipliés, exécutés en 1868 par M. W. Chimmo au milieu de la grande plaine sous-marine, au-dessus de laquelle coule le fleuve sans rives, le Gulf stream, ont démontré que sur une étendue de 10,000 kilomètres carrés, le fond est recouvert de cette vase au milieu de laquelle des Foraminifères, les Globigérinées sont en nombre tellement considérable qu'ils atteignent jusqu'à la proportion du quart de la matière. Leur diamètre égale à peine un dixième de millimètre. Ils vivent d'une existence propre, que partagent difficilement la plupart des mollusques, pour qui le séjour de la vase est incompatible avec leurs fonctions vitales. Aussi on remarque que les dépôts coquilliers sont éloignés des dépôts vaseux. Les mers sont des bassins qui jouent un rôle de décantation à l'égard des eaux qu'elles reçoivent; l'entassement des matières insolubles se fait lentement, sans secousses ; elles s'amassent en couches horizontales et homogènes ; plus tard peut-être, elles émergeront et il en résultera des roches compactes.

Fig. 21. — Particules de sable quartzeux. Grossissement, $\frac{1}{50}$.

Les effets de la décantation s'observent beaucoup plutôt dans les mers intérieures, dont la cuvette concave est de faible étendue que dans les Océans où les grands mouvements de la masse liquide, sont combinés avec les courants. On retrouve mieux les traces de la constitution géologique des côtes, par les dépôts qu'elles reçoivent, soit au moment de la fonte des neiges, si elles sont montagneuses, soit par les apports des fleuves au régime torrentiel.

La mer Adriatique est un exemple de l'action mécanique exercée par les agents de la nature. Elle a été explorée soigneusement en 1870 par la marine autrichienne; 370 échantillons ont été recueillis sur toute son étendue. La totalité de son bassin est recouverte d'une couche de limon jaune, amené par les grandes rivières de l'Albanie. A l'est de Palagosa, il s'élève un fond rocheux qui atteint 200 mètres, au milieu d'un bas-fond limoneux de plus de 600 mètres de profondeur. Les fonds sablonneux suivent l'archipel Dalmate; c'est là seulement que la vie animale existe; autant pour les mollusques que pour les poissons, dont les retraites productives sont connues depuis longtemps par les pêcheurs. Les explorateurs ont reconnu que l'exhaussement limoneux, au Sud et à l'Ouest de l'île de Lissa, doit son origine à des courants sous-marins, qui passent par-dessus cette partie du fond sans l'atteindre; opinion qui serait confirmée par la vase grise ou rougeâtre, que l'on rencontre dans les canaux étroits.

Ces dépôts ne recouvrent que la surface du sol sous-marin; au-dessous, quelle est la constitution de l'écorce terrestre? Le poids énorme qu'elle supporte est-il un motif de dérogation aux règles générales de cette constitution? La sonde ne peut y pénétrer; le mince échantillon qu'elle recueille est trop superficiel pour donner le moindre aperçu du système stratigraphique sous-marin. Il n'est ponc possible de s'en rendre compte que par déduction, en comparant les rapports pouvant exister entre la nature du sol recouvert par les eaux et les terrains continentaux. Il y a lieu de supposer avec raison que l'écorce terrestre est la même partout; que pour la charpente du globe, il lui est indifférent d'avoir à supporter des eaux, dont le poids et l'étendue, quelque importants qu'ils nous paraissent, ne soient qu'un faible accident dans la conformation générale de notre planète. Nous voyons dans des exemples plus restreints que les couches, dont l'affleurement se fait en dehors des lacs et autres expansions de faible étendue, se prolongent sous ces eaux qui séjournent dans l'intérieur des terres, à cause de la dépression concave du sol. La continuité des *strates* est une des lois de la géologie.

Prenons un exemple dans le terrain crétacé, qui occupe une immense étendue à la surface du globe; on a remarqué qu'en France, il forme autour du bassin de Paris une vaste ceinture d'affleurement, dont un versant vient jusqu'aux bords de la Manche, où il est caractérisé par de hautes falaises. Ces côtes s'infléchissent sous le Pas-de-Calais, puisqu'on les retrouve identiques en Angleterre; leur inclinaison est de 70 cent. par kilomètre sur la côte de France et de 25 cent. sur la côte d'Angleterre, disposition constatée par 1,500 stations faites de chaque côté (1). M. Philipps émettait en 1818, contrairement à l'opinion prévalant alors, que le Pas-de-Calais n'avait pas été formé dans un bouleversement, mais par suite d'un affaissement progressif, ce qui laisserait supposer une continuité des couches sous la mer. La dislocation des falaises ne serait que le résultat de l'érosion, quand l'eau de la Manche a fini par rencontrer celle de la mer du Nord; les courants et les flots auraient seuls taillé ces murailles de craie. M. Philipps fait remonter à 60,000 ans avant notre ère, le moment où l'isthme de jonction rattachant l'Angleterre à la France, aurait été rompu par la pression des deux mers.

Cette démonstration, choisie dans une région bien connue, prouve que si la partie supérieure des grandes assises de l'écorce terrestre est sujette à des bouleversements et à l'érosion, la surface seule est modifiée, sans que la construction générale soit entamée. Ceci se trouve encore confirmé par la continuité des couches de fossiles marins dans des parties simultanément submergées et émergées.

Toutes les théories émises dès l'antiquité sur l'origine des couches de sédiments sont dominées par le fait de la présence de coquilles marines et de restes d'animaux marins. Les anciens en ont judicieusement conclu que le sol sur les montagnes, aussi bien que dans les plaines, a été recouvert par les eaux de la mer. Ils voyaient donc une liaison entre les phénomènes de formation de la terre. Aujourd'hui, les sondages multipliés dans la terre et au fond de la mer nous démontrent que, si l'écorce du globe est variée, elle est cependant construite suivant des lois qui sont les mêmes dans l'acception générale.

(1) M. Thomé de Gamond.

IV

Les Rivages.

Le travail des flots modifie perpétuellement les côtes. — Aspect des falaises. — Les rochers fantastiques de la mer du Nord. — Les *fiords* des côtes de Norwége. — Leur nature sauvage. — Comparaison entre les côtes du bassin de la mer du Nord. — Les falaises basaltiques. — La formation des bancs de sables et des barres. — Moyens employés pour détruire les bancs. — Les sables et les dunes des Landes. — L'appareil littoral. — Description du cordon littoral. Les zones de galets modelées par la mer. — Les deltas en général et celui du Nil en particulier.

Tandis que les lacs, à la surface azurée et unie comme un miroir, baignent et réfléchissent leurs bords verdoyants, l'Océan au contraire les attaque avec ses vagues puissantes; il déchire avec une folle fureur les limites de son domaine. Les assauts de cet infatigable ennemi semblent redemander incessamment aux plages sablonneuses, aussi bien qu'aux durs rochers, la place qu'ils occupent et vouloir étendre ses frontières par de nouvelles conquêtes.

Si nous sommes à même de voir chaque jour les rivières et les fleuves modifier lentement mais avec constance leur lit naturel, nous pouvons nous imaginer, par comparaison, ce que doivent être les changements de la configuration des côtes. Ces érosions deviennent surtout sensibles dans les endroits où la violence des courants joints à l'action des vents vient encore s'ajouter aux marées. Les eaux du large soulevées par les tempêtes, frappent sans relâche avec des détonations comparables à celles de l'artillerie, avec un fracas qui remplit de terreur en même temps que d'admiration. Le pied des escarpements, ainsi battu en brèche, finit par céder à ces impitoyables chocs.

Les côtes affectent les formes les plus diverses selon la façon dont les flots de la mer viennent les ronger. On peut toutefois établir en règle générale que les inégalités de leurs parois sont en raison directe de la dureté de leurs assises. Les entailles que les vagues creusent lentement dans la surface du roc, les cavités qu'elles y fouillent, les arcades, les grottes qu'elles découpent, sont d'autant plus profondes que la pierre est plus dure, car les couches de for-

Fig. 22. — Grotte sous-marine.

mation peu solide s'écroulent dès que les assises inférieures sont érodées. La partie de la falaise qu'humectent seulement l'écume et le brouillard est moins déchiquetée que la base, mais la végétation n'y paraît pas encore; au pied, quelques lichens, puis les broussailles et à 35 ou 40 mètres seulement, commence la végétation proprement dite.

Tous les promontoires rocheux exposés à la violence des orages ou simplement effleurés par un courant, sont affouillés à leur base. L'eau de mer peut même, grâce à l'action chimique qu'elle exerce sur certains composés minéraux, détruire les falaises par une sorte de combustion. On a vu près de Valentia (Irlande) des falaises baignées par la mer, qui fumaient au contact de l'eau dans les variations brusques de température.

La ligne sinueuse du rivage n'a cessé d'empiéter tantôt sur le continent, tantôt sur l'Océan ; les travaux de la mer remanient ainsi constamment les contours de son bassin, en rongeant les rochers ou les plages argileuses. En regardant les falaises, ces murailles verticales qui, sur diverses côtes, se dressent à plus de 100 mètres, on se demande avec effroi comment les assauts répétés des vagues ont pu suffire pour tailler ainsi des montagnes. Impuissantes contre la roche, elles ont cependant démoli fragment par fragment toute la portion de la montagne, dont la falaise n'en est que le *témoin* gigantesque. Puis, après avoir détruit graduellement ces énormes assises, les flots les ont roulées, tamisées et réduites en sable, à leur tour emportés par les courants dans d'autres parages éloignés, où ils viennent reconstituer des bancs et apporter des changements dans la topographie du rivage. La mutilation est rapide sur les

Fig. 23. — Le cap Saint-Vincent (Portugal).

roches telles que les grandes falaises ; mais si elle est lente sur les roches dures, elle y est encore énergique ; les grandes intumescences du large roulent des galets qu'elles projettent violemment ; leur choc finit par saper les fondements et renverser des quartiers de rochers ou provoquer des affaissements.

Nulle part, l'Océan ne présente, dans son activité de destruction, des phénomènes aussi frappants que sur les côtes inhospitalières et sauvages des mers du Nord. Entièrement ouvertes aux grandes brises, elles offrent les scènes les plus gigantesques de la dévastation, pendant les coups de vent d'hiver. Entre les Orcades et les îles Shetland, la marée acquiert une vitesse énorme, qui redouble encore d'intensité dans les passes étroites. Quand les flots viennent battre contre certains rochers, dont la masse peu homogène présente des parties plus friables, il en résulte des découpures fantastiques et bizarres. Ainsi près de l'île d'Hillswick, il existe des rochers que l'on pourrait comparer à des obélisques ; ces membres disloqués étaient unis jadis et formaient une petite île, peut-être peuplée de pêcheurs ; aujourd'hui la mer a rongé le terrain qui les unissait. Il ne reste plus qu'une ruine, une sorte de squelette de pierre, qui à son tour finira par se briser et aller s'ensevelir dans l'abîme. Dans ces parages, on rencontre fréquemment de pareils rochers (*chimney rocks*), noirs, élancés, comme des cheminées en ruine ; ils sont perpétuellement couverts d'*embruns*, dont la poussière blanchissante concourt à la dénomination figurée qui leur a été donnée. Sur la côte septentrionale, près de la Norwége, se dresse aussi isolément au milieu des flots, un rocher de plus de 300 mètres de haut, ressemblant à un gigantesque cavalier ; cette étrange position, due uniquement au caprice de la nature, lui a valu le nom de *Hertmanden*, le cavalier. Dans les Orcades, il existe une colonne détachée du rivage par les assauts des vagues, nommée *Old man of Hoy*, dont l'aspect pittoresque et sauvage est encore rehaussé par la fureur de la mer et les nuées d'oiseaux marins qui hantent ces gorges profondes (fig. 25).

Fig. 24. — Groupe de rochers au sud d'Hillswick (îles Shetland).

De toutes les côtes battues par la mer, il n'en est pas de plus escarpées ni d'un aspect plus effrayant que les *fiords* de la Norwége. Ce sont d'étroites baies qui, sous l'apparence de véritables fleuves, découpent profondément le rivage, de manière à laisser entre elles de longues péninsules rocheuses. La plus remarquable de toutes ces indentations est le Lyse-fiord, qui s'ouvre à l'Est de Stravanger; il pénètre comme une énorme tranchée de 43 kilomètres dans l'intérieur de la péninsule Scandinave. Quoiqu'en certains endroits il se réduise à 600 mètres de largeur, ses parois verticales se dressent à une hauteur prodigieuse. Cet abîme profond a excité à juste titre la verve poétique d'un romancier célèbre, qui y place les scènes pathétiques qu'il décrit.

Fig. 25. — Rocher isolé dans les îles Orcades, nommé « The old man of Hoy. »

La mer a mis des centaines de siècles à tailler de pareilles falaises ; le choc de cette armée de vagues écumantes fait trembler ces énormes murailles jusqu'à leur cime, et leur fracas se reporte dans toutes les anfractuosités comme un tonnerre incessant. Ainsi projetée dans les fentes du roc, l'eau déchausse peu à peu les blocs et les assises les plus solides, les roule sur les grèves où leurs fragments se transforment en galets.

Ces fiords de Norwége sont en général très-profonds et les rochers qui en forment les contours tellement verticaux, qu'un navire filerait inutilement les chaînes de ses ancres, sans rencontrer le fond ; dans certains endroits, il y a plus de 100 mètres au pied de ces murailles cyclopéennes dues à des *failles*, dont l'origine a excité l'imagination des commentateurs. Ainsi le fiord de Kristiania a au milieu plus de 400 mètres de profondeur et 380 mètres près de Misinger.

« Les côtes ont là un caractère tout à fait à part. Tandis qu'à partir de Lindesnæs, les montagnes vont toujours croissant et s'avançant dans la mer même, excepté les parties basses du Listerland et d'Iodern, elles reculent ici de nouveau et diminuent de hauteur. A Alden, Kinn et Datalden, les montagnes du système des Alpes du Romsdal et des Sandalsfielde prennent des contours hardis, jaillissant de la mer verticalement, et se terminant le plus souvent par des crénaux nettement coupés, que l'on distingue de loin. L'imposant Stevensherst et les gracieuses montagnes de Tusteren sont les derniers représentants de ces Alpes majestueuses qui font un effet si pittoresque (1). »

Les côtes de France offrent dans le Finistère des falaises « qu'on peut placer parmi les plus sauvages, les plus hérissées d'écueils et les plus richement découpées, non-seulement de la France, mais de l'Europe entière (2). » La baie de Douarnenez, l'un des golfes les plus remarquables de la Bretagne, la baie des Trépassés, la pointe du Raz sont cités, à juste titre, comme les endroits les plus sauvages de cette côte inhospitalière.

Quelle différence de charpente entre les contre-forts des *montagnes Noires* et les fiords de la Norwége ! Ici des côtes taillées à pic, là des sinuosités inextricables d'indentations perdues dans les montagnes. Ce sont deux natures différentes de système géologique. Mais si nous comparons les côtes scandinaves avec celles de l'Islande, du Groënland, des Feroë et même des Hébrides et de l'Écosse, nous y retrouvons une ressemblance frappante. Ce sont les mêmes découpures, les mêmes fiords, les mêmes failles abruptes ; les proportions se modifient sensiblement d'un point à un autre, sans cependant perdre les traits saillants de leur constitution. Cette analogie indique sans doute que le bassin de la mer du Nord n'est qu'une dépression, sous laquelle le terrain est identique, puisqu'on retrouve les mêmes aspects sur les bords.

(1) *Bulletin de la Société de Geog.* Décembre 1871.

(2) A. Joanne, *Dict. de la France.*

Sur les côtes d'Écosse et d'Irlande, on voit aussi d'étonnants phénomènes géologiques dus à l'action de la mer, qui a dénudé certains endroits, pour mieux mettre en évidence les curiosités renfermées dans la terre. La chaussée des Géants est dans ce cas. C'est une sorte de promontoire avancé dans la mer, sur une longueur de 600 ou 800 mètres, composé de colonnes basaltiques prismatiques et rompues pour la plupart. On estime qu'elle est composée de 40,000 colonnes ; ces colonnes ont toutes une section polygonale, soit pentagone, soit hexagone, avec des dimensions variant de 15 à 40 centimètres. L'Écosse et les Hébrides présentent aussi de nombreux spécimens de filons basaltiques. L'île stérile de Staffa, qui n'a que trois kilomètres dans sa plus grande longueur, offre des falaises formées de ces colonnes noires et rigoureusement verticales ; leur désagrégation dans certains endroits, sous les secousses répétées de la mer, a donné lieu à des cavernes dont les aiguilles de basalte tapissent les parois. La plus célèbre est la grotte de Fingal, qui a 45 mètres de profondeur et 18 mètres de hauteur ; sa disposition naturelle rappelle les voûtes d'une église gothique. Elle s'ouvre au milieu d'une masse de piliers d'une étonnante symétrie. Le fond est pavé de colonnes brisées. On n'y entre qu'en bateau et par un temps parfaitement calme, car autrement la frêle embarcation serait infailliblement brisée contre ces rochers de basalte.

Fig. 26. — *La Chaussée des Géants.* Côte basaltique au Nord de l'Irlande.

La mer engloutit tous les ans des millions de mètres cubes de rochers ; les falaises de l'Angleterre et de la Normandie, qui sont composées de couches friables, s'écroulent de haut en bas, quand les assises inférieures en sont rongées ; ailleurs, les roches coupées en failles verticales sont graduellement isolées les unes des autres et séparées en groupes distincts. Les vagues démolissent parcelle par parcelle « ces grandes murailles blanches où les lignes de silex.

figurent les assises d'une vaste construction. » Ces débris sans cesse remués, entassés lentement, sont entraînés chaque jour par les courants locaux sur les fonds voisins, où ils forment des bancs, qui obstruent les passes fréquentées ; ainsi le fond de la Manche, de la mer du Nord, les côtes basses de l'Afrique occidentale, celles des Landes de Gascogne sont encombrés de sables transportés par les courants. Ces bancs sont si fréquemment bouleversés à l'embouchure de certains fleuves, comme la Loire, la Gironde, la Tamise, la Seine, que le balisage établi devient incorrect au bout de peu de

Fig. 27. — Entrée de la grotte de Fingal, dans l'île de Staffa, d'après une photographie.

temps. Il induit alors les navigateurs en erreur, plutôt qu'il ne les guide. Les digues que l'on élève sont tour à tour emportées par une mer implacable, car, au lieu de rectifier le régime des courants, les endiguements n'ajoutent que trop souvent des obstacles artificiels aux obstacles naturels.

L'embouchure des fleuves qui se jettent dans les mers remuées par les alternatives des marées, est sans cesse tourmentée par le travail des eaux. La conflagration des courants a produit des apports, tantôt repoussés par les marées d'équinoxe, tantôt emportés par la *chasse* des eaux fluviales. Comme le mouvement se produit dans une direction parallèle à celle du rivage, il se forme une *barre* en sable, produisant une fermeture spontanée à l'embouchure du fleuve. Ainsi (fig. 28) nous avons choisi, comme exemple, la petite baie de Plurien sur les côtes rocheuses et parsemées de grèves du golfe de Saint-Malo. La disposition de l'anse provoque une dénivellation au moment du flot ; l'eau de la mer, ne pouvant s'introduire par une passe aux contours irréguliers, en assez grande quantité pour remplir l'estuaire du fleuve, conserve pendant toute la durée du flot une élévation plus grande en dehors qu'en dedans. Cette différence de niveau cause du retard dans la propagation ; elle *forme chasse* de l'extérieur vers l'intérieur, déplace, ou mieux augmente constamment les bancs de sable. Nous voyons, dans l'anse de Plurien, la barre de sable s'avancer jusqu'à l'endroit extrême où coule une petite rivière à marée basse. Quand les amoncellements de sable sont trop encombrants pour les ports, on a recours aux écluses de chasse ; après avoir fait une retenue d'eau à la marée montante, on lâche cette masse d'eau emmagasinée dans ce réservoir au moment où la marée commence à baisser sensiblement, pour emporter avec elle, du côté du large, toutes les particules vaseuses et sablonneuses amenées par le flot quelques heures auparavant.

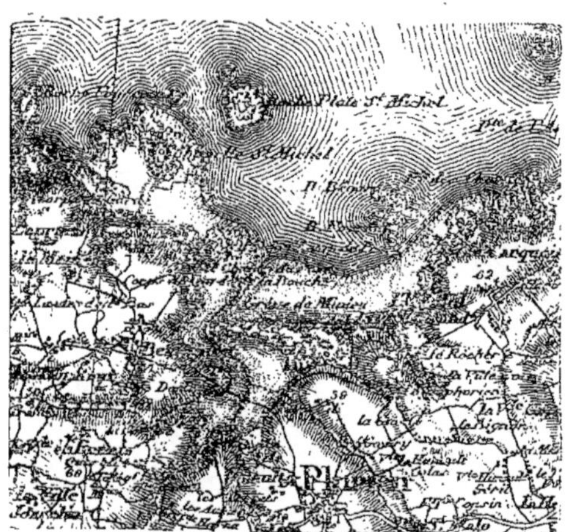

Fig. 28. — Côtes rocheuses et grèves des environs de Plurien dans le golfe de Saint-Malo. (D'après la carte d'État-major.)

Les courants locaux poursuivent aussi l'œuvre de destruction de l'Océan ; deux fois par jour les eaux s'écoulent et se déversent avec une vitesse prodigieuse dans le réservoir commun, en bouleversant tous les obstacles ; si elles ne trouvent pas un passage assez large pour leur écoulement, elles s'efforcent d'en faire un. Il en résulte une conflagration et des dispositions bizarres dans les grèves du littoral.

Dans les bassins où les courants se renversent à chaque marée, les bancs se placent et se déplacent, selon la direction de ces courants. Ainsi dans le bassin d'Arcachon (Gironde), où la mer déverse par marée 400 millions de mètres cubes, l'impétuosité des courants est suffisante pour changer, en quelques années, le contour des sables du rivage. On a calculé que ce bassin, dont la superficie est de 700 hectares, déverse à marée basse autant d'eau qu'en débite le fleuve des Amazones lui-même.

Sur les côtes plates, sans aucun enfoncement dans les terres, où les vents dominants soufflent presque toujours dans la même direction et roulent les grosses lames du large, les sables extraits continuellement du fond de la mer s'égouttent au soleil sur la grève ; le même vent qui les a soulevés, les dessèche et les fait voltiger. Ces ondulations combinées constituent les dunes, qui ont aussi comme la mer leur mouvement de translation. Toute surface dépourvue d'obstacles est recouverte par ce linceul ; les terres cultivées sont inondées et les villages finissent par être ensevelis. « La rapidité avec laquelle les dunes se forment est très-variable ; elle dépend de la force et de la direction habituelle des vents, de la nature du sable qui constitue la plage et de circonstances assez complexes. Sur la plage des Landes en particulier, on a constaté que cette rapidité est très-grande. En effet, vers le commencement du siècle, on y a provoqué la création d'une dune littorale. Cette dernière est destinée à préserver de l'air de la mer les plantations de pins qui ont été faites pour fixer les autres dunes. Elle a été successivement surélevée au moyen de clayonnages qui étaient placés à la partie postérieure et qui recevaient un exhaussement à mesure que cela devenait nécessaire. Suivant M. Ch. Descombes, on peut estimer à 200 mètres cubes, par mètre courant, le volume de sables amassés en 50 ans. Comme la longueur de la côte des Landes est à peu près de 230 kilomètres, le volume total serait environ de 46 millions de mètres cubes (1). »

(1) Extrait de la revue de Géologie, 1869-1870. MM. Delesse et Lapparent.

Les dunes s'étendent sur la côte en chaînes parallèles, s'élevant en certains endroits à une hauteur de plus de 75 mètres. Elles se forment mécaniquement par l'effet du vent : « En frappant contre les aspérités du sol, le vent de la mer laisse tomber la poussière, dont il s'était chargé à son passage sur le bord. Ces amas grandissent incessamment par l'apport de nouveaux sables qui remontent la pente tournée du côté de la mer, et forment de l'autre côté un talus d'éboulement empiétant sans relâche sur l'intérieur des terres. En avançant, les dunes repoussent devant elles toutes les lagunes qui bordent le rivage de la mer. Les ruisseaux, arrêtés dans leur cours et changés en mares, sont également forcés au recul et mêlent leurs eaux à celles des étangs (1). » On a calculé que les dunes avancent en moyenne de 20 mètres par an ; aussi plusieurs villages ont été successivent atteints ; les titres du moyen âge mentionnent des noms de pays disparus qu'ils indiquaient comme situés au bord de la mer.

Les bancs de sables, les bancs de vase, les dunes, les roches déchiquetées, les hautes falaises et tout le cortége de phénomènes qui se passent sur les plages, ajoutés les uns aux autres, constituent ce qu'on désigne sous le nom d'*appareil littoral*. « Celui-ci dessine le rivage d'une manière très-nette : en dehors est le domaine de la mer, et en dedans celui de la terre ; en dehors l'agitation, en dedans le calme (2). » On comprend dans cette large exception tout ce qui a rapport à la configuration physique des côtes, au point où s'arrêtent les flots. Tantôt l'appareil littoral se réduit à une simple ligne de démarcation, tantôt il se complique de toutes les sinuosités des côtes, où les rochers et les sables se confondent et au milieu desquels les eaux et la végétation de la terre viennent se disputer la conquête du terrain.

Quand le sol s'infléchit en pente douce, au lieu d'être hérissé de rochers et tourmenté par de fréquentes indentations, il arrive que, les matières roulées continuellement par les vagues, les sables transportés grains par grains vers la limite des hautes marées, s'accumulent sur la plage ; car le retrait des eaux ne saurait compenser l'action du flot ascendant ; au moment où les eaux quittent la

(1) Élisée et Élie Reclus, *Dictionnaire géographique de la France.*

(2) M. Élie de Beaumont.

laisse de haute mer, elles n'ont pas encore eu le temps d'acquérir de vitesse notable, tandis que, pendant la marée montante, elles sont douées déjà d'une force assez vive. L'amas des matières meubles constitue un bourrelet édifié par les vagues. Il est nommé *cordon littoral*, par comparaison avec ces rouleaux d'herbes marines tordues et agglomérées en forme de câbles gigantesques, par la seule impulsion des marées. Le cordon littoral n'est généralement construit d'une façon bien caractéristique, que sur les plages dont l'inclinaison varie de 10° à 35°. Si la plage est trop plate, la lame s'étend et vient mourir lentement, sans avoir assez de force pour *rouler* le cordon ; si elle est trop inclinée, les particules meubles ne trouvent pas une assiette suffisante pour s'y agglomérer. Dans les échancrures de rochers, entrecoupées de petites grèves, le cordon est peu étendu. Mais sur les grèves sablonneuses comme celles de la Vendée ou des Landes, il se poursuit sur une longueur qui n'a d'autres limites que celles de la plage elle-même.

Le voyageur qui, en se promenant sur le bord de la mer, examine après le retrait des eaux la disposition du cordon littoral, y voit l'empreinte des travaux de la mer. Il reconnaîtra la ligne des laisses inférieures tracée par les plus hautes marées, si les efforts continus des vagues ont laissé une empreinte dans les bancs de galets ; il distinguera, dans leurs couches, autant de repères des périodes plus ou moins agitées de la mer ; ces digues de galets deviennent dans certains endroits un modelage de ces mouvements, dont l'empreinte est faite avec plus d'énergie que les travaux dus à la main de l'homme.

Dans les mers exemptes du flux et du reflux et où les ondes n'ont pas de propagation, les apports consistent plus fréquemment en vases qu'en accumulations de sables. A l'embouchure des grands fleuves, la masse de limon charriée par les eaux rencontre la résistance inerte de la mer ; les particules vaseuses se déposent invariablement et finissent à la longue par produire de nouvelles conquêtes territoriales. En avançant toujours ainsi, il se forme un delta au milieu duquel les eaux douces s'écoulent par une multitude de canaux au cours capricieux ; à la limite extrême, se développe la boue, bourrelet mobile, dernière expression de la confusion des eaux douces avec les eaux salées. Le delta du Nil, le mieux connu de ceux de la Méditerranée, s'exhausse de 9 centimètres par siècle ; les sables refoulés par les eaux agitées de la mer ont construit le plus bel exemple de cordon littoral, sur une étendue de 60 kilomètres, de Damiette à Péluse; il sépare nettement la Méditerranée des bas-fonds intérieurs, où les eaux salées ne pénètrent plus que par quelques rares ouvertures. Ces bas-fonds constituent le lac Menzaleh, vaste expansion où l'on peut avoir pied dans la plus grande partie, et parsemée de lagunes habitées par des pêcheurs et fréquentée par une multitude d'oiseaux aquatiques.

DEUXIÈME PARTIE

LA VIE DANS LES PROFONDEURS DE LA MER

I

Conditions physiques des organismes vivant dans la mer.

L'abondance de la vie terrestre comparée à la vie marine. — Expériences chimiques et physiques sur la pression atmosphérique que supportent les êtres organisés au fond de la mer. — Les premières découvertes. — Affirmation de la vie dans les grandes profondeurs. — Organisation des animaux inférieurs. Discussion sur leur origine. — Raisons pour et contre leur séjour dans les eaux profondes.

La Genèse nous représente le Créateur planant sur l'abîme et jetant dans les eaux les germes de tous les êtres vivants appelés à les peupler : « que les eaux produisent en abondance des animaux qui aient vie et qui se meuvent. » Le plan de la création comportait d'une manière générale la plus ample distribution de la vie dans toutes les parties du globe, même celles où notre imagination était le moins portée à l'admettre.

Cette immense étendue liquide, dont la terre est en partie enveloppée, ne saurait être privée de la vie, quand la surface des continents offre dans sa flore et dans sa faune une si grande variété alliée à une remarquable opulence. Les anciens naturalistes étaient loin de comprendre toute la richesse des océans, et Linnée lui-même, en parlant des végétaux de la mer, n'en embrassait qu'une quantité insignifiante. Le domaine des eaux bleues était plus familier aux pêcheurs qu'à la science. Aujourd'hui, les connaissances sont moins incomplètes, puisque l'on a pénétré dans les profondeurs de la mer et qu'on a trouvé dans ces régions nouvellement découvertes une exubérance de vie organique, comparable à celle que nous contemplons sur la terre. Il existe là tout un monde, dont les sujets aériens ne sauraient donner une idée suffisante. Ajoutons à cela les grands phénomènes physiques qui s'accomplissent au sein des ondes, et nous nous formerons une idée de sa puissance.

On a su de tout temps, qu'à la surface des eaux, les poissons abondent en grande quantité, mais on a fortement combattu dans le commencement du siècle l'hypothèse de la vie élémentaire dans les grandes profondeurs. Il est difficile de concevoir un être quelconque, si bas qu'il soit placé dans l'échelle animale, pouvant exister sans oxygène dans des couches liquides où il ne pénètre pas le moindre rayon de lumière et où, de plus, il serait soumis à une pression atteignant 200 kilogrammes par centimètre carré. Biot avait démontré que la vessie natatoire des poissons contenait plus d'azote que d'oxygène, quand ces poissons étaient retirés d'une profondeur plus grande que celle où on les rencontre ordinairement. Quelques expériences particulières avaient aussi démontré que la quantité d'oxygène tenue en solution dans l'eau de mer, augmente avec la profondeur ; il n'est pas improbable que sa présence soit inséparable de la pression qui règne dans les couches inférieures. M. Pasteur avait aussi prouvé que les infusoires peuvent vivre sans oxygène, et M. P. Best avait fait des expériences montrant qu'un animal mourait sous une pression de 18 centimètres carrés, mais qu'il revenait à la vie, si, en lui restituant de l'oxygène, on réduisait cette pression à 6 centimètres.

Il est reconnu comme principe de physique que la pression augmente d'une atmosphère par chaque dizaine de mètres de profondeur. A 5,000 mètres, elle atteint donc 500 atmosphères, soit 500 fois plus que le corps humain et celui des animaux terrestres tels qu'ils sont constitués peuvent le supporter. Cette énorme disproportion avec les conditions habituelles de l'existence terrestre avait naturellement permis aux savants d'avancer que la vie, quelle qu'elle soit, était totalement impraticable dans ces conditions.

On peut démontrer expérimentalement la valeur de la pression atmosphérique de la manière suivante (fig. 29) : Un disque en verre S, rodé avec soin, est appliqué sur le coude d'un tube T, dont les bords sont dressés de façon à procurer une fermeture parfaitement étanche. Le tube garni de cet obturateur et environné d'eau de toutes parts, communique avec l'air extérieur ; il représente, pour une hauteur déterminée, la pression exercée par le liquide sur le disque qui en recouvre l'orifice. On reconnaîtra que la quantité d'eau permettant sa séparation offre la même hauteur que celle qui existe entre la surface libre et le disque. Le poids P de la balance A B est égal à celui d'un cylindre liquide, d'un diamètre égal à celui du tube T, compris entre les deux plans de niveau n, n' et x, y.

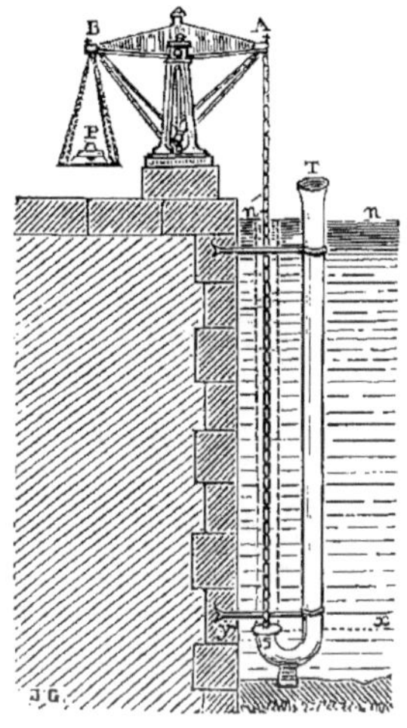

Fig. 29. — Appareil pour la démonstration expérimentale du rapport de la pression de l'eau avec la profondeur.

On peut aussi discuter l'absolue nécessité de lumière pour les êtres sous-marins, quoiqu'on sache depuis longtemps que certains végétaux, tels que les cryptogames, peuvent se passer de la lumière du jour. Mais pourquoi n'y aurait-il pas une exception à la condition générale dont nous voudrions faire une règle absolue? Le Créateur a fixé, dans chaque famille d'êtres, des conditions d'existence appropriées aux régions qui leur ont été assignées. Que de choses nous ont apprises les sondages depuis quelques années! Ils nous ont révélé un monde nouveau, avec une multitude d'organismes habitant à des profondeurs étonnantes. A la suite des recherches, où les princes de la science annonçaient la découverte d'animaux dans des profondeurs de 5,000 mètres dans les mers tempérées, on en trouvait aussi dans les mers glaciales.

Les premières découvertes remontent à 1853, époque à laquelle le navire américain *Dolphin* opéra des sondages espacés de 100 milles, depuis Terre-Neuve jusqu'à Valentia, pour la pose du câble transatlantique. La sonde avait ramené de nombreux échantillons d'une sorte de vase visqueuse (*oaze*); on l'examina au microcospe et l'on vit qu'elle contenait une foule de coquillages infiniment petits d'une nature calcaire, que l'on classa parmi les Foraminifères et auxquels on donna le nom de *Globigérinées* (fig. 30). Ces frêles organismes qui jonchent le fond de la mer en couches épaisses, étaient une preuve que la vie, tout en existant sous une forme restreinte, n'en était pas moins abondante, malgré l'obscurité, la pression et l'absence de toute végétation. Cette découverte contribua à donner un nouvel essor aux recheches dans cet ordre d'idées.

La seconde expédition entreprise en 1860 par le gouvenement britannique vint encore jeter un nouveau jour sur la question de la vie sous-marine. Le *Bull-Dog* opéra plusieurs sondages à l'extrémité Sud du Groënland, à un point éloigné de 270 kilomètres de terre. Sur un fond de 4,700 mètres, on retira, attachées à la ligne de sonde, des Étoiles de mer vivantes, tout à fait semblables à celles qui vivent sur les côtes du Nord de l'Europe ; elles avaient saisi la ligne à proximité de la sonde et s'y étaient accrochées assez fortement pour que la traction de remontage fût impuissante à les détacher. De plus l'empreinte du fond contenait encore une foule de Foraminifères. La présence de ces deux natures différentes d'organismes affirmait, sous la forme microscopique, l'existence d'animaux pareils à ceux que l'on peut voir sur les rivages.

Fig. 30. — Sondage exécuté pour la pose du câble transatlantique en 1853. 3,500 mètres de profondeur. (Globigérinées diverses.)

Cette dérogation aux grandes lois de l'existence animale, telle que nous voulons la juger par le monde où nous vivons, semble n'exister que pour certaines espèces d'organismes, mais surtout pour les animaux microscopiques. Ces animaux infimes, dont l'organistion est beaucoup plus élémentaire que chez ceux des régions supérieures, ne renferment pas de cavités remplies de substances gazeuses, par conséquent leurs liquides sont en équilibre avec celui dans lequel ils vivent; leur organisation interne n'a rien de commun avec les animaux terrestres, sauf dans le même monde des infiniment petits comme chez les Infusoires d'eau douce. Dépourvus du système de circulation et d'intestins, leur organisation ne se compose, pour la plupart d'entre eux, que d'une poche unique, faisant fonction d'estomac absorbant et expulsant.

En même temps que la sonde cherchait les problèmes de la vie en mer profonde, la télégraphie lui venait encore en aide. Quand on releva, en 1861, le câble de la Méditerranée entre la Sardaigne et Bône, on trouva l'enveloppe de fils métalliques fortement corrodée. Elle était couverte en certains endroits de Mollusques et de fragments de corail, qu'on envoya au professeur Allan, pour déterminer les espèces (fig. 31). Il découvrit quinze nouveaux types, y compris un œuf de Céphalopode ; en France M. Milne-Edwards détermina aussi de nouveaux sujets extraits de profondeurs dépassant 3,500 mètres. Il n'y avait plus de doute, non-seulement les organismes pouvaient vivre, mais leurs représentants ne se bornaient pas uniquement aux Foraminifères et aux coquillages microscopiques; des mollusques d'une organisation plus élevée existaient certainement, puisqu'ils avaient été ramenés vivants à la surface, après avoir vécu et adhéré au câble télégraphique, dont la surface, relativement très-minime, était néanmoins assez chargée de spécimens des profondeurs océaniques, pour témoigner de la vie dans le séjour où il était resté pendant quelque temps.

Fig. 31. — Débris organiques et coquillages sur un fragment de câble télégraphique retiré du fond de la mer.

Au début des explorations on doutait de la provenance des organismes; ces animaux vivaient-ils réellement et mouraient-ils au fond de la mer, ou y étaient-ils précipités, après avoir vécu à la surface? Quand on envoya des spécimens du fond de l'océan Atlantique, après les premières expériences, à Ehrenberg, de Berlin, d'une part et au professeur Bailey, de West-Point, de l'autre, il se forma deux camps scientifiques. Le premier était d'avis qu'en raison de leurs poids spécifiques, ils vivaient complétement au fond ; le second prétendait qu'ils étaient dans les régions supérieures de la mer et qu'ils n'étaient précipités au fond qu'au terme de leur existence. Le professeur Huxley, qui fut chargé d'examiner les sondages du *Cyclops* en 1858, soutenait que, malgré les circonstances défavorables où les Globigérinées et d'autres congénères se trouvaient, il était admissible qu'il y eût des êtres spécialement créés pour ces régions si différentes des nôtres. Certainement les sujets d'une organisation plus compliquée ne peuvent habiter un pareil milieu, où l'absence de lumière et la pression en font un séjour aux conditions exceptionnelles ; mais on trouve, dans la classe des Invertébrés, des types gradués, dont la structure, partant d'une complication relativement grande, arrive à une extrême simplicité. Les Protophytes et les Protozoaires habitent de grandes profondeurs, les Globigérinées peuvent être mises dans la même catégorie. Les liquides pressant également dans tous les sens, un animal plongé à une profondeur quelconque est tout aussi libre de ses mouvements dans un sens ou dans l'autre. Si l'on considère, à ce point de vue, les actions d'un animal purement aquatique, d'une organisation plus complexe, on trouvera qu'elles ne sont gênées en aucune façon par la pression du milieu liquide, qui n'a aucune tendance à altérer sa forme, même celle des parties les plus molles de son corps.

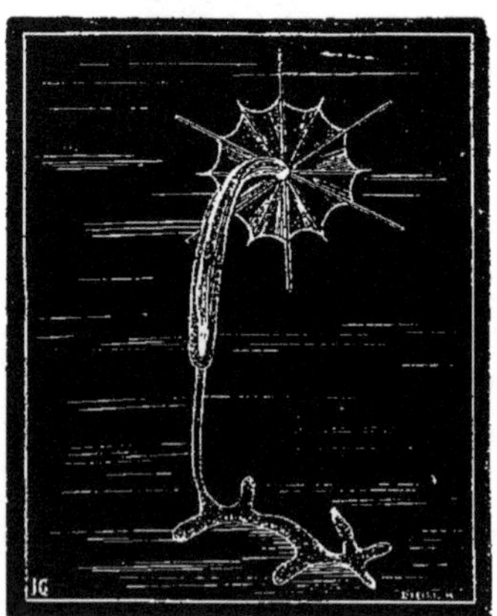

Fig. 32. — Zoophyte, *Æquorea vitrina* (avec polype).

Certains partisans de l'hypothèse *antibiotique* invoquent des expériences faites dans un vase, qui ont démontré que les Foraminifères possèdent, à l'*état vivant*, une densité plus grande que l'eau de mer, mais qu'ils s'enfoncent avec une merveilleuse rapidité le côté convexe en bas, position dans laquelle ils restent, et qui est le contraire de celle qu'ils avaient pendant leur existence. Ils auraient aussi la faculté, au moyen de leurs pseudopodes, ou appendices ciliaires, de descendre et de remonter dans le liquide. D'autres naturalistes se sont demandé comment les habitants de ces abîmes si profonds peuvent trouver une nourriture quelconque, tandis que dans les régions supérieures il existe une foule d'animalcules et de végétaux propres à l'alimentation.

Ces divergences d'opinions sont conciliables dans leurs acceptions diverses. L'eau de mer possède une propriété antiseptique qui est conservatrice de leur dépouille, et, d'un autre côté, on peut supposer que les organismes inférieurs s'assimilent les éléments de l'eau de mer : l'acide carbonique, l'ammoniaque ; en outre, elle contient une certaine quantité de matières en solution ou à l'état de subdivision moléculaire, provenant de la décomposition des herbes marines ou autres corps flottants, tels que les animalcules de la surface dans les mers tropicales, les matières organiques apportées par les fleuves. Ces étonnants animaux ont été rencontrés attachés à des *fucus* loin de terre, vivant ainsi à la surface de l'Océan ; la drague en ramène aussi à l'état vivant dans la vase du fond de l'Atlantique.

Puisqu'on les trouve sur une si grande échelle de hauteur, il est possible que des espèces, différentes les unes des autres dans les formes extérieures, aient une autre conformation, adaptée aux régions auxquelles elles ont été destinées.

II

La vie dans les régions supérieures des eaux.

Zones de répartition de la faune sous-marine. — Les couches homoïozoïques d'après le professeur Forbes et M. de Folin. — Les Infusoires de la surface. — Le *Bathybius*. — Les animalcules phosphorescents. — Coup d'œil sur la faune et la flore des mers tropicales d'après Schleiden. — Le travail des Polypiers. — La formation des îles madréporiques. — Dissertation sur le mode d'accroissement des coraux. — Examen de plusieurs hypothèses. — Expériences sur la croissance. — Immenses étendues des récifs. — La côte du Brésil et ses coraux. — Influence des Polypiers sur la salubrité.

La surface de la terre est également peuplée d'animaux et de végétaux, aux bords de la mer comme près du sommet des montagnes. Il en est de même dans les profondeurs de l'Océan. L'organisation des êtres est compatible avec les différents degrés de la hauteur pour laquelle ils sont créés. Celle des habitants de la surface de la mer n'est pas la même que celle des Foraminifères et des Mollusques des couches plus profondes. A une atmosphère spéciale il faut des organisations spéciales. Plus la profondeur s'accroît, plus la taille des animaux diminue. D'après le professeur Forbes, l'épaisseur approximative des couches homoïozoïques de la faune et de la flore marines peut-être divisée en quatre groupes d'organismes spéciaux, quoique la transition n'offre cependant pas un caractère nettement tranché dans ses détails (fig. 33) : 1° la *zone du littoral* comprise entre les limites du *marnage* de la marée ; elle est alternativement immergée et submergée, et représente tantôt la surface, tantôt un milieu de transition ; 2° la *zone descendant jusqu'à 30 mètres* au-dessous des plus basses mers ; c'est la plus abondante en plantes marines, en Mollusques et en Crustacés ; elle contient une grande quantité de Laminaires ; elle est comme la première fréquentée par les poissons ; 3° la *zone comprise entre 30 et 60 mètres*, est quelquefois nommée *coraline* à cause de l'abondance des coraux ; les plantes y deviennent rares ; cependant on y reconnaît de nombreuses espèces de Vertébrés et d'Invertébrés; 4° la *zone comprise entre* 60, *et* 150 *ou* 200 *mètres;* la vie animale ou végétale y devient nulle, quoique l'on y rencontre dans les mers tropicales beaucoup de Mollusques et de Crustacés. Les confins de la vie sous-marine ne s'arrêtent cependant pas à cette pro-

Fig. 33. — Zones de répartition de la vie sous-marine en rapport avec la profondeur.

fondeur, mais elle est sensiblement modifiée. Le monde des infiniment petits en est le seul représentant ; il semble créé pour ce ténébreux séjour et s'y complaire beaucoup mieux que les végétaux et animaux supérieurs.

Cette échelle ne comporte pas une graduation rigoureuse dans ses divisions, car elle varie beaucoup suivant la latitude et les cas particuliers des différentes mers. M. de Folin, qui a exécuté en 1871 des draguages dans cette cavité si étrange de la fosse du cap Breton, établit au-dessous de la zone des Laminaires trois autres zones distinctes : 1° jusqu'à 50 mètres ; la *zone coraline*, comprenant les Mollusques, les Crustacés, les Bryozoaires, et les Hydrozoaires ; 2° jusqu'à 100 mètres, la *zone profonde des coraux* où se développent les Polypiers, les Gorgones et les Brachiopodes ; 3° de 100 à 500 mètres, la *zone à Briopsis* avec quelques Mollusques, tels que *Dentalium gracilis, Nassa sinistrata, Lucina flexuosa.* En ajoutant la

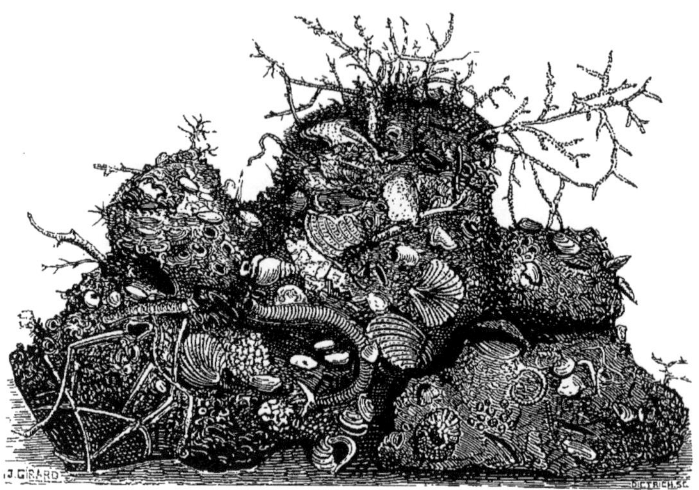

Fig. 34. — Roche extraite de la Fosse du cap Breton, à 150 mètres de profondeur, d'après une photographie. Un tiers de la grandeur naturelle.

zone littorale des Laminaires, on arrive à constater l'existence de cinq zones ; au delà de 500 mètres commence celle des Abysses (1).

Nous ne retracerons pas le caractère et la vie des poissons, ces hôtes si importants de la première zone. Nous trouverons dans la vie rudimentaire des sujets d'observation suffisante, des organismes qui rachètent, par leur quantité incommensurable, ce qu'ils perdent dans leur taille. On en rencontre par bancs entiers ; ainsi le petit crustacé rouge qui se tient dans les parages fréquentés par les baleines, ressemble à un mince embryon de crevette ; il est si abondant, qu'en puisant de l'eau dans un vase, le contenu étant versé sur un linge, on voit une matière frétillante d'un rouge vif. La mer est tellement chargée de ces corps organiques dans certains parages, qu'elle devient grasse et huileuse au toucher ; les tuyaux de prise d'eau des bateaux à vapeur sont interceptés par leur

(1) *Comptes rendus de l'Académie des sciences* (11 mars 1872).

masse colante. Quelquefois les navigateurs traversent des bancs de gelée, ou corpuscules gélatineux informes, rendant l'eau épaisse au toucher ; ce sont des Méduses agglomérées en quantité tellement considérable que toute l'étendue de la mer, jusqu'à l'horizon, est colorée avec intensité. Sur les côtes du Groënland, les navires tracent leur sillage dans des bandes liquides d'un brun foncé ou d'un vert olive, dont l'eau, examinée au miscroscope, montre une foule d'organismes.

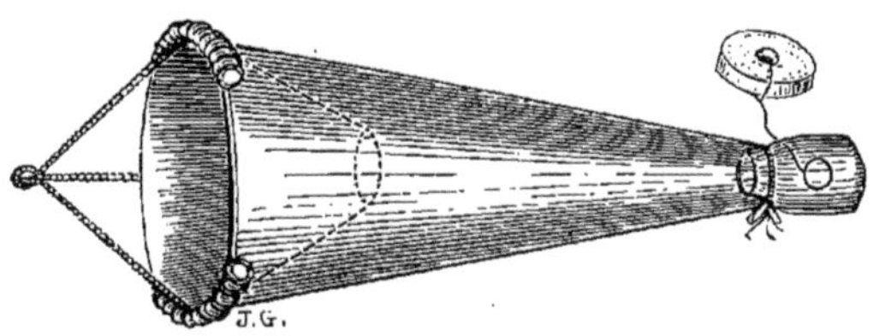

Fig. 35. — Drague de surface avec flotteur.

La surface des mers est peuplée de myriades d'Infusoires qui

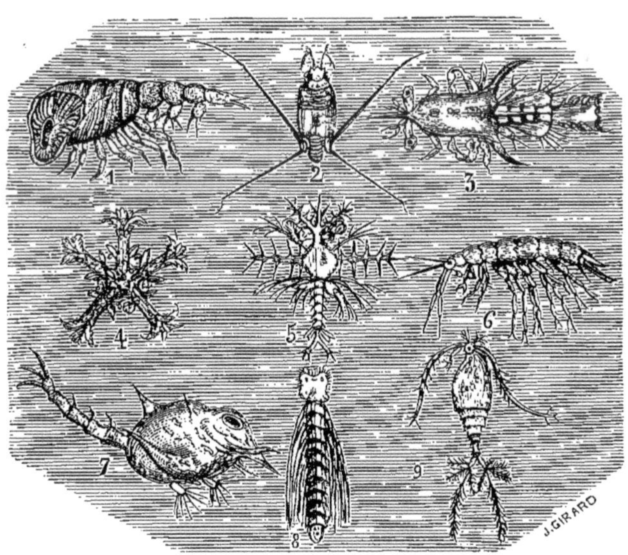

Fig. 36. — Infusoires vivants récoltés à la surface de l'Océan.
1. Crustacé amphipodien. — 2. Mouche océanique. — 3. Alaurina. — 4. Astéridie. — 5. Larve de Crustacé décapode. — 6. Crustacé amphipode. — 7. Zoë. — 8. Annélide. — 9. Crustacé copépode.

sont constamment baignés dans le liquide. Un officier de la marine anglaise, M. F. I. Palmer, en revenant de Chine en Europe, a laissé traîner dans l'eau un léger filet de toile fine (fig. 35), une sorte de drague de surface. Il a ainsi recueilli plus de 600 espèces d'Infusoires, tant dans les mers d'Europe que dans l'océan Indien; mais les espèces les plus curieuses ont été récoltées dans l'Archipel de la mer de Chine. Beaucoup de ces sortes d'Infusoires, inconnus jusqu'ici, ont attiré l'attention des naturalistes par leur forme tout à fait en dehors de celles qui frappent communément nos regards (fig. 36 et 37).

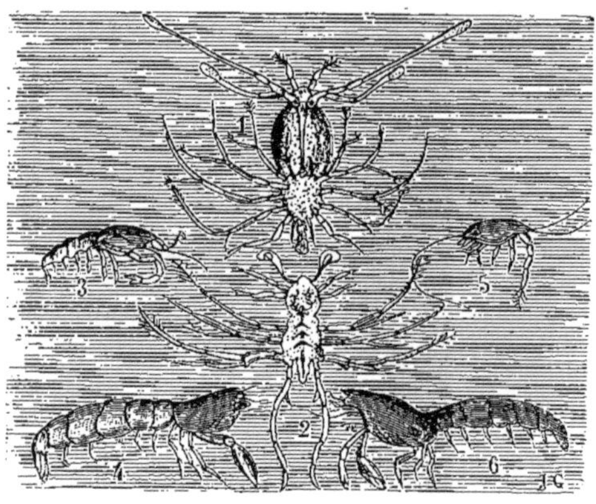

Fig. 37. — Infusoires recueillis à la surface de la mer (côtes de Cornwall). Mer de la Manche.

1. *Phyllosoma*. — 2. *Zoë du Palinurus marinus*. — 3. *Glaucothoë*. — 4. *Alpheus Edwardsii*. — 5. *Zoë du Porcellana Platychelcs*. — 6. *Typton spongiosum*.

La classe des Protozoaires est, parmi les organismes marins, celle qui offre les caractères de la plus grande simplicité. Leur corps est composé de cette substance molle et gélatineuse, qui flotte par place en grande abondance; malgré leur petitesse, les Protozoaires ou Amibiens vivent, respirent, se nourrissent et possèdent une sensibilité. Les Amibiens, qui ne forment qu'un ordre dans les Protozoaires, expriment la forme la plus élémentaire de toute cette famille, ou, pour être plus correct, leur simplicité réside dans l'absence de forme. C'est une petite masse transparente, large au plus de quelques fractions de millimètre, cellule animale à peine touchée par la vie, composée seulement d'une substance molle qu'on nomme

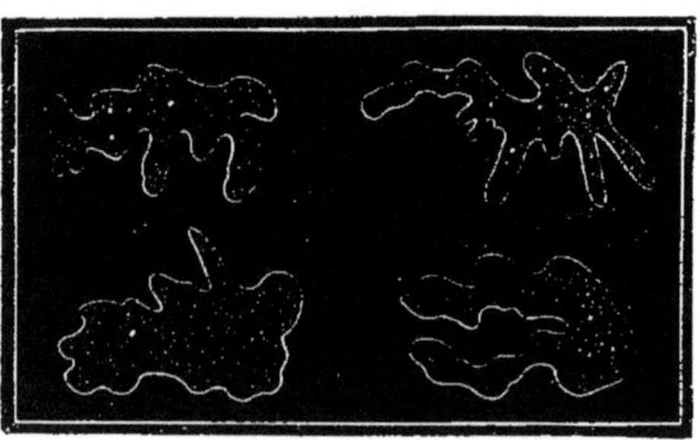

Fig. 38. — *Bathybius* ou Amibien. Grossissement $\frac{300}{1}$.

le *Sarcode*. On a trouvé dans les draguages de fond et dans ceux de surface, dans la vase calcaire, comme dans l'eau pure, ces matières gélatineuses; si elles sont agitées dans de l'alcool, il se produit de petites particules albumineuses, qui se dissolvent comme de l'albumen ; placées sous le microscope, elles offrent un réseau de matières insolubles dans l'eau semblables au blanc d'œuf. Ces matières finissent par s'altérer et émettre des granules susceptibles de changer de forme et de position. Cette substance amorphe est capable de s'assimiler des aliments. Le professeur Huxley lui a donné le nom de *Bathybius hæckelii*.

La réunion de ces imperceptibles animalcules, insignifiants par eux-mêmes, produit des effets remarquables par l'étonnant résultat de leurs efforts combinés dans certains endroits. Ainsi le phénomène de la phosphorescence est dû en majeure partie aux Infusoires ; connu déjà du temps de Pline, il a émerveillé les générations de navigateurs qui depuis se sont succédé. L'eau que l'on puise dans les mers où le phénomène est en activité contient des petits vers blancs ou des globules doués d'une certaine animation. Ce sont des Noctiluques, des Beroëes, des Pyrosomes, des Pholades, des Chœtoptères et des Pentatules qui vivent en colonie ; la plupart sécrètent, par des glandes spéciales, une matière gélatineuse que l'on croit être la cause principale de la lumière. Lorsqu'on les irrite par un frottement, la sécrétion devient beaucoup plus abondante et l'éclat plus vif. Les tiges supportant aussi certains zoophytes semblent être le siége de propriétés lumineuses. En plaçant les Infusoires récoltés dans un bocal rempli d'eau, ils donnent à la moindre secousse une lueur rougeâtre, qui a la couleur de la fonte en fusion. On cite des voyageurs qui, en conservant

Fig. 39. — Principaux Infusoires qui produisent le phénomène de phosphorescence (fortement grossis).

dans un aquarium quelques Pyrosomes, ont pu s'éclairer dans leur cabine. Quelques infusoires atteignent une grande taille et peuvent être coupés en morceaux sans perdre leurs propriétés. Chaque fragment reste également phosphorescent.

Combien faut-il donc de ces animalcules pour donner lieu à ce magnifique spectacle de la mer phosphorescente sur des étendues aussi considérables ? On a calculé que dans 30 centimètres cubes d'eau de mer phosphorescente, il y avait plus de 25,000 Noctiluques. Pendant la nuit, tout est resplendissant au moindre choc ; avec un bateau à vapeur à roues le phénomène acquiert toute sa magnificence ; il semble voguer sur un océan en feu ; c'est de la lumière cependant sans feu, mais non pas sans vie. Les flots qui se pressent autour des flancs du navire soulèvent des paillettes étincelantes, au milieu d'une lave incandescente. Quelquefois le phénomène change de couleur ; la mer est blanche comme du lait, effet surtout accentué par les temps sombres ; ce phénomène de *lactescence* est dû à des œufs de poissons ou de mollusques. L'opposition fait croire à une illusion optique représentant la surface de la mer comme couverte de neige.

La phosphorescence s'observe en général dans toutes les mers tropicales, sans avoir d'époque fixe ; dans l'océan Indien, dans les mers de Chine, elle acquiert toute sa splendeur. On la voit aussi sur les côtes de la Méditerranée et même de la Manche, dans les chaleurs de l'été ; mais le phénomène n'a qu'une intensité insignifiante, comparativement à celui des basses latitudes.

Nos mers tempérées abondent en productions animales et végétales, mais elles sont loin d'égaler les beautés des régions intertropicales. Schleiden fait cette brillante description du spectacle que présentent les bas-fonds des mers équatoriales : « Si nous plongeons nos regards dans le liquide cristal de l'océan Indien, nous y voyons réalisées les plus merveilleuses apparitions des contes féeriques de notre enfance ; des buissons fantastiques portent des fleurs vivantes ; des massifs de Méandrines et d'Astrées contrastent avec les *Explanarias* touffus, qui s'épanouissent en forme de coupes, avec les Madrépores à la structure élégante, aux ramifications variées. Partout brillent les plus vives couleurs ; les verts glauques alternent avec le brun et le jaune ; de riches teintes pourprées passent du rouge vif au bleu le plus foncé. Des Nullipores roses, jaunes ou nuancés comme la pêche, couvrent les plantes flétries et sont elles-mêmes enveloppées du tissu noir des Rétépores, qui ressemblent aux plus délicates découpures d'ivoire. A côté, se balancent les éventails jaunes et lilas des Gorgones, travaillés comme des bijoux de filigrane. Le sable du sol est jonché de milliers d'Oursins et d'Étoiles de mer, aux formes bizarres, aux couleurs variées. Les Flustres, les Escares s'attachent aux branches de corail, comme des Mousses et

Fig. 40. — Le fond d'un *lagon* dans les récifs madréporiques de la mer de la Sonde.

des Lichens, et les Patelles striées de jaune et de pourpre s'y fixent comme de grandes corbeilles. Semblables à de gigantesques fleurs de cactus, brillantes des plus ardentes couleurs, les Anémones marines ornent les anfractuosités des roches de leurs couronnes de tentacules, ou s'étendent au fond, comme un parterre de renoncules variées. Autour des buissons de corail, jouent les colibris de l'Océan, petits poissons étincelants, tantôt d'un éclat métallique rouge ou bleu, tantôt d'un vert doré ou du plus éblouissant reflet d'argent.

« Légères comme les esprits de l'abîme, flottent les clochettes blanches ou bleuâtres des Méduses à travers ce monde enchanté. Ici se poursuivent l'Isabelle violette et vert d'or; là, serpentent à travers les massifs, les bandes marines, comme de longs rubans

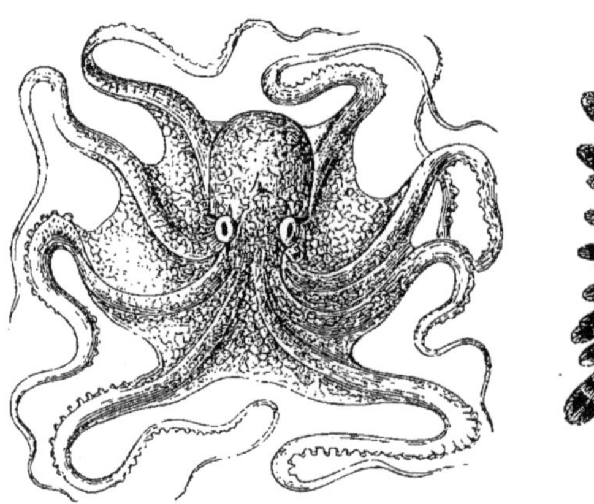

Fig. 41. — *Octopus vulgaris*. Fig. 42. — *Echinus mammiliatus*.

d'argent aux reflets roses et azurés, la Némerte, la Sépia resplendissantes des couleurs de l'arc-en-ciel, qui tour à tour s'entre-croisent, brillent ou s'effacent.

« Et toute cette vie merveilleuse nous apparaît au milieu des plus rapides alternatives de lumière et d'ombre, qu'amènent chaque souffle, chaque ondulation qui rident la surface de l'Océan. Lorsque le jour décline et que les ombres de la nuit descendent dans les profondeurs, ce jardin radieux s'illumine de splendeurs nouvelles. Des Méduses, des Crustacés microscopiques semblables à des Lucioles font étinceler les ténèbres. Chaque coin rayonne..... »

Le globe est un immense foyer de vitalité ; le mouvement se manifeste partout, et le mouvement c'est la vie. Il n'y a que les formes des êtres vivants qui diffèrent. Dans les profondeurs faibles des mers intertropicales, les Polypes fixés aux roches sont en telle abondance, qu'on pourrait dire avec une apparence de certitude, qu'ils constituent l'assise de presque tout le massif des îles de l'océan

Pacifique. Les Polypes sont de petits animaux au corps gélatineux, ayant la forme d'un cylindre creux muni d'un seul orifice. Cet orifice est bordé de lamelles frangées ou appendices charnus nommés tentacules, contractiles et pouvant se replier sur elles-mêmes. Ce sont les bras de l'animal, qui lui servent à saisir sa proie au passage. Ces animaux végétants ont une demeure calcaire ou siliceuse qu'ils sécrètent eux-mêmes et dont ils empruntent les éléments aux sels terreux d'eau de mer. L'ensemble de ces agrégations perpétuelles est un *Polypier*. Une branche de corail en est un fragment. On ne le rencontre que dans les eaux dont la température est d'au moins 19 degrés, c'est-à-dire, dans une zone équatoriale d'environ 30 degrés en latitude. Ils n'existent pas dans les mers du Sud où

Fig. 43. — Différentes formes du Corail.

circulent des courants froids, comme sur les côtes occidentales de l'Amérique méridionale. La profondeur où ils fixent leur domicile est toujours faible ; elle ne dépasse pas 40 mètres.

Ces Polypes, dont les variétés sont très-nombreuses, mais à la majeure partie desquels on attribue le nom vulgaire de corail, prennent un développement colossal; ils forment des îles entières, en entassant étages sur étages depuis un temps immémorial. Ces pygmées, ébauches animales, ont fait œuvre de Titans. L'esprit est saisi par le contraste qui existe entre l'exiguité des moyens et l'énormité du résultat. Michelet les nomme « faiseurs de mondes. »

Les plus actifs de ces travailleurs de la mer sont les Caryophyllées, les Astrées, les Dendrophyllées, les Méandrines, les Fougères, polypes désignés ordinairement sous le nom de *Madrépores* et même de Coraux. L'agrégation de toutes ces espèces constitue parfois de véritables républiques ; car les branches ne sont pas indépendantes les unes des autres et les Polypes ont entre eux des communications d'estomac, comme un rameau végétal conserve, avec le tronc, des conduits qui servent à la circulation de la séve. De distance en distance, se montrent des Polypes semblables à des fleurs, dont les

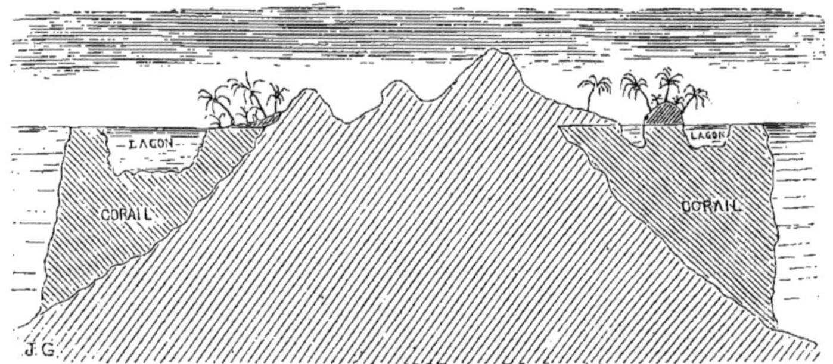

Fig. 44. — Coupe verticale d'une île haute indiquant comment se forment les parties intérieures ou *lagons* dans la mer de Corail.

couleurs ont toutes les gammes de tons des fleurs aériennes, toutes les teintes, toutes les nuances de la palette la plus luxuriante.

La croissance des polypiers se fait au-dessous de l'eau ; lorsqu'ils sont arrivés au niveau des marées basses, les vagues, arrachant des fragments à la ceinture de l'îlot, les refoulent vers le centre qu'elles exhaussent ainsi. Quand les vents ont apporté à la surface des détritus, des plantes marines, dont la décomposition forme l'humus végétal, que les courants ou les oiseaux ont déposé des grains sur le sol vierge, la végétation s'éveille activée par les rayons d'un soleil tropical ; les arbres naissent, une nouvelle terre surgit des flots. La verdure déploie ses richesses et le climat féconde ces parages enchanteurs, qui parsèment tout l'océan Pacifique.

Il arrive fréquemment que les sommets des îlots de corail qui émergent simultanément, se réunissent et forment un circuit annulaire, dont le centre est tantôt un *lagon* ou petit lac. D'autres fois, la lagune se comble et l'île devient un plateau circulaire. Dans l'un et l'autre cas on lui donne le nom d'*attoll*.

Il arrive aussi que les Polypiers s'étendent comme une digue parallèlement à la direction d'une côte, laissant une zone d'eau calme entre la terre et ce cordon improvisé ; c'est ce qu'on nomme une barre de récifs. Les exemples les plus fréquents se rencontrent à la Nouvelle-Calédonie, dont toute la côte ouest est protégée par une barrière parallèle de récifs ; on en voit aussi sur plusieurs points de la côte orientale d'Afrique et dans le voisinage de l'île de Zanzibar.

La disposition circulaire des attolls ou îles de corail a frappé les navigateurs depuis longtemps ; le premier observateur fut Strachan, en 1702 ; puis Forster, compagnon de Cook, établit en 1780, le mode progressif d'agglomération. La physionomie de ces îles avait d'abord laissé supposer que les Coraux avaient pris pour base de leur édification les bords des cratères sous-marins, assez fréquents sur le sol volcanique de l'Océanie. Cependant il était difficile d'expliquer les dimensions usitées de certains attolls de 50 kilomètres de diamètre, tels que Bow-Island et plusieurs îles des Maldives, des Pomotou et des Loyalty. Darwin a imaginé d'appliquer la théorie de l'affaissement lent d'une partie de l'océan Pacifique, à la solution de cette question. Les Coraux vivent à une faible profondeur, sur les bas-fonds ou dans le voisinage des côtes ; lorsqu'ils ont atteint la surface, leur mouvement ascensionnel s'arrête au contact de l'air, mais si le sol qui les supporte s'affaisse lentement, il reste encore une nappe d'eau suffisante pour que les rejetons continuent leur existence. Tout dépendrait donc, selon cette hypothèse, d'un mouvement du fond de la mer.

Suivant M. Balansa, il n'y aurait d'autre cause à la construction des attolls que la propension naturelle des Coraux à se développer graduellement du côté extérieur où l'eau est toujours agitée. Cette propension les conduit à une superposition en saillie les uns sur les autres, en suivant les contours de leur base naturelle.

Cette création est aussi, pour la nature, un jalon placé à l'effet

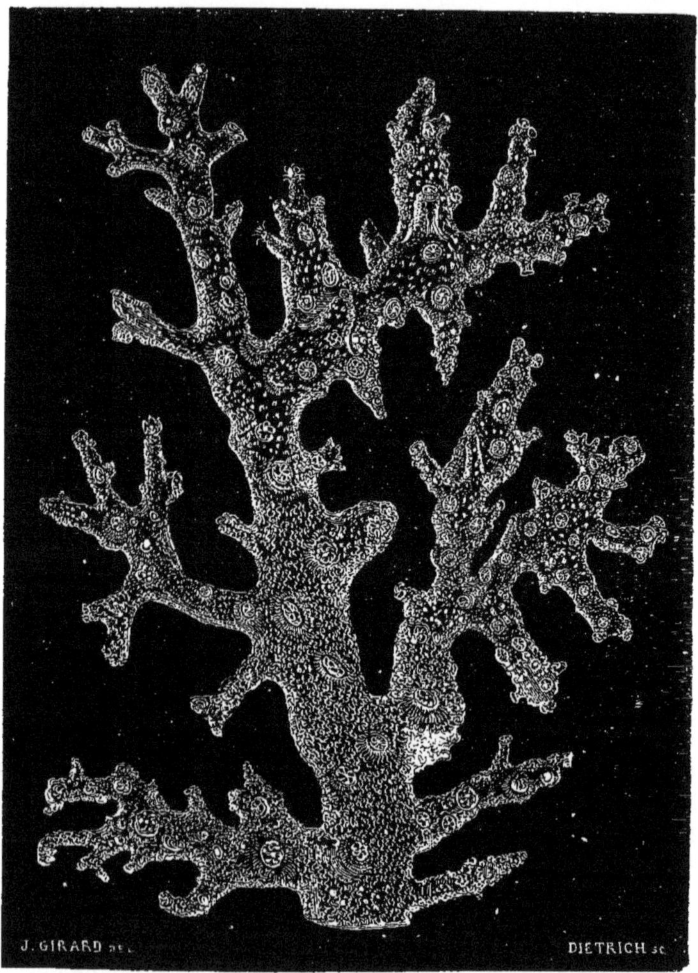

Fig. 45. — Oculine.

d'y faire éclore de nouvelles terres. « Ce grand travail d'enfantement si simple dans sa cause, si multiple dans ses résultats, nous montre le récif isolé ; ce n'est pas tout. Ailleurs, on voit le Corail agrandir une île déjà née sous d'autres influences, en se développant sur les pentes qui l'entourent. Il en résulte une espèce de rempart appelé à protéger le sol contre les affouillements et les envahissements de la mer. Ces jetées circulaires sont en général à une certaine distance de la plage ; elles sont par endroits interrompues par les brèches qui forment les passes et la mer intérieure unie comme un lac, transparente et irisée.... Bien plus ces ouvrages avancés, séparés aujourd'hui de la grande terre par le lagon, s'en rapprochent tous les jours. Grâce à l'agglomération continue des dépôts calcaires, le fond de ces bassins s'élève constamment ; un jour il aura gagné le niveau de l'eau. Que sous l'action de forces nouvelles, le niveau s'élève encore, et les terres basses s'allongeront jusqu'à l'enceinte extérieure. Ces soudures successives ajouteront à l'importance, à la grandeur, à la production de l'île en agrandissant sous son sol (1). » L'accomplissement de ce travail exigera peut-être un siècle ! mais un siècle est une période de temps insignifiante dans les travaux de la nature.

La mesure de la croissance des coraux par la sonde est trop incertaine à cause de l'irrégularité des marées. Le nivellement direct par rapport à un point fixe pris à terre offre bien plus de chances de précision. Wilkes fit un nivellement direct, en 1839, à Tahïti, au *Dolphin-Bank*, endroit bien choisi, car les coraux y sont en pleine vigueur. Il plaça une mire verticale sur la partie la plus élevée du banc, suivant un relèvement qui reste indiqué aux expérimentateurs à venir. MM. Leclerc et Duhil de Bénazé ont constaté dernièrement les modifications survenues depuis Wilkes au Dolphin-Bank. On devait lire sur la mire une hauteur plus petite que l'élévation même du banc. Elle donnait, en 1869, 7m,250, qui, retranchés de 7m,805 trouvés par le navigateur américain en 1830, indiquaient que la croissance a été de 0m,555, depuis ce temps, soit 0m,018 par an, pour ce banc formé de Madrépores. Ces expériences seront continuées ; pour plus de certitude, les relèvements astronomiques faciliteront les opérateurs futurs.

Le navigateur qui contourne l'Australie à l'Est est surpris du nombre considérable de récifs et d'îlots, dont cette dangereuse côte

(1) Le docteur Thiercelin, *Journal d'un Baleinier*, tome I.

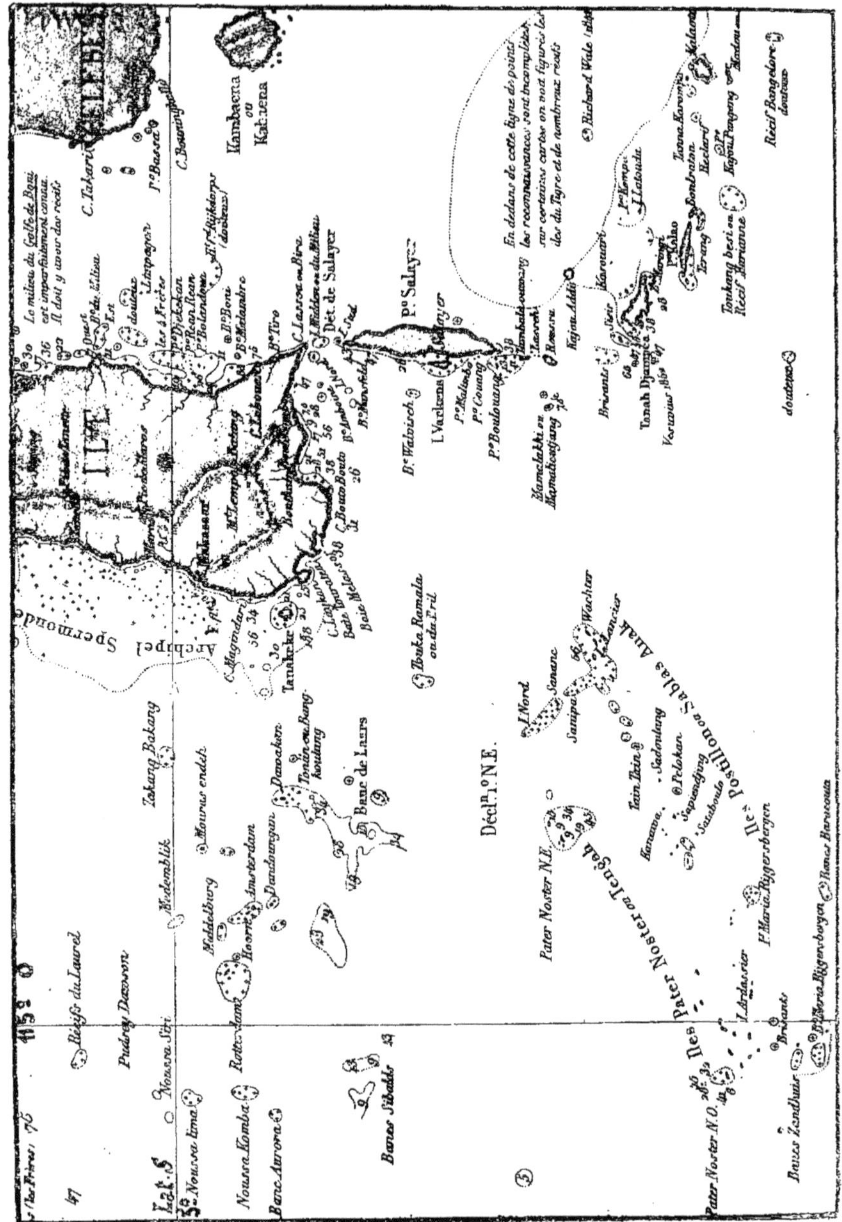

Fig. 46. — Fragment de la carte (nº 2,151) du Dépôt de la marine. Les récifs de Corail de la mer des îles de la Sonde et du détroit de Makassar.

est parsemée. Soucieux de son existence, il remarque ces écueils ovales et irréguliers, si souvent accompagnés d'un point d'interrogation sur les cartes et par conséquent objets d'une méfiance constante. Cette côte orientale de l'Australie, longue de 360 lieues, est bordée sans interruption de ces écueils madréporiques. Dans l'archipel des Maldives, on compte 1,200 îlots de cette nature, dont certains sont fertiles et cultivés; Male, le plus étendu, a deux lieues de périmètre. La Nouvelle-Calédonie est entourée d'un récif de 145 lieues de développement, laissant entre lui et la côte une zone toujours calme même pendant les tempêtes qui agitent le large. Mais il est peu d'endroits où ces récifs soient plus abondants que dans les mers des îles de la Sonde, dans le détroit de Macassar, dans les environs de l'île Célèbes; on en connaît un grand nombre. on en a déterminé beaucoup, mais il en reste encore plus à connaître (fig. 46).

Si les Coraux sont presque un caractère distinctif de l'océan Pacifique, ils existent aussi dans l'océan Atlantique à l'état sporadique. Ainsi sur les côtes du Brésil, le récif de Pernambouc est formé de Madrépores, mais la constitution n'en est pas pareille. Il est composé d'une série de lignes très-droites, parallèles entre elles sans jamais se toucher, quand une portion de la muraille cesse, elle reprend parallèlement à faible distance. L'élévation se conserve uniformément pendant deux ou trois lieues, produisant l'effet de murs construits par la main de l'homme. « Il faut recourir au raisonnement pour y distinguer l'œuvre d'une déchirure de la surface terrestre, qui seule a pu lutter avec l'industrie humaine pour produire cette régularité (1). »

Fig. 47. — Récif longitudinal sur la côte de la province de Pernambouc.

(1) E. Liais, *L'Espace céleste et la Nature tropicale.*

On trouve aussi du corail dans la Méditerranée et sur les côtes de l'Amérique centrale, où il est l'objet d'une pêche lucrative. Les régions chaudes ne paraissent pas être les seules à jouir du privilége de la croissance du Corail, car le professeur Agassiz a découvert dans le détroit de Magellan, pendant l'expédition du *Hasseler*, des bancs de Coraux d'une importance réelle.

Le développement prodigieux des Polypiers ne joue pas seulement le rôle de modification du fond des mers tropicales, il exerce aussi une influence sur la salubrité des climats. On a remarqué que dans les îles où les Coraux sont vivants, telles que la Nouvelle-Calédonie, Taïti, les Seychelles et la majeure partie de la Polynésie, les fièvres sont absentes, ou bien ont un caractère bénin ; tandis que, dans les parages entourés de Coraux morts, tels que la Vera-Cruz, les Antilles, les Nouvelles-Hébrides, ces maladies prennent au contraire un caractère très-grave. N'y aurait-il pas lieu de supposer que leur élaboration détruit les miasmes paludéens ?

III

Les organismes des grandes profondeurs.

La vie microscopique prédomine à toutes les altitudes sous-marines. — Examen des spécimens de sondage à l'aide du microscope. — Abondance relative des Foraminifères. — Description de leur nature et de leur composition. — Leur nutrition et leur rôle d'absorption. — Absence d'organismes dans les profondeurs de la Méditerranée. — Bizarreries des êtres placés aux derniers échelons de la vie animale. — Les Éponges et leurs caractères généraux. — Les spicules. — Particularités de certaines Éponges.

L'existence animale revêt dans les régions supérieures des eaux, les formes les plus opposées avec les êtres vivant sur la terre ; cependant sous les flots azurés comme dans les parties aériennes du globe, les œuvres de la nature sont réglées par un admirable système de compensation, où tout est équilibré. Mille agents divers exercent des fonctions distinctes et nettement ordonnées; pourtant ces éléments sont si parfaits, que la plus entière harmonie règne aussi dans les eaux. Il n'y manque que la présence de l'homme, que l'organisation physique attache au rivage.

Dans les régions inférieures des eaux, la vie élémentaire est aussi exubérante qu'à la surface; elle change d'aspect et surtout de proportions, car le monde microscopique y occupe une large part. Placé au dernier échelon de la vie sous-marine, il parcourt cependant toute la gamme de répartition, depuis les bas-fonds où le soleil et la lumière pénètrent, jusqu'aux sombres profondeurs de l'Océan, où la hauteur de l'eau est assez grande pour dépasser celle du mont Blanc et des plus hauts sommets de l'Himalaya. Le fond de l'Atlantique est parsemé de sujets infiniment petits, aussi bien sous les latitudes polaires que sous les parages équatoriaux. Quand on releva le câble transatlantique, il offrait en certains endoits un amas tel d'organismes grands et petits, que leur volume atteignait celui d'une bouteille.

L'examen des spécimens de sondage ne pourrait avoir lieu sans le concours du microscope, à l'aide duquel on reconnaît les Fora-

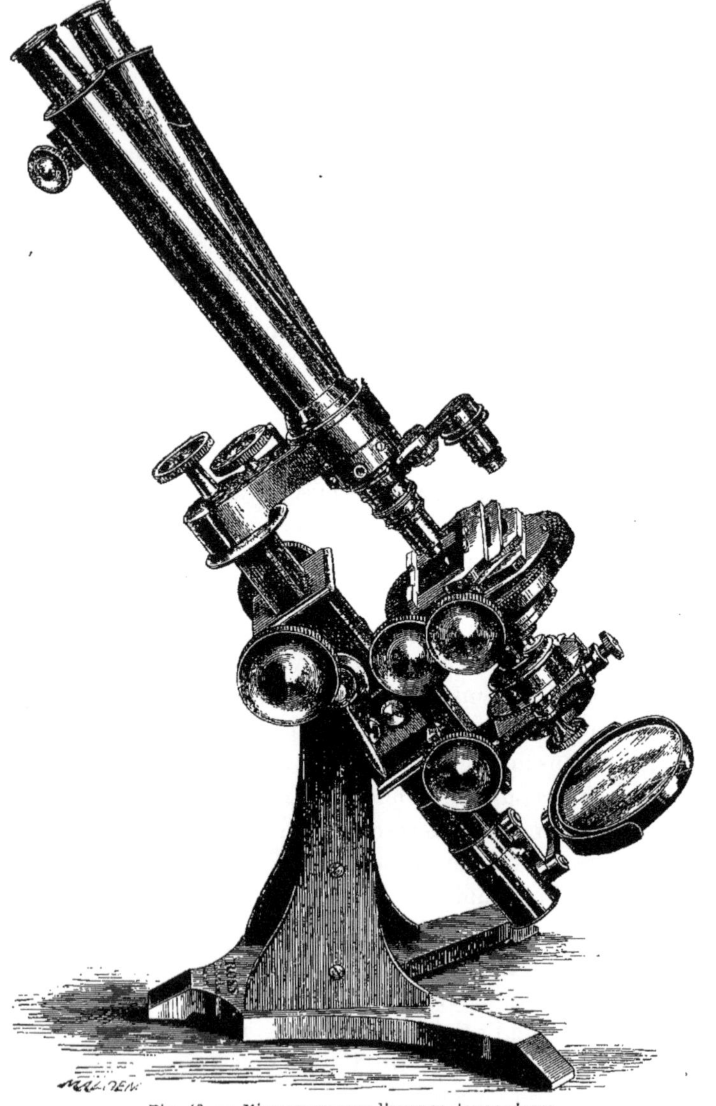

Fig. 48. — Microscope pour l'examen des sondages.

minifères et autres organismes infiniment petits. On place l'objet sur une lamelle de verre, que l'on introduit sur la platine de l'instrument, pendant que l'on cherche avec une aiguille à dégager les sujets dignes d'attention des corps amorphes dont ils sont encombrés. Le grossissement dont on se sert, doit toujours être proportionné à l'objet que l'on observe; il faut voir distinctement sans chercher à atteindre des limites exagérées; les grossissements moyens suffisent dans la plupart des circonstances. On doit chercher surtout à examiner, en se servant, non pas de la lumière réfléchie par le miroir; mais en condensant sur le spécimen les rayons lumineux au moyen d'une lentille convergente ou bien encore d'un petit ballon rempli d'eau très-claire, qui étale mieux la lumière (fig. 49). Si l'on veut dessiner les objets d'observation, on peut

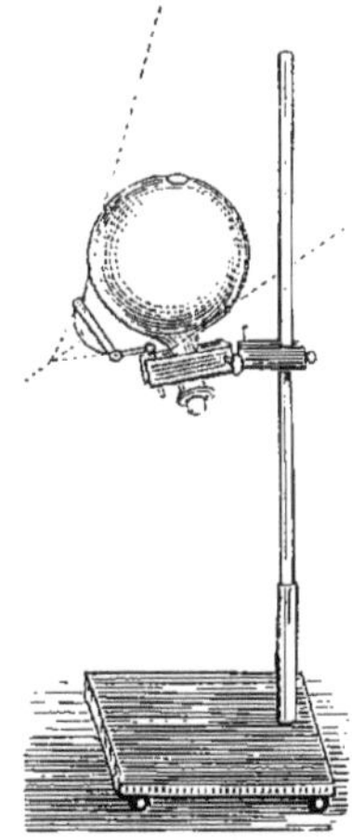

Fig. 49. — Ballon rempli d'eau pour l'éclairage convergent des spécimens de sondages.

Fig. 50. — Disposition pour dessiner avec le microscope situé horizontalement.

le faire, soit directement par la simple vision, soit à la chambre claire, en adoptant la disposition horizontale du microscope, fatigant moins les yeux et plus facile pour la main, que si elle était verticale. On se couvre la tête d'un voile pour éviter la trop grande clarté, qui efface l'image formée par le miroir réflecteur.

Les premiers représentants de la vie animale sous-marine ont été extraits simplement par la sonde, dont la capacité ne permettait de rapporter que de bien petits sujets. Les Foraminifères furent les premiers extraits; la drague plus puissante retira des Mollusques de taille supérieure. Mais dans les grands fonds, les Foraminifères tels que les Coccolithes et les Globigérinées, sont d'une abondance inouïe. Quelquefois sur les fonds voisins des côtes leur variété existe au détriment de leur multiplicité générique. Ce ne sont plus des amas prodigieux d'une seule espèce, ce sont des individus distincts les uns des autres, noyés dans le sable ou les concrétions calcaires.

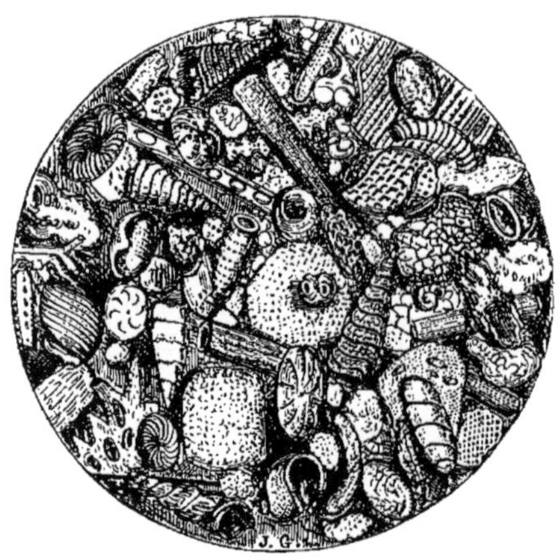

Fig. 51. — Spécimen de fond de la rade de Pernambouc, grossissement $\frac{40}{1}$.

Ce n'est que vers le milieu du XVIIIe siècle qu'ils furent signalés; malgré leur multitude, les moyens d'observation étaient encore défectueux, à cause du peu de ressources de l'optique. Linnée les rapprochait des Ammonites et des Nautiles, par comparaison avec leur coquille; Alcide d'Orbigny (1826) a été l'instigateur de leur classification et leur observateur assidu; il leur a donné le nom tiré de cette étymologie : *foramen*, trou, *ferre*, porter. Leur corps est composé d'une gelée transparente revêtue d'une écaille calcaire. Les plus simples ont la forme d'une boule, dont la première loge s'enroule d'une coquille formant un noyau ; sur ce noyau une autre boule plus grande se forme bientôt pour être suivie d'une plus grande, et l'évolution continue sur une ligne spirale pendant toute la durée de l'accroissement de l'animal (fig. 52). La coquille se recouvre extérieurement de segments variables d'épaisseur suivant les espèces ; chez les unes, elle est compacte, opaque comme de la porcelaine et sans pores ; chez d'autres, elle est percée d'une multitude de perforations, par lesquelles ressortent des cils ou pseudopodes (fig. 53). Dans certaines espèces, la coquille est siliceuse et transparente comme du verre. La composition des Foraminifères est donc mixte et la germination continuelle ; les spires augmentent avec l'accroissement de chaque fragment successivement formé, au lieu d'être, développé dans l'axe normal de son prédécesseur. Cet enroulement, nommé *Hélicostègue* par d'Orbigny, a un caractère commun avec les mollusques.

D'après les expériences de Strethill Wright, la masse gélatineuse

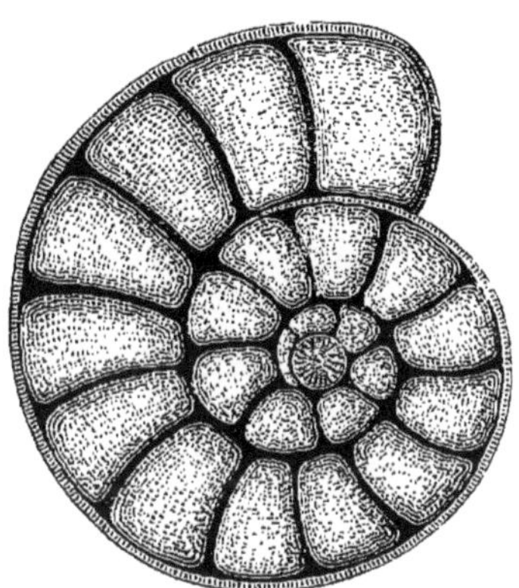

Fig. 52. — Foraminifère, grossissement $\frac{400}{1}$ (*Lagena*).

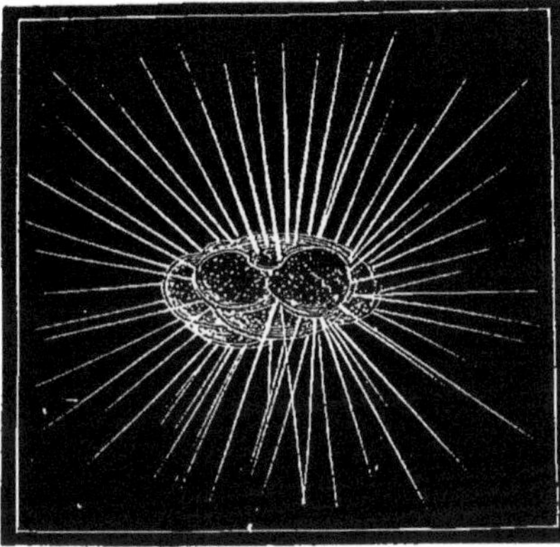

Fig. 53. — Foraminifère cilié restauré (*Rosalina globularis*).

interne ou *Sarcode* serait un *nucleus* ou œuf embryonnaire. Ayant dissous à l'aide de l'acide chromique la carapace calcaire d'un Truncatulaire,

Fig. 54. — Coccolithes, coquillages, concrétions calcaires, provenant de sondages exécutés aux îles du cap Vert, grossissement $\frac{50}{1}$.

catulaire, cet observateur mit en évidence les différents caractères de l'animal : une membrane sert de sous-enveloppe à l'étui calcaire ; les loges sont remplies par le sarcode au milieu duquel existent plusieurs enveloppes successives. La vie végétante ne serait pourtant pas partout identique ; dans certaines cellules, elle serait en pleine activité, tandis qu'il y aurait *ankylose* dans les autres ; car elles peuvent, jusqu'à un certain point, rester indépendantes les unes des autres.

Ces coquilles à peine visibles se multiplient avec tant d'intensité, qu'elles finissent dans certains endroits par modifier le fond de la mer ! « Qui ne s'effrayerait que le sable des plages en est tellement rempli, que l'on peut dire qu'il en est à moitié composé (1) ? » Plancus en a compté 6,000 dans 30 grammes de sable et A. d'Orbigny constaté 480,000 dans 3 grammes de sable récolté aux Antilles. Aujourd'hui on a vu plus de 2,000 espèces dont la moitié existe encore à l'état vivant sous les eaux. Nous avons vu précédemment que le fond de l'Atlantique en est parsemé.

Tous les Foraminifères ne conservent pas des proportions microscopiques, il y en a qui font exception à la règle. On en a trouvé à Bornéo qui avaient 10 centimètres de diamètre. Le professeur W. Carpenter a décrit des Foraminifères géants de plus de 20 centimètres de diamètre : *Parkeria* et *Loftusia* ; tous deux étaient composés de cellules concentriques disposées symétriquement en labyrinthe (2). Ce dernier avait été ainsi nommé en souvenir de M. W.-K. Loftus, qui en avait ramassé un grand nombre, en 1855, sur la frontière turco-persane. Mais ces géants sont très-rares à l'état vivant ; ce n'est que dans les terrains siluriens et tertiaires qu'ils ont été rencontrés.

Ces ébauches de la vie animale ne jouissent de la motilité qu'avec certaines restrictions. Cependant leurs fonctions nutritives s'accomplissent régulièrement. Ils absorbent la matière organique et inorganique en solution dans l'eau ou à l'état de division moléculaire. En même temps ils réduisent en forme solide le carbonate de chaux et la silice dissoute. Par ce jeu sans discontinuité de la nature, ils forment les sédiments calcaires, qui composent le *test* ou coquille de la plupart d'entre eux. C'est ainsi un merveilleux équilibre de la nature organique. Les Polypiers et les Zoophytes débar-

(1) A. d'Orbigny.

(2) *Philosophical transactions of the Royal Society.*

rassent l'eau de mer des sels, que les fleuves déversent en grande quantité et qui finiraient par la vicier et la rendre impropre à la vie de ses innombrables habitants.

Fig. 55. — Sondage sur les côtes de Sardaigne (Carlo-Forte), grossissement $\frac{40}{1}$.

En envisageant géographiquement les sondages, on voit que les Globigérinées et les Coccolithes existent au fond de la mer sous toutes les latitudes. Dans les dernières explorations de draguages de la mer du Nord et de l'océan Atlantique, entreprises sous la direction du professeur W. Carpenter, on a découvert 450 nouveaux types conchyliologiques, parmi lesquels les Foraminifères occupaient le premier rang. Il est du reste facile de se convaincre de leur abondance en voyant la figure 55, qui représente les principaux sujets contenus dans un petit paquet de vase desséchée, à peine du volume d'une noisette.

Fig. 56. — Milliolides, grossissement $\frac{40}{1}$.

Cet immense développement de la vie organique dans les deux Océans n'existe pas pour la Méditerranée ; ses grandes profondeurs seraient d'après W. Carpenter absolument stériles, quoique d'autres naturalistes soient autorisés à affirmer qu'il y ait une faune assez abondante. Ce n'est pas une nouveauté zoologique. Mais cette particularité qui a été l'objet des investigations de l'expédition du *Porcupine* en 1870 paraît avoir autant de portée dans les appréciations géologiques que dans les résultats biologiques. Dans les recherches précédentes, il avait été reconnu que les grandes profondeurs sont compatibles avec la vie organique, qui subit des modifications selon plusieurs circonstances, au nombre desquelles la température et la constitution chimique de l'eau, sont des plus importantes; on pouvait donc s'attendre à trouver une faune semblable dans les mers d'une certaine étendue. La Méditerranée fait exception. Les échantillons d'eau puisés à grande distance de la surface n'ont pas la limpidité des couches superficielles; ils tiennent toujours en suspension des particules vaseuses extrêmement ténues, fait qui contraste avec les expériences obtenues dans l'Océan. Ce trouble de l'eau place la vie animale dans des conditions préjudiciables, car tous les animaux aquatiques dépendent du contact de l'eau, pour l'aération de leurs liquides soit avec leur surface extérieure, soit avec leurs branchies. Le dépôt de parcelles fines sur les organes respiratoires les empêcherait de fonctionner; ainsi, il est reconnu que les bancs d'Huîtres ne peuvent s'établir dans les fonds, sur lesquels les courants apportent de la vase. Les dépôts sous-jacents de vase arénacée très-fine sont impropres à la vie des Mollusques de grande et de petite taille. Ce phénomène de l'eau trouble, dû probablement aux apports limoneux des grands fleuves qui se jettent dans la Méditerranée, ne se localise que dans les fonds des principaux bassins. On pourrait citer, comme exception à la règle, beau-

Fig. 57. — Sondage à Java (North-Watcher), grossissement $\frac{40}{1}$

coup de golfes peu profonds où la faune marine se développe comme dans l'Océan.

La drague a ramené des sujets aux formes si bizarres et à l'aspect si étrange, qu'on les a pris pendant longtemps pour des plantes minéralisées, tant leur analogie avec certains végétaux était frappante. Au siècle dernier, on se contentait de les regarder avec une curiosité puérile, sans en rechercher une définition scientifique. Tels sont les Amorphozoaires, élevés à la fin du règne animal comme un groupe qui s'enchaîne avec le règne végétal par les Zoophytes, les Poly-

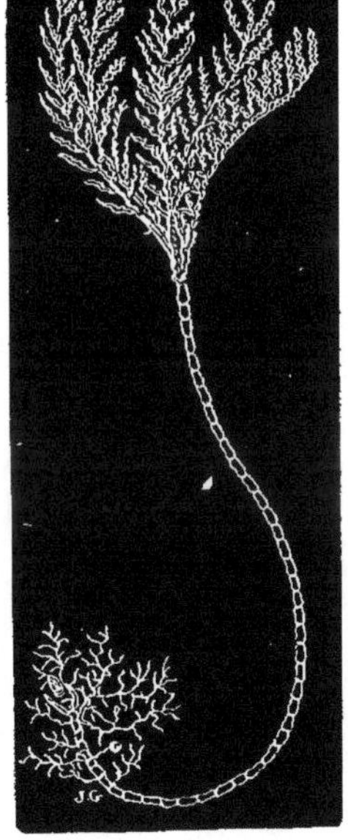

Fig. 59. — *Rhizocrinus.*

Fig. 58. — Zoophyte : *Æquorea vitrina*, grossissement $\frac{10}{1}$.

piers, les Protozoaires et autant de formes indéfinissables de la vie. A mesure que les investigations se poursuivent, la drague rapporte des profondeurs, de plus d'une lieue, des merveilles entièrement nouvelles. On a trouvé dans l'expédition du *Challenger* des Crustacés tout à fait transparents, ressemblant à des homards. Tels sont encore certains représentants de cette classe, dont les yeux ont un volume si disproportionné que tout le reste du corps semble n'être plus qu'un accessoire. A l'inverse, d'autres Crustacés qui n'ont aucune trace d'yeux sont en échange munis de pinces si délicates et douées d'un toucher si exquis, qu'on les compare à des doigts d'enfant. Non loin des côtes d'Amérique on a trouvé des Crustacés aveugles munis de pinces plus longues que leurs corps et hérissées d'une telle multitude de dents, qu'elles ressemblent à des dents de

Fig. 60. — *Carpella Spinosissima.*

crocodiles. Ces derniers ont été ramenés d'une profondeur de plus de 1,000 mètres. Ailleurs la tête paraît absente, le corps et les pattes constituent tout l'animal, comme chez le *Carpella,* un des plus grotesques Crustacés recueillis dans les mers du Nord (fig. 60).

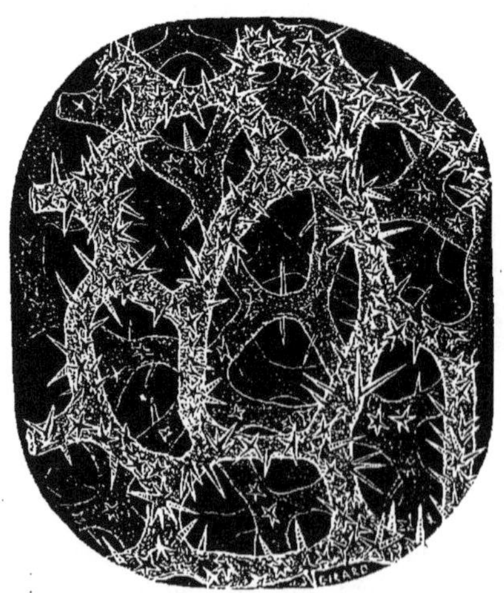

Fig. 61. — Coupe d'Éponge commune montrant les spicules fixées sur les ramifications, grossissement $\frac{150}{1}$.

Les Éponges occupent une place importante au dernier degré du règne animal, autant par leur caractère que par leur puissance de multiplication. Les draguages nous ont appris que les connaissances sur les Éponges étaient encore dans leur enfance. Celles qui ont été recueillies dans les bas-fonds et dans les grandes profondeurs sont certainement curieuses, mais celles que l'on a trouvées dans la mer du Nord et dans l'océan Atlantique méritent toute l'attention par leur délicatesse.

La nature des Éponges peut ainsi se résumer. « A la première inspection, on distingue dans l'Éponge vivante qu'on retire de la mer deux substances bien différentes : la première, externe, est une sorte de mucosité recouvrant et enveloppant la seconde substance, sorte de tissu fibreux et feutré, présentant un corps de formes variables et irrégulières, percé et souvent perforé d'une multitude de pores et de trous à orifices de différentes grandeurs et frangés d'oscules. C'est cette seconde substance que nous connaissons tous et qui conserve les qualités de compressibilité, d'élasticité et acquiert, dans l'éponge préparée, celle de la capillarité (1). »

Elles sont pourvues de concrétions particulières, *les spicules*, petits appareils calcaires ou siliceux ; les courants les entraînent et leur font subir des métamorphoses sur des corps auxquels elles peuvent se fixer. Sur certaines côtes, principalement dans les

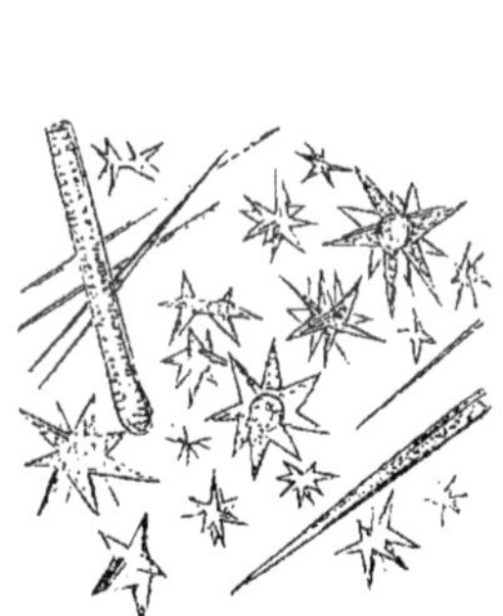

Fig. 62. — Spicules d'Éponge étoilées et aciculaires.

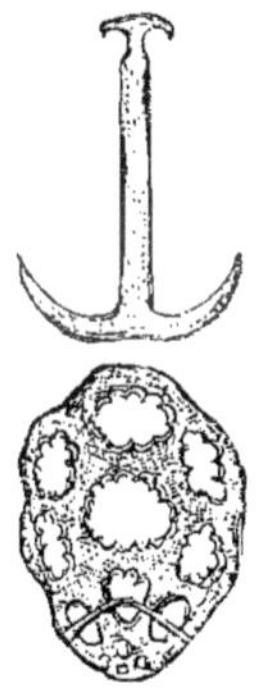

Fig. 63. — Spicule des Holoturies.

excavations et les anfractuosités, à une profondeur moyenne de 40 à 150 mètres, les Éponges multiplient tellement, que la sonde ramène des paquets de spicules de formes les plus variées ; leurs dimensions restent tantôt microscopiques et tantôt atteignent plusieurs centimètres de longueur. Leur nature est autant siliceuse que gélatineuse, ce qui leur permet de résister aux acides, dans lesquels on fait subir à l'Éponge une préparation destinée à la débarrasser du mucus dont elle est enveloppée.

Une des familles d'éponges qui doivent être placées au rang des

(1) Lamiral.

plus curieuses parmi celles qu'on a retirées des grandes profondeurs est celle des Hexactinellidées. Toutes les spicules, autant que l'on en connaît, ont l'hexagone pour base de construction ; il existe un premier axe long ou court, autour duquel les rayons secondaires s'élancent dans

Fig. 64. — Spicules d'Éponge des îles Nankoro (Archipel Nicobar).

Fig. 65. — Spicules d'Éponge diverses ramenées par les sondes.

quatre directions différentes, se coupant toujours à angle droit. Ceci se rencontre dans l'*Holtenia* découverte par le professeur W. Carpenter (fig. 66), curieux spécimen dont le corps est formé d'un

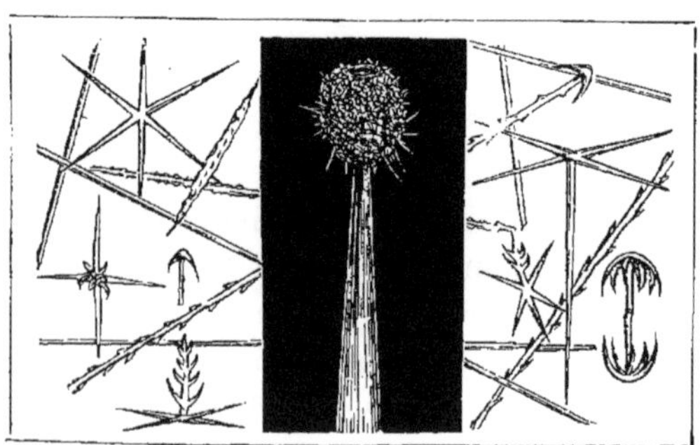

Fig. 66. — Éponge *Holtenia* avec ses spicules sur les côtés.

réseau de filaments au milieu desquels, se trouve une cavité pareille à un nid d'oiseau ; de grandes spicules droites réunies en faisceau pendent au-dessous. Le tout est enveloppé d'une sorte de gelée muqueuse. Une des plus belles et des plus curieuses Éponges est aussi l'*Halyonema lusitanica*, découverte récemment sur les côtes du Portugal.

Dans les fonds où croissent les Éponges, on arrache avec la drague des fragments de rochers sur lesquels elles sont agglomérées ; on en trouve aussi qui se sont fixées sur des pierres mobiles pour demander protection à ces corps étrangers. On a ramené sur les côtes de Syrie un vase antique sur lequel les Éponges s'étaient attachées, au milieu des incrustations de toute nature déposées par le travail des Polypiers.

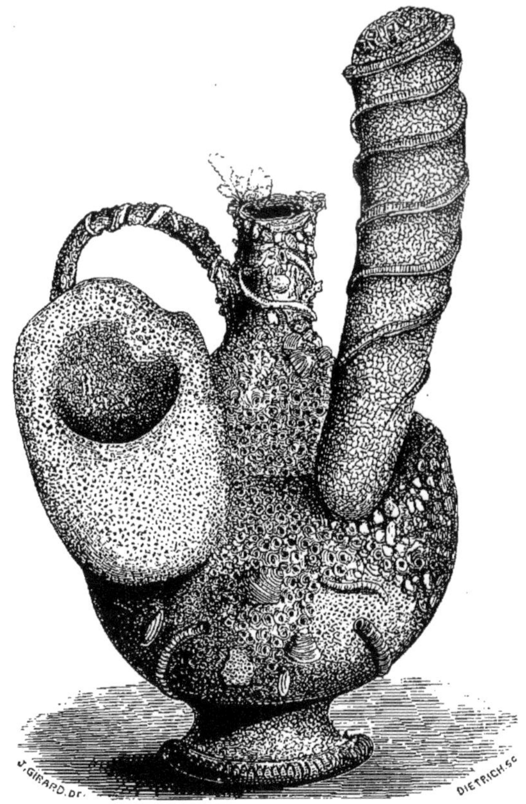

Fig. 67. — Éponge-dentelle et Éponge commune adhérentes à un vase qui a longtemps séjourné au fond de la mer.

IV

Répartition des types de Mollusques.

Les corps organisés fossiles sont les repères chronologiques. — Les conditions favorables aux fonctions vitales des Mollusques. — Influence de la température. — Radiation des groupes généraux. — Les courants provoquent les migrations. — Différence de la faune des mers qui ne sont pas en communication. — Comparaison entre les types du golfe de Gascogne et ceux de la Méditerranée. — Confirmation par les draguages sur les côtes du Portugal. — Variabilité des espèces. — Doctrines diverses du transformisme dans les familles animales.

La somme des observations recueillies jusqu'ici, sous réserve des erreurs provenant de l'état relativement restreint de nos connaissances, est suffisante pour donner des renseignements sur la distribution géographique des Mollusques. Partout où séjournent les eaux, les organismes vivants sont un utile point de repère pour la comparaison avec les fossiles d'un âge antérieur. Le professeur Agassiz a surtout envisagé cette importante ressource géologique, quand il a organisé les explorations successives du *Bibb* dans les parages où coule le Gulf-Stream. Les matériaux provenant de sondages contrôlés et généralisés fournissent des renseignements précieux, pour établir des comparaisons entre l'époque actuelle et l'époque passée ; les corps organisés fossiles sont, pour le géologue, ce que les médailles sont pour l'antiquaire ; ils montrent nettement la formation graduelle et régulière, ainsi que les différents changements qu'ont subis les habitants de l'élément liquide.

Les Mollusques suivent la règle commune à tous les animaux ; ils ne se propagent que quand ils sont dans des conditions favorables à leur existence. Ces conditions dépendent de la température, de la pression atmosphérique, de la nature du sol et d'un ensemble d'éléments, qui constituent le milieu propre aux fonctions vitales.

On sait maintenant qu'il n'y a pas de limite à la production de la vie animale, et que les types trouvés dans les grandes profondeurs ont une organisation différente de ceux de la surface. Selon W. Carpenter, la température exerce une plus grande influence que la pression, sur la distribution des Mollusques. Non-seulement on a trouvé les mêmes formes réparties sur une échelle verticale très-irrégulière, mais aussi on a reconnu qu'une légère variation de température établit une différence marquée entre la faune de deux régions contiguës également profondes. Cependant, il est étonnant que cette disparité se montre plus sensible dans les Crustacés, les Échinodermes, les Éponges, les Foraminifères, que dans les Mollusques supérieurs, dont une proportion très-considérable est commune aux deux catégories de régions.

Il est surprenant de rencontrer la vie animale jouissant d'une abondance relative sur des fonds où la température de l'eau est inférieure à 0°. Les Mollusques, les Échinodermes, les Spongiaires de ces régions froides atteignent d'assez fortes dimensions. D'après J. Gwyn Jeffreys, on retira du sol sous-marin au Sud-Ouest de l'Irlande, des Mollusques tels que le *Solarium siculum* et le *Cassid'a tyrrhena,* espèces qui vivent aussi dans les eaux de la Méditerranée, dans les parages de Madère et sur les côtes d'Espagne. On a aussi trouvé dans les mers Scandinaves, le *Waldhlinia floridana* et le *Terebratula cubensis;* Trachiopodes spéciaux aux Antilles, dont tous les caractères étaient identiques dans les deux provenances. Cette différence d'*habitat* est-elle le résultat d'une sélection naturelle ou d'une perturbation des eaux?

Les espèces végétales ne se sont pas réunies sur un point unique; elles ont fait leur apparition par groupes, sur des points distincts et dans des espaces limités, sur tout le fond des mers du globe. Certains endroits paraissent avoir été des centres de création. Ni le nombre ni la position n'interviennent en aucune façon comme éléments dans cette hypothèse. Les espèces ne sont cependant pas restées parquées, comme il semblerait qu'elles aient dû l'être à l'origine. La radiation s'est opérée en tous sens; les centres de création ont fini, à la suite de causes diverses, par pénétrer plus ou moins les uns dans les autres. Les espèces seraient restées homogènes selon certains biologistes, pendant une première période, tant qu'elles ont persisté dans le milieu natal.

Les déplacements paraissent avoir eu les courants pour cause principale. Ils ont contribué à la migration pélagique embryonnaire, car les germes reproducteurs peuvent flotter dans une con-

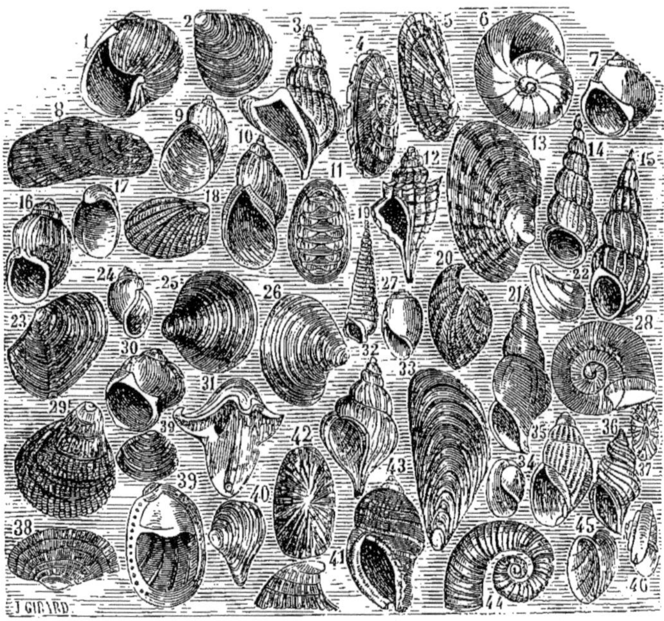

Fig. 68. — Principaux genres de coquillages des côtes de l'Amérique du Nord.

1. Bulbus.
2. Nucula.
3. Aporrhais.
4. Solemia.
5. Petricola.
6. Zonites.
7. Natica.
8. Modiola.
9. Succinea.
10. Linnea.
11. Chiton.
12. Ramella.
13. Unio.
14. Turitella.
15. Scalaria.
16. Linnea.
17. Lamellaria.
18. Crenela.
19. Cerithiopsis.
20. Rhynchonella.
21. Fusus.
22. Leda.
23. Yoldia.
24. Physa.
25. Spherium.
26. Astrate.
27. Utriculus.
28. Planorbis.
29. Cardium.
30. Tapes.
31. Teredo.
32. Trophon.
33. Mytilus.
34. Bulla.
35. Nassa.
36. Fasciolaria.
37. Cemoria.
38. Lyosuia.
39. Crepidula.
40. Nœra.
41. Crucibulum.
42. Tectura.
43. Purpura.
44. Spirula.
45. Velutina.
46. Helix.

dition incertaine pendant plusieurs mois, soit par leur propre densité, soit attachés à des Algues. Ces deux opinions ont été confirmées par les draguages de surface à grande distance de terre.

Le caractère des faunes dépend donc des effets combinés des courants et de la température. Si donc, comme on n'en saurait douter, cette influence a existé aux époques primitives de notre globe, elle expliquerait la présence de deux faunes différentes sous un même horizon géologique. Les soulèvements et les abaissements du fond de la mer, et, par suite, la déviation des courants équatoriaux et polaires, peuvent avoir donné lieu aux migrations de certaines espèces, qui auraient formé des colonies.

En comparant les coquillages récoltés entre les Clefs de la Floride, dans les parages des Antilles, sur les côtes de l'Amérique du Nord, avec ceux qui ont été mis au jour par les derniers draguages, près des côtes d'Irlande et de Norwége, d'une part, et près des Açores de l'autre, on a reconnu l'identité de beaucoup d'espèces. La même appréciation s'applique aux collections d'Échinodermes et de Crustacés, quoique le nombre des espèces similaires soit moindre.

Les migrations et les événements se sont multipliés à l'infini, et cependant un ensemble distinctif de certaines provenances persiste, malgré les causes d'altération. En comparant un sondage exécuté à Carimata (près de Bornéo), avec un autre fait au cap Saint-Jacques (Cochinchine), nous voyons, dans le premier, un certain nombre des espèces de Foraminifères de l'Atlantique, et dans le second, les spicules de Corail prédominantes sur les Foraminifères (fig. 69 et 70).

On pourrait citer comme preuve à l'appui de l'identification des espèces disséminées dans les mers qui sont en communication, la disparité de celles qui appartiennent à des bassins séparés. Ainsi la faune de la mer Caspienne diffère de celle de l'Océan. Les types y sont restés originaux. Pareillement, les grands lacs d'eau douce de l'Amérique du Nord ont une faune toute spéciale restée intacte. Mais à côté des centres géographiques, il existe des gisements devenus mixtes. La différence entre la faune de la mer Rouge et celle de la Méditerranée a été confirmée par les draguages de M. Mac Andrew (1869) qui a recueilli 818 espèces dans la mer Rouge ; le professeur Issel a cependant démontré que certaines espèces, qu'on rencontrait dans le golfe de Suez, se voyaient aussi dans la Méditerranée et même dans l'Atlantique. Il invoque la possibilité de la communication des eaux de ces deux mers à une certaine époque géologique, où les types se seraient confondus ; mais ils ont acquis des caractères distinctifs pendant la longue période de dissociation survenue postérieurement. Les quelques espèces communes aux deux bassins ne sont, d'ailleurs, qu'une minorité, qui ne détruit pas la géographie des *provinces marines*.

Au contraire, il existe une confusion dans les fonds où les éléments de plusieurs espèces ont été introduits par les causes de perturbations des centres de production. Ainsi nous voyons d'après des échantillons recueillis sur la rade de Hong-Kong, que les Foraminifères existent dans certaines places, et que dans d'autres les spicules de Corail et les spicules d'Éponges recouvrent seules le sol sous-marin. Ces deux coups de sonde, donnés à peu de distance l'un de l'autre, ont ramené des organismes dissemblables.

Fig. 69. — Sondage à Carimata (île près Bornéo), grossissement $\frac{40}{1}$.

Fig. 70. — Sondage au cap Saint-Jacques (Cochinchine), grossissement $\frac{40}{1}$.

En nous reportant au golfe de Gascogne, localité de nature tout océanique, nous voyons une distribution de crustacés podothalamaires plus complexe que dans la Méditerranée. « Cette faune comprend 76 espèces, dont deux seulement vivent dans les eaux douces: environ deux tiers de ces espèces sont communes aux régions si-

Fig. 71. — Spécimen de sondage exécuté dans la rade de Hong-Kong (Chine). Formations corallines, spicules d'Éponge, concrétions calcaires, grossissement $\frac{20}{1}$ (1).

tuées au Nord et au Sud; neuf sont d'origine méditerranéenne. puisque les éléments fournis par ces deux provinces géologiques sont équivalents ; fait qui prouve une fois de plus que les espèces se remplacent successivement du Nord au Sud, le long des côtes de France et de la même façon que les espèces fossiles se remplacent chronologiquement de bas en haut dans un bassin où la stratification est régulière (2). » En comparant cette faune avec celle des

(1) Communiqué par M. de Folin, officier de marine.

(2) M. Fischer, *Comptes rendus de l'Académie des sciences* (juin 1872).

régions plus récentes du Nord de l'Europe, on remarquera que plusieurs genres qui donnent les meilleurs caractères pour la constitution des grandes faunes, font défaut dans le golfe de Gascogne. D'un autre côté, en la comparant avec la faune de la Méditerranée, on verra avec étonnement qu'un grand nombre de genres de cette région manquent dans le golfe de Gascogne. La communication avec le détroit de Gibraltar a permis le transport des germes reproducteurs ou des Mollusques eux-mêmes, mais en très-petite quantité, ou bien les courants généraux océaniques les ont répandus d'un pôle à l'autre.

Fig. 72. — Foraminifères et coquillages de la rade de Hong-Kong (Chine).

Les recherches de M. Gwyn Jeffreys sur les côtes de Portugal ont donné des résultats à peu près identiques à celles du golfe de Gascogne. Elles ont mis à jour un merveilleux assemblage de Mollusques, morts pour la plupart, consistant en Ptéropodes, mais comprenant certaines espèces considérées jusqu'alors comme exclusivement septentrionales, et d'autres reconnues identiques à celles des terrains tertiaires de Sicile. Environ quarante pour cent n'avaient pas été déterminées, sur 186 qui furent ramenées par la drague de grands fonds de 1,500 à 1,800 mètres.

Par qui toutes ces espèces de coquillages, Échinodermes, Coraux et autres organismes, ont-ils été transportés sur le point d'où ils ont été retirés? Par les courants antérieurs ou actuels; ils ont dû former un dépôt épais semblable à ceux dont se composent les nombreuses couches fossilifères tertiaires; aucune coquille n'était antérieure. D'après le professeur Duncan, plusieurs espèces de Coraux des côtes de Portugal seraient identiques à celles des mers du Japon; révélation qui coïncide avec la découverte de deux espèces japonaises de *Pecchiola*, toutes deux fossiles, l'une en Sicile et l'autre dans le *crag* corallin. Parmi les sujets les plus curieux trouvés sur les côtes de Portugal, on peut citer une Éponge retirée d'un fonds de 700 mètres qui avait un mètre de diamètre.

La dissémination due aux mouvements des eaux s'est probablement effectuée dans les temps préhistoriques, comme à l'époque actuelle. Mais rien de bien positif ne nous autorise à conclure qu'aucun des animaux qui revivent aujourd'hui soient des descendants en ligne directe de ceux des premiers âges. Leur similitude avec ceux des périodes antérieures ne justifie pas cette assertion que la formation crétacée subsiste encore dans les seuls endroits où on les rencontre.

Les espèces se perpétuent-elles intégralement pendant de très-longues époques? D'après M. Deshayes, quand elles ont épuisé tout leur système de variation, elles acquerraient les caractères d'une autre espèce, perdant les caractères typiques du genre; les rapports auraient lieu dans l'ensemble, non par *continuité*, mais par *contiguïté*. Lamarck les regardait comme modifiables à l'infini; elles ne semblent être ainsi, que jusqu'à une certaine limite, à laquelle elles s'éteignent, plutôt que de recevoir de nouvelles modifications, puisque les conditions de l'existence sont atteintes. Les naturalistes ont senti qu'il était important de savoir qu'une même espèce peut présenter au même âge des individus de différentes tailles, mais il faut aussi constater que ce n'est pas à la taille, que s'arrête la loi de la variabilité. Ceci impliquerait la recherche de la limite de cette loi et cette hypothèse arriverait, par une conséquence naturelle, aux caractères fixes et invariables sur lesquels repose l'espèce.

La doctrine du transformisme dans les familles d'animaux n'est pas une idée neuve. Avant Darwin, Maillet expose dans ses *Entretiens d'un philosophe indien*, un système d'après lequel les espèces animales et végétales auraient pris naissance au sein des mers; puis en changeant de milieu et par suite de leurs efforts continus, pour adapter leur structure et leur organisation à leurs nouvelles conditions d'existence, elles se seraient transformées graduellement en espèces fluviatiles, lacustres, terrestres et aériennes. Ceci aurait un certain rapprochement avec l'histoire de la création d'après la Genèse.

Robinet, mort en 1820, pousse cette théorie jusqu'à l'absolu; il prétend que tous les animaux qui vivent à la surface du globe ont leurs représentants similaires dans les eaux. Buffon n'affirma qu'un instant la transformation des êtres; il revint presque aussitôt au principe de la fixité, en admettant toutefois des modifications produites par le milieu et les habitudes. Il est certain, dit Geoffroy Saint-Hilaire, « que les métamorphoses s'accomplissent seulement chez l'embryon. » Darwin a pris, pour point de départ de sa théorie, la sélection naturelle et la lutte nécessaire à la conservation de la vie (*struggle for life*); deux conditions qui agissent concurremment dans la modification des individus. Ainsi les lois qui régissent les manifestations de la vie organique prennent une apparence d'autant plus grande qu'elles reçoivent une sanction plus universelle, dans ce que la science laisse entrevoir.

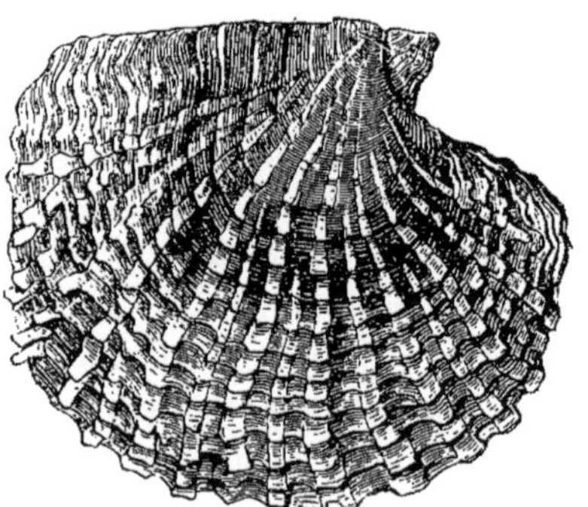

Fig. 73. — *Margarita margaritifera.*

V

Les Algues grandes et petites.

Caractères généraux. — Distribution géographique des Algues. — La mer des Sargasses. — Hypothèse sur leur accumulation. — Description de l'aspect de ces prairies flottantes. — Les Algues dans les mers polaires. — Multiplicité prodigieuse des Algues infiniment petites. — Leur effet de coloration des eaux. — Les Algues géométriques : les Diatomées. — Exemples de parfaite symétrie. — Le transport des Diatomées par les courants.

Le règne végétal est aussi abondant dans les eaux que le règne animal. Mais, chez l'un comme chez l'autre, l'immensité dans laquelle il se déploie semble en diminuer le nombre. Les Algues sont les seuls représentants des végétaux dans la mer ; cette famille compte un nombre incalculable d'espèces. Linnée n'en avait mentionné que cinquante, au lieu qu'aujourd'hui, on en connaît 1,500 à 2,000. Nous trouvons sur les côtes : les *Fucus*, les *Laminaires*, que l'on classe parmi les *Thalassophytes*, par opposition aux *Hydrophytes* qui croissent dans les eaux douces.

Les Algues sont dépourvues de racines réelles ; elles se fixent par des crampons ou même vivent flottantes. Leur configuration générale varie beaucoup, ainsi que leurs dimensions, qui atteignent des extrêmes aussi frappants que dans le règne végétal terrestre. Ainsi les grandes Laminaires ont une dizaine de mètres, longueur portée à dix fois plus par certains observateurs, quand d'un autre côté il en existe dont la taille microscopique atteint à peine un millimètre dans sa plus grande dimension. Certaines Algues sont purement filamenteuses, d'autres ont une contexture serrée comme le cuir.

Leur distribution dans les mers du globe est soumise à des lois fixes ; les unes n'abandonnent pas la côte où elles ont besoin d'un appui dans les rochers qui la bordent, d'autres ne se conviennent qu'au milieu de l'agitation des lames du large. Comme les organismes animaux, elles choisissent, pour se développer, un ensemble de circonstances profitables telles que la température de l'eau, sa composition chimique, les courants qui apportent des perturbations. D'après les observations du docteur P. Ascherson, les Algues se limitent à un bassin ou à un courant, dans lequel il existe une espèce sensiblement prédominante. La *Zostera marina* occupe tout le courant du Gulf-Stream, depuis le golfe du Mexique jusqu'à la Nouvelle-Zemble, sur un quart de la circonférence de la terre. Dans une partie de l'océan Indien, on remarque la présence de l'*Hadule australis,* l'*Enhalus acroïdes*, l'*Amphibolis ciliata*. Dans la Méditerranée les deux espèces les plus importantes sont la *Zostera*

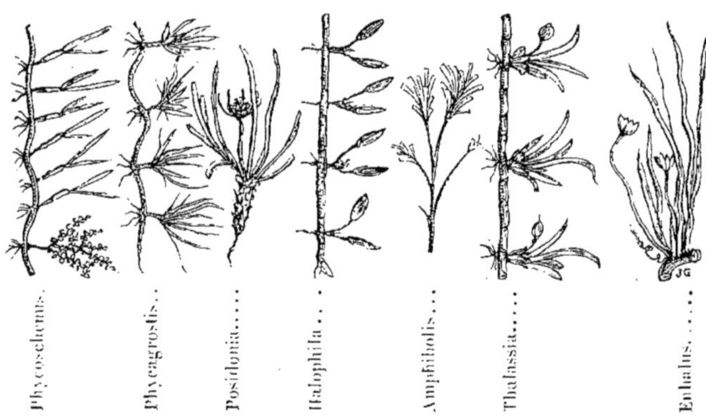

Fig. 74. — Principales Algues marines de la mer des Indes, d'après le docteur P. Ascherson.

nana, la *Posidonia oceanica*. Dans les mers du Sud et de l'Australie, on ne connaît que la *Zostera Mullerii*. L'océan Indien est plus riche que les autres mers, les espèces sont plus variées à cause de sa chaleur. La figure 74 donne un aperçu des principales Algues dans la mer des Indes.

Les navigateurs qui se rendent d'Europe aux Antilles rencontrent, à partir des Açores, des bancs d'herbes flottantes, couvrant assez l'Atlantique pour lui donner l'apparence d'une immense plaine verte. C'est la mer des *Sargasses*, mot qui veut dire : algue, en portugais. Connue par les Phéniciens, décrite par les Grecs, explorée par les Arabes, la mer des Sargasses a de tout temps été un sujet de conjectures pour les navigateurs. C'est à Christophe Colomb que l'on doit les premières notions sérieuses, mais il n'essaya pas d'expliquer la présence ou la formation de ces agglomérations herbeuses. A. de Humboldt fut le premier qui releva leur importance. L'étendue de ces prairies marines a été variable suivant certaines époques ; leurs limites actuelles seraient encore bien difficiles à établir. G. Delile (1700) leur assigna comme bornes, l'espace compris entre le 20° et le 29° de latitude Nord. M. Leps (1870) après une moyenne de tous les chiffres donnés par un grand nombre de navigateurs, conclut à la circonscrire dans un carré limité par 20° et 36° de latitude Nord et 30° et 50° de longitude Ouest.

Les Sargasses sont-elles une plante *sui generis* qui croît et se développe dans cette mer? ou bien sont-elles arrachées aux côtes américaines et entraînées par le Gulf-Stream, qui les enserre et les immobilise au centre de ses évolutions? Il faudrait pour cela que les côtes américaines fussent bordées de Sargasses ; or on n'en trouve que sur les côtes du Honduras ou du Mexique ; s'il y a des apports, ils doivent être considérés comme une exception, parce que le Gulf-Stream a peu de végétation flottante. L'hypothèse la plus plausible conduit à considérer les Sargasses comme une plante spéciale qui, se trouvant au milieu de bonnes conditions d'existence, dans les eaux chaudes et peu agitées, s'y propage en grande quantité. Il y a beaucoup d'espèces, mais toutes ne sont que les subdivisions d'un même genre. « Elles trouvent dans l'Atlantique un milieu qui leur convient, et comme rien ne s'oppose à leur développement, elles étendent à l'infini leur domaine. L'accumulation de ces plantes marines est même l'exemple le plus frappant des plantes congénères réunies sur le même point. Ni les forêts colossales de l'Himalaya, ni les Graminées qui s'étendent à perte de vue dans les savanes américaines ou les steppes sibériens, ne rivalisent avec ces prairies océaniques. Jamais sur un espace aussi étendu ne se rencontrent de telles masses de plantes. Quand on a vu la mer des Sargasses, on n'oublie point un pareil spectacle. Diversement colorées par la lumière, tantôt d'un jaune rouillé, parfois rouges ou roses, mais, prises en masse, toujours vertes, elles se mêlent et se confondent. La confusion des tiges, des feuilles et des fruits, qui émergent au-dessus des eaux, donnent à cette végétation flottante un aspect inextricable. C'est la forêt vierge de l'Océan, à laquelle ne manquent pas les productions extraordinaires ; car on a recueilli telle de ces Algues, qui mesurait 183 mètres et une autre qui atteignait la longueur extraordinaire de 366 mètres. Lorsque le vent souffle avec périodicité dans une direction déterminée, les Sargasses s'alignent, se rangent en bataille, et s'inclinent dans la direction du vent, avec la régularité des vagues, qui viennent mourir sur nos plages (1). »

Le professeur Agassiz ne partage pas l'idée précédemment émise sur la nature des Algues de la mer des Sargasses ; il croit que ces herbes flottantes sont des fragments de plantes arrachées des rochers sur lesquels elles poussent naturellement. « J'ai fait, dit-il, une expérience très-simple qui me paraît établir ce principe. Chaque branche de l'herbe marine, une fois privée de ses flotteurs, coule au fond de l'eau, et ces flotteurs ne semblent pas être les premières parties que développent les spores (corps reproducteurs). Pendant l'expédition du *Hasseler* on recueillait les plus petites branches afin de s'assurer si elles ne présentaient pas les signes d'un arrachement violent du lieu où elles étaient précédemment fixées. On y trouva des sujets d'étude intéressants pour la biologie, mais dans l'incertitude sur leur origine, quelle conclusion sommes-nous en droit de tirer ? C'est ce que de nouvelles explorations peuvent seules nous apprendre. »

Les Algues se plaisent certainement dans les régions chaudes, telles que les mers intertropicales ; mais elles ne démentent pas leur puissance de multiplicité dans les mers polaires. Dans un hivernage de l'expédition allemande du professeur Nordenskiold, au Spitzberg, à Mossel-Bay, on draguait sous la glace. Ces draguages apportaient toujours de grandes quantités d'Algues qui furent minutieusement examinées par M. Kjellman. Cet examen a prouvé que leur existence, soit en matière quantitative, soit en matière qualitative, n'est pas diminuée par les ténèbres et le froid arctique d'une nuit de quatre mois. Au contraire, leur végétation semble atteindre son maximum ; ainsi la fructification se montre dans beaucoup d'Algues, qui pendant l'été paraissent stériles. Dans les expéditions précédentes dirigées par le professeur Nordenskiold, on avait recueilli

(1) Paul Gaffarel, *Bulletin de la Soc. de géog.* (décembre 1872).

dans les mers du Spitzberg, cinquante et une espèces d'Algues, dont trente-sept ont été retrouvées cette même année à Mossel-Bay, en complet développement pendant l'hiver. Il y avait, parmi elles, la *Laminaria saccharina* qui arrive à plus de 6 mètres de longueur.

L'extension des Algues microscopiques dépasse tout ce que l'imagination peut concevoir ; ces végétaux rudimentaires, composés parfois d'un seul filament, ont une énergie encore bien plus accentuée que les *Fucus* gigantesques ; la taille manque, mais elle est remplacée par des prodiges de développement. Ainsi ces petites particules végétantes sont répandues avec une telle profusion, qu'elles colorent la surface entière de certaines mers. Et cependant ces Algues si élémentaires, vues au microscope, ne sont que de petites brindilles, longues à peine d'un ou 2 millimètres.

La mer Rouge doit son nom et sa couleur à la présence d'une petite Algue : *Trichodesmium Ehrenbergii*. Péron dans son *Voyage aux terres australes* rapporte avoir vu sur la mer « une espèce de poussière grisâtre couvrant une étendue de plus de 20 lieues de l'Ouest à l'Est. » Déjà ce phénomène avait été observé par Banks et Solander dans les parages de la Nouvelle-Guinée ; ces deux illustres voyageurs rapportent « que les matelots anglais comparaient cette poussière à de la sciure de bois (*sea saw-dust*). Il y avait en effet une ressemblance grossière entre les deux objets dont il s'agit ; mais, en soumettant cette prétendue poussière au microscope, on reconnaît, dans chacun des atomes qui la composent, une conformation si régulière et si constante, qu'on ne doit pas hésiter à les regarder comme autant de petits corps organiques... »

Les rapports nombreux des navigateurs concordent tous sur le principe de la coloration des eaux ; c'est toujours une Algue élémentaire de la famille indéterminée des *Protococcus*, simple cellule ou filament qui, souvent, n'a qu'un ou deux centièmes de millimètre. Si l'on se reporte à l'immensité de la surface ainsi couverte, on restera pénétré d'admiration, en comparant l'immensité d'un tel phénomène avec l'exiguïté de la plante à laquelle il doit son origine.

En poussant plus profondément l'examen des derniers échelons de la famille des Algues, en poursuivant ces investigations le microscope à la main, on rencontre de petits corps géométriques, soit ronds, soit rectangulaires, tachetés de jaune. Les uns ont la forme de longues aiguilles, d'autres s'étendent en rubans striés. Souvent aussi on les rencontre attachés à des végétations aquatiques, comme des parasites. Ces petits corps réguliers sont des *Diatomées*. Elles sont considérées comme des Algues, puisqu'elles vivent dans l'eau; quoique leur nom ne soit pas souvent prononcé par les botanistes, elles sont néanmoins, de la part des micrographes, l'objet d'une étude spéciale très-attrayante. Au commencement, on a été porté à les regarder comme des cristaux, à cause de leur régularité et de leur transparence. Les figures géométriques qu'elles décrivent sont parfaites. Les *Discoïdes*, par exemple, forment toujours un cercle exact; celles qui sont granulées, ont leurs protubérances ou ponctuations invariablement alignées, selon certaines dispositions symétriques. La précision est surtout frappante dans les Diatomées marines, où les milliers de

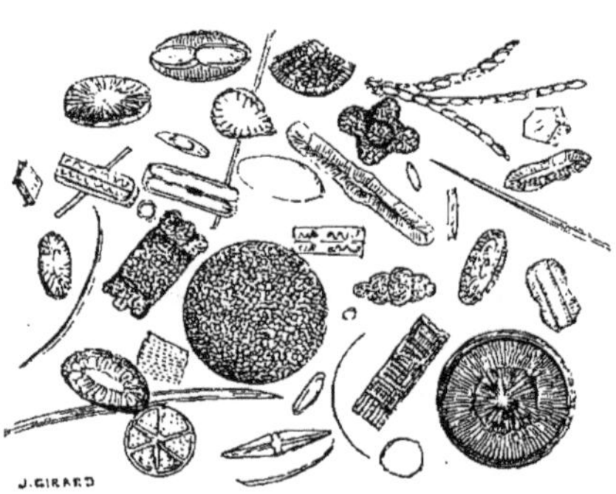

Fig. 75. — Diatomées diverses, grossissement $\frac{40}{1}$.

Fig. 76. — Diatomées discoïdes : *Heliopelta*, *Arachnoïdiscus*, *Coscinodiscus*, *Triceratium*, etc., grossissement $\frac{40}{1}$.

cellules de la valve sont disposées avec autant d'exactitude qu'aurait pu le faire le dessinateur le plus scrupuleux. Dans ces milliers de cellules, il ne s'est pas glissé la moindre irrégularité ; parmi les vingt ou trente mille hexagones, larges à peine d'un centième de

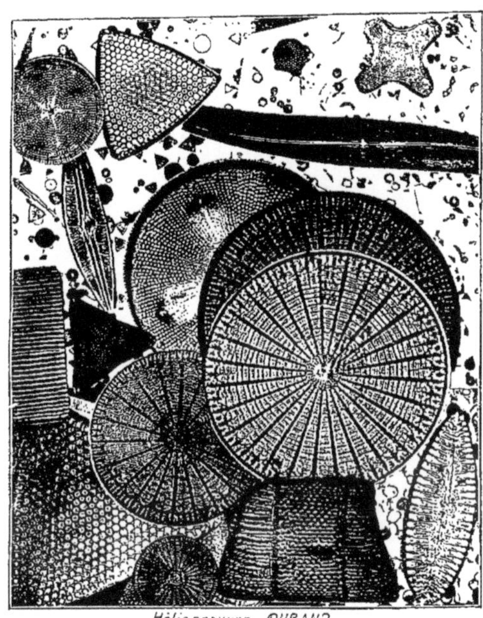

Fig. 77. — Diatomées marnies groupées, grossissement $\frac{80}{1}$.

millimètre, sur un sujet invisible à l'œil nu, qu'on pourrait tout au plus représenter sur le papier par une piqûre d'aiguille, il n'y a pas une seule irrégularité. La figure 77 montre des Diatomées groupées au hasard, reproduites directement par la *photomicrographie ;* c'est-à-dire que l'épreuve est obtenue directement, sans que la main soit venue interpréter le sujet. Le négatif photographique a été reporté sur cuivre au moyen de l'héliogravure, pour le transformer en cliché typographique.

Les Diatomées se trouvent surtout dans les eaux basses et fréquemment dans les marais salants ; il leur faut l'air et la lumière des couches supérieures des eaux marines. Cependant on les rencontre un peu partout et les sondages en ont souvent ramené avec des organismes animaux. On ne les a pas découvertes à l'état vivant au fond de la mer; mais leur nature parasite, émanant du besoin qu'elles ont de se fixer à un corps quelconque, qui les protége contre leur fragilité, est le motif de leurs migrations. Si le corps auquel elles adhèrent est plus léger que l'eau, il flotte, jusqu'à ce qu'elles se détachent et tombent sur certains fonds, au-dessus desquels passent des courants. Leur gravité spécifique étant plus grande que celle de l'eau, puisqu'elles sont siliceuses, il est naturel qu'elles ne puissent être transportées que par l'intermédiaire d'un flotteur plus léger.

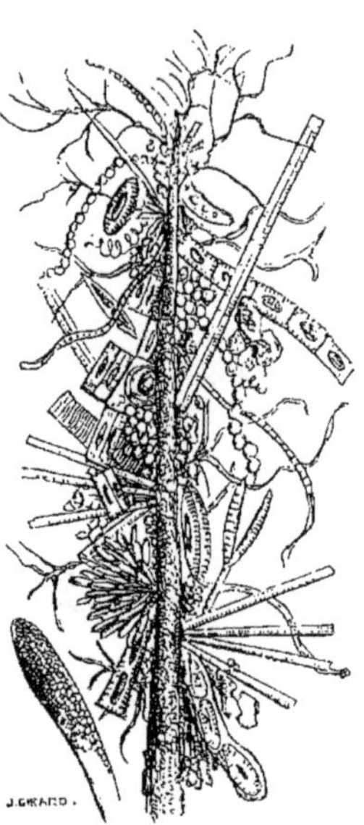

Fig. 78. — Parasitisme d'Algues marines microscopiques dans l'état où elles sont transportées par les courants.

TROISIÈME PARTIE

LES EAUX

I

Les propriétés physiques de l'eau de mer.

La distillation de l'Océan. — Les eaux de la mer dans l'économie de la nature. — Uniformité de leur niveau. — Exception pour les mers intérieures. — Pénétration de la lumière dans l'eau. — Comparaison pour différentes mers. — Expériences sur la translucidité. — Appareil photographique enregistreur. — Écarts dans la perméabilité de l'eau. — La gamme de coloration des eaux. — Effets produits par l'état du ciel. — Couleur renvoyée par le fond. — L'eau est incolore sous une faible épaisseur. — Description du phénomène de la grotte d'Azur.

Quand les rayons verticaux du soleil frappent la terre, ils l'échauffent, et l'air qui se trouve en contact avec le sol s'échauffe à son tour. Mais l'air chaud, se dilatant, devient alors plus léger; il monte comme le ferait un morceau de bois plongé dans l'eau, à travers les couches d'air plus denses, qui se trouvent au-dessus. Lorsque ces mêmes rayons viennent frapper la mer, l'eau s'échauffe aussi; elle se dilate, devient par conséquent plus légère et par suite reste à la surface. Cette couche d'eau supérieure, échauffée jusqu'à un certain point, communique sa chaleur à l'air, avec lequel elle se trouve en contact, mais émet aussi une certaine quantité de vapeur d'eau, que l'air emporte dans l'atmosphère.

L'immense nappe d'eau qui recouvre la plus grande partie de la surface du globe joue un rôle de premier ordre dans l'ensemble de la physique terrestre; elle est l'agent compensateur de l'atmosphère.

Sans cesse balayée par les vents, sa surface exhale, sous forme de vapeurs, les particules humides qui retombent sur la terre en pluie ou en neige. Leur excédant, recueilli par les rivières et les fleuves, retourne à l'Océan, où il avait pris naissance. Ainsi s'établit une pondération mécanique par laquelle l'état liquide et l'état gazeux se succèdent alternativement, à l'effet de pourvoir à l'entretien de la vie organique sur les continents, où l'eau est un élément aussi indispensable que l'air. « L'Océan, par ses exhalaisons qui rafraîchissent et humectent l'air, entretient la vie végétale et fournit des aliments nécessaires à ces admirables canaux d'eau courante, qui, en coulant toujours, ne se vident jamais. Sans l'influence bienfaisante de ces vapeurs, qui à chaque instant s'échappent de la surface des mers, toute la terre languirait déserte et inanimée (1).

Ces grands mouvements de l'atmosphère, combinés avec ceux des eaux marines, sont un des principaux développements de la puissance régulière de la nature et la base des principes généraux de l'organisation de l'univers. Malgré cette extrême mobilité due à l'évaporation, malgré les causes de perturbation de sa surface, la mer conserve toujours le même niveau ; il oscille continuellement autour d'une position moyenne, par les effets locaux des vents, des marées et de la pression barométrique, mais sans jamais augmenter ou diminuer sensiblement le volume des eaux contenues dans son bassin.

Le niveau des mers est exactement le même sur tout le globe : tous les points de la nappe liquide qui en enveloppent la majeure partie, sont à égale distance du centre de la terre, sans exception de bassins. Ceux qui sont séparés par des isthmes, comme ceux qui sont reliés par de grands espaces maritimes, se trouvent dans les mêmes conditions de planimétrie. Ainsi au moment où l'on étudiait le projet de percement de l'isthme de Suez, on douta un instant de la correspondance du niveau de la mer Rouge avec celui de la mer Méditerranée. Le percement du canal a prouvé par un fait accompli que ces deux mers, toutes deux en communication avec l'Océan, ont un même niveau. La même observation s'applique à l'isthme

(1) Malte-Brun.

de Panama ; plusieurs nivellements, contrôlés les uns par les autres et exécutés par les ingénieurs américains pour le percement de l'isthme, ont donné une différence à peine appréciable d'un mètre entre l'océan Atlantique et l'océan Pacifique ; différence qui équivaut à une même planimétrie, si l'on tient compte de l'erreur instrumentale, dans une opération d'exécution si difficile. Les deux grands Océans qui couvrent le globe, séparés l'un de l'autre par tout le continent américain, ont le même plan de nivellement. Aussi la topographie a choisi pour point de départ unique le niveau des mers, plan universel auquel toutes les cotes d'altitude doivent se rapporter et se comparer.

Les mers isolées dans l'intérieur des terres font exception, puisqu'elles sont distraites de la masse générale des eaux et ne sont que des accidents dans leur répartition à la surface de la terre. La mer Caspienne offre une dépression de plus de 20 mètres en contrebas du niveau de l'Océan ; celle de la mer Morte est de 400 mètres. Les lacs d'eau douce de l'Amérique du Nord sont au contraire beaucoup plus élevés que l'Océan ; il en est de même des lacs de l'Afrique équatoriale, qui servent de réservoir aux eaux du Nil.

La lumière et la chaleur jouant un rôle important chez tout ce qui respire, c'est aux environs du niveau des mers que se manifeste la vie : un peu au-dessus, commence la vie terrestre ; un peu au-dessous, commence la vie sous-marine. Au-dessus et au-dessous, les animaux et les végétaux vivent, naissent et se reproduisent dans les limites que leur constitution leur impose. Il existe ainsi une égale harmonie. Les animaux terrestres créés pour vivre dans l'air ne peuvent pas plus dépasser les limites assignées à leur organisation, que les animaux marins descendre au delà de la zone assignée à leur existence. Le Mollusque du fond des mers serait aussi incapable de vivre près de la surface, que les animaux terrestres de pénétrer dans son domaine. Si quelques-uns, tels que les amphibies, ont la propriété d'habiter alternativement sous l'eau et dans l'air, ils s'écartent peu du niveau de la mer ; ils ont besoin de chaleur et de lumière, malgré la conformation spéciale de leur appareil respiratoire.

La lumière, fluide impondérable, qui n'est pas soumise à la pression comme les corps, si nécessaire à tout ce qui vit, doit-elle à sa propriété la faculté de pénétrer dans les nappes d'eau épaisses? Cette question offre un certain intérêt dans l'étude de la biologie aquatique, parce qu'elle démontre la relation de la vie à la lumière, avec la vie dans l'obscurité. On a rencontré à plusieurs reprises des Mollusques sans yeux, tels que les *Munides* des mers du Nord. Le *Challenger* a ramené avec la drague dans les environs de Saint-Thomas, un *Astacus*, qui était totalement privé d'organes visuels.

Il est peu présumable que la lumière solaire soit appréciable à une certaine profondeur; suivant certains naturalistes, les abîmes océaniques peuvent avoir une lueur particulière due à la phosphorescence d'animalcules marins, qui serait suffisante aux Mollusques pour les aider dans la recherche de leur nourriture. On sait du reste que la plupart des poissons poursuivent leur proie pendant la nuit et qu'ils se reposent durant le jour. Les pêcheurs ont aussi remarqué que les bancs de Harengs sont suivis d'animalcules brillants, qui jettent une lueur quelquefois comparable au phénomène de la phosphorescence des régions intertropicales. Cependant, comme elle ne se manifeste que pendant la nuit, elle ne doit pas avoir de rapport avec la pénétration de la lumière. Au delà d'une certaine limite, il règne indubitablement une obscurité éternelle; les animaux rudimentaires, habitants de ce ténébreux séjour, ne sont pas moins doués d'une vie particulière, impossible peut-être au grand jour.

L'Océan aurait toujours ce reflet bleu azuré, fascinateur pour le regard, si des causes nombreuses n'en modifiaient la teinte naturelle de différentes façons : les impuretés flottant dans le liquide, la réflexion du fond, la composition chimique de l'eau, l'agitation de la surface, sont autant d'effets qui altèrent, dans des proportions plus ou moins sensibles, la transmission des rayons lumineux.

Plusieurs navigateurs autorisés ont consigné leurs observations d'une manière assez satisfaisante pour permettre d'établir une comparaison. M. de Tessan a remarqué que sur le banc des Aiguilles, près du cap de Bonne-Espérance, le fond renvoyait la lumière à une profondeur de plus de 150 mètres. L'eau s'y trouve d'une limpidité parfaite, tandis que dans les mers resserrées, et surtout près de l'embouchure des fleuves, toute clarté cesse à partir de 20 mètres. C'est ce que constatèrent les plongeurs aux travaux du port de Portland, dans la Manche. Dans le golfe de Naples l'eau est assez pure pour permettre de distinguer des objets au fond à plus de 80 mètres ; on passe ainsi sur des forêts de madrépores, aux plus fantastiques aspects ; le navire glisse au-dessus de ces écueils, sans que sa sécurité soit compromise. Plusieurs observations confirment que la plus grande translucidité de l'eau s'est manifestée sur les côtes du Brésil ; elle y atteindrait plus de 200 mètres. La figure 79

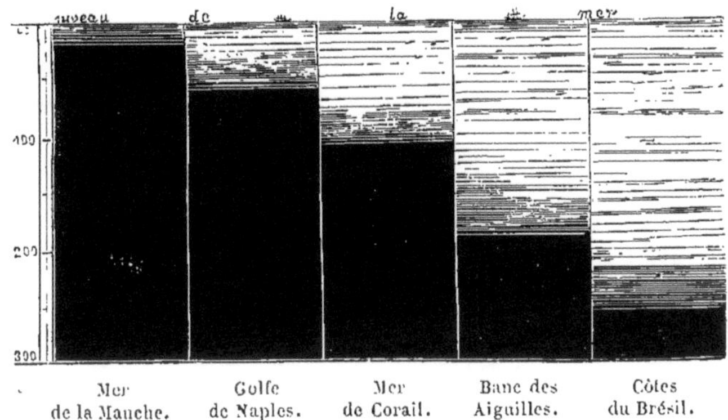

Fig. 79. — Diagramme comparatif de la translucidité de l'eau dans certains parages.

montre, dans un diagramme comparatif, combien sont sensibles les écarts relatifs de la profondeur où pénètre la lumière.

Pour se rendre compte de cette pénétration, on se rend avec une embarcation sur le fond que l'on veut explorer. On se place de façon que le soleil, arrivé au zénith, soit du côté opposé où l'on veut faire l'expérience. Un opérateur plonge dans l'eau une espèce de télescope, composé d'un tube étamé d'environ 25 centimètres de diamètre, long d'un mètre et garni à son extrémité d'un verre épais ; il est destiné à empêcher l'agitation superficielle, car les rides occasionnées par le vent ne permettraient pas de voir directement dans l'eau. Les pêcheurs d'éponges grecs en font un usage courant. En regardant dans ce tube, sur le fond éclairé par les rayons peu inclinés du soleil, l'angle de réflexion de la lumière est favorable à l'inspection. D'un autre côté on laisse tomber le plomb de sonde ;

au moment où l'on voit qu'il a touché fond, on note la quantité de ligne filée, qui donnera la profondeur à laquelle la lumière pénètre dans l'eau puisqu'on a constaté, au moment de l'opération, le fond en même temps que le plomb de sonde (fig. 80).

Les expériences faites sur place ne concordent pas avec les expériences de laboratoire. Pour étudier la transmission des rayons

Fig. 80. — Détermination de la profondeur perceptible au moyen de la sonde.

lumineux à travers une masse d'eau déterminée, on remplit d'eau chimiquement pure un tube d'un assez grand diamètre et d'une longueur de 10 mètres; on l'oriente de façon qu'une extrémité soit dirigée vers le soleil et que l'autre soit placée près de l'œil de l'observateur, placé dans une chambre noire. La lumière si vive du solel est inappréciable au bout de ce télescope hydraulique. En pleine mer, le rayonnement de la lumière et sa réflexion par l'eau même augmentent beaucoup la puissance de l'éclairage ; au lieu que, dans le cylindre, les parois ont des facultés absorbantes qui rendent le faible volume du liquide peu favorable à la radiation.

Opérer directement avec un appareil photographique automatique, est un moyen aussi séduisant qu'exact. M. Siemens, constructeur d'appareils télégraphiques, eut l'idée de fabriquer pour l'expédition du *Porcupine* un instrument photographique. Il consistait en une boîte métallique, recouverte d'un verre épais et divisée en trois parties ; il se trouvait au fond un papier sensibilisé au chlorure d'argent. On immergeait cette boîte à la profondeur où l'on voulait constater l'intensité lumineuse. Au moyen d'un fil électrique, qui faisait mouvoir un ressort, on découvrait ou recouvrait un des trois secteurs pendant un temps déterminé. Le papier sensibilisé soumis, au retour, à l'action d'agents révélateurs, tels que l'acide pyrogallique, noircissait plus ou moins, suivant l'impression lumineuse.

M. le docteur Hill, pour démontrer le degré de pénétration de la lumière dans l'eau de mer, a imaginé une méthode employée à bord du steamer *Hassler*, pendant l'exploration de M. Agassiz. On fait usage d'une planche étroite d'environ 10 centimètres de large sur 1^m,20 de long, et qui est divisée en 10 espaces égaux. On l'a peinte à l'une de ses extrémités avec une couleur très-sombre, que l'on éclaircit graduellement jusqu'à la rendre blanche à l'autre bout. On a fixé, parallèlement à cette planche et à une distance connue au-dessous, une autre planche plus large complétement blanche. En immergeant ce système dans la mer, on parvient à mesurer par comparaison, au moyen de l'intensité de la couleur des deux planches, lorsqu'on les descend ou qu'on les remonte, la quantité de lumière absorbée par l'eau.

M. Kjellermann, botaniste de l'expédition du *Polhem* (1872), ramena avec la drague des Algues en pleine vigueur sur un fond où régnait une basse température et des ténèbres provenant des glaces qui recouvraient l'eau. Frappé de ce fait, le docteur Enwal y fit couler une plaque sensibilisée qu'il laissa séjourner pendant vingt-quatre heures ; au retour elle ne présentait aucune trace d'altération par l'effet de la lumière.

On a fait usage d'une sorte de chambre noire sous-marine et automatique, telle que celle qui est représentée par la figure 81. Elle consiste en une boîte circulaire métallique A,B, au-dessous de laquelle on suspend à un anneau P un poids qui sert de lest; elle est fermée par un disque C, qui se visse comme un couvercle. Un mouvement d'horlogerie H, fait tourner un disque sur lequel on a fixé une glace sensibilisée. Par suite de la rotation, cette glace se présente à des intervalles successifs devant l'ouverture V, recouverte d'un verre. Lorsque l'appareil est descendu dans l'eau, l'impression de la surface sensible doit acquérir une intensité proportionnelle à l'action photogénique du milieu liquide, où elle est plongée pendant un temps déterminé.

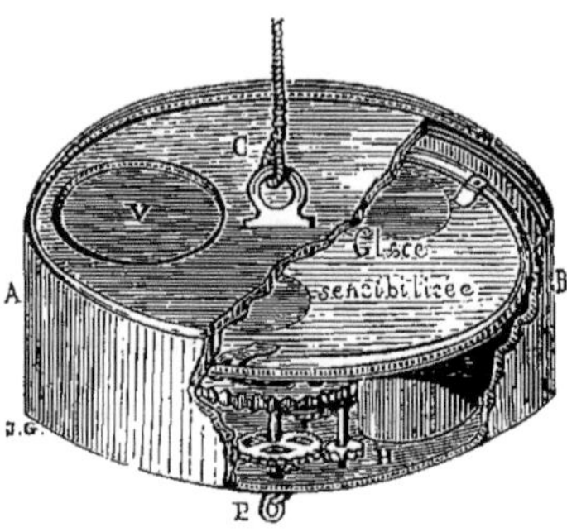

Fig. 81. — Appareil photographique enregistreur pour déterminer la profondeur à laquelle la lumière pénètre dans l'eau.

Si ingénieuse que soit cette méthode iconographique, le fonctionnement en est délicat, à cause de la pression qui, agissant sur le mécanisme, paralyse les mouvements ; malgré le soin que l'on peut apporter pour rendre la boîte parfaitement étanche, l'eau finit toujours par s'y introduire. On pourrait, il est vrai, noyer le mécanisme dans l'alcool, pour équilibrer l'intérieur avec le liquide ambiant, mais cette addition serait préjudiciable autant à la photographie qu'au fonctionnement de l'appareil.

La translucidité de l'eau, intimement liée à sa coloration, est variable suivant une foule de circonstances inappréciables, parce que les effets se combinent entre eux. Le phénomène acquiert tout son éclat dans les mers tropicales et arctiques. « Dans les parages où l'eau est d'une grande transparence, on peut reconnaître distinctement la couleur du fond, jusqu'à 20, 30 et 45 mètres au-dessous de la surface, ainsi qu'il a été constaté par des observations faites avec le plus grand soin. Du reste cette transparence ne paraît point dépendre de l'intensité de la lumière reçue, car dans les mers arctiques on distingue des objets flottants à des profondeurs aussi fortes que dans la mer des Antilles, et c'est même sous les latitudes polaires que le regard aurait pu sonder jusqu'à la plus grande distance au-dessous de la surface. D'après Scoresby, le consciencieux explorateur des mers polaires, le fond des eaux pures de ces régions resterait parfois visible jusqu'à 130 mètres. Il est vrai que par suite de la différence du climat et des organismes qui en dépendent, les espèces sous-marines sont dans la zone tropicale bien autrement curieuses à contempler que dans le voisinage des pôles. Rien de plus beau que de voguer sur une de ces mers, où, tout en voyageant sans crainte d'écueils, l'on ne cesse de voir le lit des eaux se dérouler au loin sous la proue du navire. Les Algues nombreuses, vertes ou roses, ondulent gracieusement comme les herbes d'un ruisseau et les coquillages rampent sur le fond... (1). »

Bleu azuré. Teinte neutre. Vert. Bleu vif.

Fig. 82. — Effets de coloration variables suivant l'incidence des rayons solaires pour un observateur placé sur le pont d'un navire.

L'Océan présenterait toujours ce magnifique reflet azuré, agréable à contempler, si des causes physiques, aussi variables que ces reflets, ne venaient interrompre cette brillante monotonie. Ces nuances sont tellement multiples et se combinent tant entre elles, qu'elles pourraient être comparées aux nuances du spectre solaire.

(1) E. Reclus, *la Terre*, tome II.

Pour peu qu'on ait attentivement observé les modifications de la coloration de la surface de la mer, on se rend facilement compte de l'influence exercée par l'état du ciel. Ainsi l'observateur placé sur la passerelle d'un bateau à vapeur verra la couleur de la mer sensiblement modifiée suivant l'inclinaison des rayons solaires; il pourra constater, à l'horizon du côté du soleil jusqu'au côté opposé, une gamme de tons où le bleu et le vert fusionnent, sans qu'il soit possible de bien déterminer la nature de la nuance.

Si le ciel n'est pas pur, les transitions sont rendues plus frappantes. L'observateur placé sur une éminence, dans un moment où le ciel est partiellement couvert de cirrus ou de cumulo-cirrus, voit la nappe liquide affectée de différentes nuances : sur les parties éclairées directement par le soleil, elle est d'un vert tendre brillant, au lieu que tout à côté, sous la projection des nuages, elle est d'une teinte neutre grise et plombée. Entre ces deux effets extrêmes, on remarque, sous les nuages très-légers, un vert glauque foncé, terme moyen entre le vert tendre brillant dû à l'éclairage direct du soleil et la teinte neutre, qui résulte de l'amoindrissement de la lumière par l'interposition des nuages. L'œil suit cette graduation de tons, jusqu'à la ligne si pure de l'horizon, où le ciel et l'eau se confondent.

La couleur bleue, propre à la pleine mer, est modifiée, à l'approche des côtes, par la lumière renvoyée du fond, dont la teinte propre, transmise à travers la couche d'eau, se confond avec celle de la surface. Elle est sensible même dans les profondeurs relativement grandes, quand la limpidité favorise cette transmission. La mer prend alors un ton vert ou jaune, quelquefois rougeâtre, suivant la composition du fond. Ce changement est dû en partie à la propriété d'absorption rapide des rayons lumineux.

Cette richesse de coloration n'atteint nulle part d'aussi brillantes nuances que sur la belle rade du Rio-de-Janeiro; toute la palette du peintre le plus habile serait épuisée, avant d'avoir pu rendre la limpidité et la réalité de cette nappe humide. Quand le soleil étincelant se partage avec quelques intermittences de nuages, la coloration change ses effets avec la rapidité d'un kaléïdoscope, variant depuis le vert brillant, comme la teinte des prés, jusqu'au vert le plus sombre.

On ne peut faire intervenir la mobilité des nuances en pleine mer, que par la différence des modes d'éclairage. Sous un beau soleil d'été la mer présente les tons suivants : bleu pâle, bleu azuré, bleu vif, bleu d'outre-mer, bleu verdâtre, teinte neutre et même noirâtre. Il semblerait que plus l'intensité lumineuse est prononcée, plus le bleu est franchement accusé. Nous avons constaté, pendant la durée de plusieurs traversées dans la Méditerranée, que du pont du navire, les effets ne sont pas les mêmes que du haut d'une éminence du rivage; ils paraissent se confondre avec l'épaisseur de la couche atmosphérique placée entre l'observateur et la mer. Les rayons solaires sont d'un côté réfléchis dans les couches liquides, placées directement sous les yeux, tandis que de l'autre, où leur incidence est plus oblique, ils sont presque entièrement absorbés. Ils ont à traverser, par rapport au rayon visuel, une plus grande épaisseur de couches liquides, où ils se réfractent et absorbent plus de lumière. A l'appui de cette assertion, on remarque que, lorsque le soleil s'incline à l'horizon, la mer, éclairée par des rayons de plus en plus obliques, devient plus foncée, abstraction faite de la diminution du jour. La même observation peut se faire le soir et le matin, si l'eau est tranquille, et que la translucidité de l'atmosphère empêche toute complication d'éclairage; mais lorsque la mer est houleuse, le défaut de planimétrie est un obstacle à la régularité du phénomène.

L'eau de mer a une teinte toujours analogue à l'eau pure qui provient de la fonte des neiges et des glaciers. Elle est incolore, vue sous un faible volume, et ne présente ce bleu magnifique, que lorsqu'elle est réunie en grande quantité. On établit par l'analyse un terme de comparaison, en faisant passer un faisceau convergent de lumière électrique dans un flacon contenant de l'eau de mer. Il la traverse comme l'air optiquement pur.

Un des plus curieux exemples de coloration se trouve à la grotte d'Azur, à l'île de Capri, dans le golfe de Naples. Cette féerie, qui ne se produit que par un ciel pur, est une preuve de l'importance de la combinaison des rayons lumineux incidents. Le voyageur s'y introduit par une brèche étroite, à peine suffisante pour donner passage à l'embarcation. Aussitôt entré, « il flotte dans une grotte spacieuse, dont les eaux, au lieu d'être sombres, comme il semblerait qu'elles dussent l'être dans l'obscurité, ont une couleur du plus ravissant azur, et la lumière dont elles sont pénétrées se réfléchit en teintes célestes sur les parois de la grotte. » Par contre, les corps flottants restent noirs. On fait devant les visiteurs cette expérience : un homme qui se met à nager auprès de l'embarcation paraît éclairé par la lumière répandue dans la masse de l'eau ; le corps du nageur est d'une éblouissante blancheur, tandis que sa tête, restée hors de l'eau, est tout à fait noire comme celle d'un nègre.

Ce phénomène peut s'expliquer ainsi : lorsqu'au milieu de la journée, le soleil, élevé au-dessus de l'horizon, projette ses rayons

Fig. 83. — Réflexion de la lumière solaire dans l'eau de la grotte d'Azur. Ile de Capri (golfe de Naples).

suivant un angle d'incidence assez aigü, la lumière pénètre dans ces couches d'eau limpide ; le fond, formé de sable fin presque blanc, la réfléchit dans cette excavation, dont l'ouverture est largement évasée sous l'eau. Cette réflexion se fait avec d'autant plus d'intensité pour l'observateur, qu'il est placé dans une sorte de chambre noire formée par la nature. L'influence absolue de la réfraction est accentuée par l'impossibilité d'éclairage, quand le soleil est caché par la partie supérieure du rocher. Alors la grotte reste plongée dans l'obscurité.

II

Les substances contenues dans l'eau.

Éléments simples et composés en dissolution. — Analyse chimique. — Le degré de salure de l'Océan comparé à celui des mers intérieures. — Exemple de variations. — Irrégularité dans la salinité des eaux océaniques. — Appareils pour puiser de l'eau à une grande profondeur. — Différence de la quantité de sels contenus dans les couches superficielles et les couches inférieures. — Gaz en dissolution. — Matières organiques en suspension. — Particules vaseuses des eaux profondes de la Méditerranée. — Analyse optique comparative entre l'eau du lac de Genève et celle de la Méditerranée.

L'eau de mer n'est pas pure malgré sa remarquable limpidité : elle est mélangée de beaucoup de substances organiques et inorganiques en dissolution. Comme le bassin des mers est le réceptacle commun de toutes les eaux qui ont arrosé la surface du globe, il est naturel qu'elles conservent une partie des matières entraînées par leur érosion ; les plus lourdes tombent au fond et produisent la sédimentation, les plus légères flottent dans le liquide, à l'état de particules extrêmement ténues. L'analyse chimique parvient à reconstituer la majeure partie des corps qui s'y trouvent, mais pour un certain nombre leur ténuité et leur rareté leur permet d'échapper aux investigations ; les substances solubles persistent depuis les temps les plus reculés, parce qu'elles ne sont pas volatiles et que par le merveilleux mécanisme de l'évaporation et de la condensation, l'eau douce des fleuves remplace constamment celle qui disparaît du sein de l'Océan.

Ces éléments, connus en grande partie depuis longtemps, sont : chlorures, acide sulfurique, soude, magnésie, chaux, iodures, bromures, potassium, silice, etc. Selon Forchammer les éléments généraux constituant l'eau de mer s'élèvent à vingt-sept. De leur côté, les Algues distillent à leur profit les parcelles minérales de l'eau ambiante ; les animaux de toute catégorie extraient leur nourriture d'autres animaux ou des végétaux, qui eux-mêmes ont déjà élaboré les substances dissoutes. A toutes les profondeurs et dans toutes les mers, la même chose se produit. L'analyse de l'eau puisée à 2 et 3,000 mètres accuse aussi la diffusion générale de la matière organique, en même temps qu'une large proportion d'acide carbonique.

On pourrait dire, d'une manière paradoxale, que tout ce qui est soluble se trouve dans la mer. Sans cependant la transformer en un laboratoire de chimie, il est juste de reconnaître que le contingent de substances qu'on y a découvert est assez abondant, surtout pour celles qui, reléguées au second plan, n'en sont pas moins très-diverses.

Fig. 84. — Cristaux de sel marin.

Chacun sait que l'eau de mer possède une saveur salée, répugnante, que par conséquent elle n'est ni potable ni propre aux usages alimentaires. Elle ne peut dissoudre le savon. Contenant de 3 à 4 pour 100 de son poids de matières dissoutes, dont la majeure partie est formée de sels, elle est par conséquent à volume égal bien plus lourde que l'eau douce.

Voici la composition moyenne d'un litre d'eau des différentes mers :

	Océan.	Manche.	Méditerranée.	Mer Morte.	Mer Noire.	Mer Caspienne.
Sel marin (chlorure de sodium)...........	27,10	27,00	27,22	78,55	14,01	3,67
Chlorure de magnésie.	5,40	3,66	6,14	145,89	1,30	0,63
Chlorure de potassium.............	0,40	0,76	0,00	6,58	1,30	0,07
Bromure de magnésium.............	0,10	0,10	»	»	0,05	traces.
Sulfate de magnésie..	1,20	2,39	7,02	»	1,47	1,23
Sulfate de chaux.....	0,80	1,41	0,15	0,70	0,10	0,49
Bromure de potassium............	0,10	0,03	0,01	31,07	»	0,36
Eau................	964,90	964,65	959,46	737,21	981,77	993,55
	1000,00	1000,00	1000,00	1000,00	1000,00	1000,00

Le sel est donc l'élément principal dans les eaux marines, mais sa quantité est variable suivant les mers. On a calculé que la quantité qui s'y trouve est telle, que, s'il était extrait, il formerait une couche de 10 mètres d'épaisseur sur la surface du globe.

Le dégré de salure varie peu dans les grandes masses d'eau qui, comme l'Océan, ont à peu près partout une même distillation. Il est au contraire très-variable dans les mers isolées. Ainsi la mer Morte a trois fois plus de sel que l'Océan, tandis que la mer Caspienne en contient neuf fois moins. L'extrême densité de la mer Morte empêche celui qui veut y tenter l'expérience d'un bain, d'y enfoncer suffisamment pour nager ; le baigneur, en sortant de l'eau, a la peau couverte d'inflorescences salines, gluantes et même irritantes, dont il ne peut se débarrasser que par un lavage à l'eau douce. La composition chimique de cette eau explique l'absence complète de poissons et d'êtres animés ; des poissons pêchés dans le Jourdain et jetés dans la mer Morte sont morts au bout d'une minute; cependant Hasselquit et Mandrell ont trouvé des coquillages sur ses bords. La découverte de masses de sel gemme sur la côte, et les cristaux ramenés par la sonde, indiquent des dépôts abondants dans ce bassin, qui ne reçoit d'autre cours d'eau que le Jourdain ; la chaleur torride de l'été, provoquant l'évaporation, règle le niveau des eaux, sans rien changer à leur nature saline.

La mer Caspienne est l'opposé de la mer Morte. Elle reçoit un grand fleuve, le Volga, dont les eaux, accumulées dans un vaste réservoir, sont soumises à l'action compensatrice de l'évaporation. Mais le sel, qui subsiste probablement encore, depuis le temps de sa communication probable avec la mer Noire, finit par s'altérer insensiblement. Au moment où le système actuel des eaux s'est établi à la surface du globe par une brusque catastrophe, il est probable que tous les lacs et les mers intérieures, étant des portions isolées de l'Océan, avaient le même degré de salure que l'Océan en général. La mer Noire et toutes les nappes d'eau ayant un émissaire reçoivent de l'eau douce des rivières; perdant de l'eau plus ou moins salée, elles doivent diminuer progressivement de salure. Il en est de même pour la mer Baltique, qui verse son excédant liquide dans le système océanique. Par contre, la Méditerranée, qui reçoit par le détroit de Gibraltar et par le Bosphore des eaux salées, dont le sel ne s'enlève pas par évaporation, est plus salée que l'Océan et doit voir son degré de concentration augmenté de plus en plus (1).

Non-seulement la mer Morte, mais encore plusieurs lacs intérieurs possédant une excessive salure, peuvent être considérés comme le récipient des eaux marines d'un bassin primitivement plus étendu. Le lac d'Ourmiah, en Perse, est dans ce cas. Le lac Elton, dans le voisinage du Volga inférieur, est le plus salé de toutes les nappes d'eaux intérieures; il fournit du sel excellent, formant les deux tiers de la consommation de la Russie d'Europe. La quantité de matières salées qu'il renferme est à celle de la mer Morte comme 29 est à 26.

Les grands lacs d'eau douce de l'Amérique septentrionale paraissent être aussi des portions de l'Océan primitif, qui auraient fini, avec le temps, par perdre leur salure par l'entraînement des eaux douces. La même observation s'applique aux lacs de Suisse et d'Italie, et notamment aux lacs de Genève, de Constance et de Garde. Le lac Baïkal, au sud de la Sibérie, large de 100 kilomètres et long de plus de 600, qui a pour émissaire de ses eaux la puissante rivière d'Angara, est d'une limpidité aussi grande et aussi réelle que l'eau distillée.

Le degré de salure de l'Océan n'est pas partout identique; suivant la théorie de Forchammer, les eaux des pôles sont moins lourdes que celles de l'équateur; Gay-Lussac avait déjà soutenu cette hypothèse. D'après M. Marcet, l'Océan de l'hémisphère méridional est plus salé que celui de l'hémisphère septentrional; la mer contiendrait plus de sel dans les endroits où elle est plus profonde et sa salure diminuerait dans le voisinage des grandes masses de glace. Le professeur Forchammer, en publiant le résultat de vingt années d'études sur le degré de salinité des mers d'Europe, a donné des renseignements par des faits, au lieu d'émettre des théories d'après les expériences de laboratoire. D'après ce travail, la salinité descend au-dessous de 0 du pèse-sel à l'ouest de Kronstadt et s'élève jusqu'à 38 et 39° au sud de Barcelone et à l'ouest de Naples. On trouve dans l'océan Atlantique 36 et 35° sur la côte

(1) Babinet, *Comptes rendus de l'Académie des sciences*, 1861.

orientale du Groënland, 34 dans le détroit de Davis, aux Orcades et sur les côtes de Norwége. Ces documents exprimés graphiquement par des courbes, mettent en évidence l'influence combinée des glaces, des courants, des fleuves, sur la densité et la salure des eaux superficielles des mers.

La différence est appréciable entre la salure de la surface et celle du fond. Mais puiser de l'eau dans les grandes profondeurs n'est pas une opération facile, puisqu'elle doit être remontée à la surface, sans se mélanger aux couches à travers lesquelles elle passe. Biot avait imaginé un cylindre de verre creux, fermé à l'un de ses bouts par une plaque métallique fixe, et à l'autre par un clapet, laissant entrer l'eau librement; cette sorte de sceau est garni d'une anse à chacune de ses extrémités; pendant la descente, le fond à clapet conserve la position supérieure; mais, arrivé à la profondeur voulue, on abandonne la corde qui a soutenu l'appareil pendant la descente, pour le remonter avec une autre corde fixée à la face inverse où se trouve le fond fixe. Le poids de l'eau, agissant sur le clapet, empêche le liquide qui a pénétré dans le vase de s'échapper pendant l'ascension. Si elle contenait des gaz, ils seraient recueillis dans une vessie vidée avant la descente et dont la place est près du fond fixe. Elle indique dès le retour, par la simple inspection de son gonflement, s'il existe des gaz dans les couches explorées. Cet appareil avait pour défaut principal d'exiger deux lignes pour opérer, pouvant se mêler ou se contrarier mutuellement.

L'instrument employé par le docteur Carpenter, dans ses diverses explorations sous-marines, consiste en un cylindre métallique, pourvu à l'orifice supérieur et à l'orifice inférieur d'une soupape conique, disposée de telle sorte que le liquide passe librement à travers le cylindre pendant la descente (fig. 85); mais pendant le temps de l'ascension, les soupapes se ferment automatiquement, par simple effet de traction, puisque le poids de l'eau les comprime d'autant plus fortement que le remontage est rapide. On est ainsi sûr de ramener un échantillon intact de la profondeur à laquelle la ligne a été arrêtée. On a seulement la précaution de soulever et d'abaisser quelquefois le cylindre, pour en faire sortir l'eau, qui provient des couches traversées.

Cet appareil autoclave est inférieur à celui de Biot pour la recherche des gaz, car il les ramène incorporés au liquide, au lieu de les emmagasiner dans un compartiment spécial. On peut employer avec plus d'avantage l'instrument inventé par le docteur Mayer, pour l'expédition de la Baltique. Au moment où il est descendu à la profondeur voulue, la chute d'un poids ouvre deux orifices par lesquels l'air s'échappe, laissant la place à l'eau des couches inférieures.

Fig. 85. — Appareil autoclave pour puiser de l'eau dans les grandes profondeurs.

En partant de ce principe que l'eau est d'autant plus lourde qu'elle est plus salée, il semblerait tout naturel que le degré de salure s'accrût proportionnellement avec la profondeur. Il y aurait donc suivant cette hypothèse, à 5,000 mètres, une densité extrême, un état de saturation, si la progression était constante. Cependant on a constaté que l'excès de salure est souvent plus prononcé dans les mers peu profondes que dans les régions océaniques, mais que dans celles-ci il diminue graduellement avec la profondeur.

On peut démontrer ceci expérimentalement, en versant une solution saturée de sel et colorée assez fortement, sur une autre solution plus faible et plus légèrement colorée. La première se précipite avec plus de rapidité au fond du vase, mais elle se déchargera graduellement de son excès de sel dans le liquide à travers lequel elle passera. La couche fortement colorée descendera de plus en plus lentement, parce que sa teinte sera graduellement répandue dans la masse générale du liquide. Cet équilibre des teintes indique que la proportion de sel devient uniforme à travers les couches (1).

Les variations de température contre-balancent aussi la différence de salure; en outre, la circulation des eaux est cause du dé-

(1) W. Carpenter.

placement des sels ; dans certains endroits, ils s'accroissent avec la profondeur; dans d'autres ils décroissent. Le professeur Forchammer a puisé lui-même dans l'Atlantique de l'eau plus salée à une profondeur moyenne qu'à la surface et au fond ; il a constaté aussi que le degré de salure est plus prononcé au milieu d'un bassin que sur les bords. Cela dépenderait des courants. Cependant certains théoriciens ont fait intervenir la présence de sources d'eau douce, circonstance peu admissible et incapable de changer la composition des eaux marines.

Les eaux douces influent notablement sur la salinité, soit qu'elles proviennent de grands fleuves, soit que la pluie tombée sur de vastes versants imperméables se rende directement à la mer, mais les vagues et l'action des courants fait disparaître promptement une anomalie accidentelle et locale. Les navigateurs tiennent compte de la différence de tirant d'eau d'un navire, quand il passe de l'eau salée dans l'eau douce d'un fleuve.

Dans les mers intérieures, en communication avec l'Océan par un détroit où il s'établit naturellement un courant, il se produit un déversement de l'excédant des eaux recueillies dans leur bassin ; leur gravité spécifique tend toujours à diminuer, puisqu'il n'y a pas de compensation pour la salure. Ainsi dans la mer Baltique la quantité de sels en dissolution correspond strictement avec le volume. Dans sa partie occidentale, la moyenne proportionnelle de sel mêlé à l'eau est de 1 pour 100; dans sa partie orientale elle est de 3/4 et 1/3 pour 100. Au Nord de l'île Gotheland, sa nature est si peu altérée, qu'elle est *potable* et propre à tous les usages domestiques (1).

Ce qui a été remarqué sur l'accroissement de la salure avec la profondeur, s'applique également aux gaz. L'air est plus abondant dans les couches profondes, et surtout l'acide carbonique, probablement parce que le renouvellement de l'eau doit s'y faire avec beaucoup moins de facilité qu'à la surface. Plusieurs biologistes veulent voir, dans cette constitution chimique de l'eau, la cause unique qui empêche la manifestation de la vie animale. Cette assertion est cependant en désaccord avec l'analyse de l'eau, re-

(1) Exploration de la mer Baltique, par la marine russe, 1870.

cueillie sur les fonds peuplés de Foraminifères et de Mollusques, où l'on a constaté, récemment, que la proportion d'acide carbonique augmentait d'autant plus avec la profondeur que la vie était plus développée sur le sol sous-marin (1). L'absorption permanente de l'oxygène et la libération de l'acide carbonique rendraient les couches inférieures irrespirables, en l'absence de toute élaboration végétale, si la diffusion supérieure de l'acide carbonique ne s'opérait à travers les couches intermédiaires jusqu'à la surface, et si la diffusion inférieure de l'oxygène ne se propageait depuis la surface jusqu'aux couches inférieures. Il y a donc une mutation perpétuelle des gaz de l'eau avec ceux de l'atmosphère; la respiration de la faune se fait par diffusion, agissant ainsi à travers une épaisseur de 4 ou 5 kilomètres dans certains endroits. Les agitations de la surface par les vents aèrent l'eau qui va porter, au moyen d'une circulation naturelle, les éléments nécessaires à la vie de la faune.

L'analyse de trente spécimens recueillis à la surface de l'océan Atlantique par le professeur W. Carpenter donnent le résultat suivant :

Oxygène	25.1
Azote	54.2
Acide carbonique	20.7
	100.0 (2)

Dans cette immensité liquide où vivent des animaux de toute nature et de toute taille, où des Algues de toute dimension se décomposent lentement, où les fleuves apportent du milieu des continents des matières étrangères, il existe des matières organiques. L'eau traitée avec le permanganate se change, suivant la quantité de matières organiques qu'elle tient en dissolution. Il se trouve des protoplasmes dilués, qui se décomposent perpétuellement et se renouvellent de même, ils deviennent une source d'alimentation pour les Mollusques des régions inférieures. Les draguages de surface n'ont recueilli que des matières amorphes, assez semblables aux Amibes. Ces substances protoplasmatiques deviennent même tellement abondantes qu'elles sont visibles, sans avoir recours à

(1) Expédition du *Porcupine* (1870).
(2) Analyse du docteur Frankland.

l'analyse ou au microscope. Elles constituent un des états particuliers des couches superficielles, où les matières animales flottent par bancs énormes. Les Infusoires, le frai et la sécrétion huileuse de certains poissons, sont autant de causes organiques, qui viennent troubler la limpidité de l'eau.

Dans les grands espaces sous-marins, où il n'y a pas de perturbations violentes telles que les courants, la constitution de l'eau est-elle différente de celle de la surface ? La Méditerranée est plus propre à l'étude de la question que l'Océan, car les courants n'y ont pas une influence aussi sensible. Le professeur W. Carpenter y a constaté que l'eau puisée avec la bouteille autoclave, dans les grandes profondeurs, revenait toujours chargée de particules vaseuses, dont il fallait la débarrasser par filtration avant l'analyse chimique ; le degré de cet état turbide semble s'accroître avec la profondeur ; ce qui autoriserait à admettre, qu'il résulte d'une diffusion imperceptible de la même substance tenue dans toute la masse liquide. Cette particularité, découverte par la science pure, est confirmée dans l'application ; les mécaniciens des paquebots qui font le service d'Alexandrie à Southampton ont remarqué, depuis longtemps, qu'avec les eaux de la Méditerranée, il se produit dans les chaudières un dépôt de boue fine, tandis qu'avec celles de l'Océan, il se forme des incrustations calcaires, sans accompagnement de matières vaseuses.

Ces particules tenues en suspension dans le liquide se précipitent en un sédiment boueux, dont la sonde a ramené des échantillons semblables. D'après l'auteur de ces recherches, ces particules vaseuses seraient apportées par les grands fleuves qui se jettent dans la Méditerranée, tels que le Rhône, le Nil, le Pô, fleuves au régime torrentueux, qui entraînent beaucoup de limon léger. Les sédiments lourds restent à l'embouchure, où ils forment les deltas, tandis que les atomes impalpables restent en suspension pendant longtemps, à cause du rapport de leur densité avec celle de l'eau ; ils finissent par être précipités au fond où ils constituent des alluvions progressives. Mélangées avec un peu de sable, elles sont le principe du calcaire en voie de formation.

De remarquables expériences optiques faites par le professeur Tyndall sur les eaux de la Méditerranée et du lac de Genève, toutes deux de coloration semblable et également influencées par les apports du Rhône, ont servi à constater la présence des particules. Le lac de Genève n'est autre qu'un élargissement exagéré du Rhône, qui descend de l'extrémité des glaciers. De nombreux torrents se joignent au Rhône pendant son trajet. Ces tributaires, qui tous proviennent de glaciers, apportent avec eux la matière divisée que la glace détache des rochers en passant dessus; elles doivent donc rester flottantes d'un bout à l'autre du lac; opinion qui peut se rapprocher de l'expérience de Faraday, qui a démontré qu'un précipité d'or extrêmement fin reste assez longtemps dans un état d'extrême division moléculaire, suffisamment impalpable pour flotter pendant un mois dans un flacon.

Le professeur Tyndall plaça un flacon d'eau de la Méditerranée et un autre de l'eau du lac de Genève, sous le trajet d'un faisceau convergent de lumière électrique. Le passage de ces rayons devait être insensible, si l'eau était optiquement homogène, comme il en serait pour l'air optiquement pur. Or, le cône lumineux qui traversait cette eau, s'est trouvé distinctement bleu dans les deux cas; l'eau du lac donnait une belle couleur bleue très-transparente, comme celle que l'on voit au large. Cette légère teinte révélait cependant l'existence de quelque chose qui interceptait et diffusait en plus grande proportion les rayons réfringents, tandis que les rayons non réfringents étaient trop peu impressionnés pour que la trace de la lumière fût rendue blanche.

Sir H. Davy examina aussi l'eau du lac de Genève; il supposait que sa belle teinte azurée était due à un composé d'iodures. Pour l'analyser, il y mêla d'un côté une solution de sous-acétate de plomb et mit dans un autre vase une solution de savon; les deux échantillons, examinés au microscope, ne contenaient rien d'étranger à l'eau chimiquement pure. S'il y avait eu une matière colorante, elle eût été absorbée par le sel à base de plomb et le savon aurait révélé la présence de sels calcaires.

III

La température et ses effets.

Importance de la connaissance de la température pour la physique du globe. — Imperfection des premiers thermomètres. — Instruments de Péron, Bunten, Walferdin, Johnson, Laxton, Siemens, Miller et Casella. — Relation de la température atmosphérique avec celle des eaux. — Généralités sur la température superficielle. — Les cartes thermales. — Distribution de la chaleur suivant les latitudes croissantes. — l'isothermie et les conjectures qui ont précédé les explorations sous-marines. — Comparaison entre la densité de l'eau douce et l'eau de mer. — Relation calorifique entre les couches profondes de la Méditerranée et celles de l'Océan. — Mécanisme de compensation et circulation verticale. — Différence de propagation de la chaleur dans les eaux, par rapport à l'intérieur de la terre. — Exemples.

Les grands principes qui régissent la température des mers sont longtemps restés inconnus, autant pour les couches superficielles que pour les couches inférieures. Les eaux de la mer ont leurs climats, comme les régions atmosphériques. Ils se modifient aussi suivant les lieux, l'altitude, et les circonstances accidentelles qui interviennent de tous côtés; ils sont réglés par le mouvement du soleil et la circulation atmosphérique. Car il existe des saisons pour l'espace sous-marin, comme pour les régions terrestres. La température est le grand levier au sein des ondes, comme dans l'atmosphère fluide : de même que dans celle-ci le défaut d'équilibre provoque des déplacements d'où naissent les vents et les tempêtes, de même le plus ou moins de calorique met en mouvement les immenses masses d'eau qui couvrent la surface du globe.

La connaissance des climats de l'espace sous-marin permet aussi de constater leurs rapports biologiques avec la répartition de la vie animale, de comparer les différences entre les espèces des régions froides et celles des régions chaudes. Comme il a existé, aux époques géologiques, des mers profondes et que les forces physiques ont continué la circulation générale, il est admissible que la présence des types arctiques ou équatoriaux dans les formations marines puisse donner de précieux renseignements sur les variations climatologiques.

On rencontre dans la détermination de la température des zones profondes, plus de difficulté que pour les recherches sur la composition de l'eau. Le thermomètre est soumis à une pression d'autant plus nuisible aux observations, qu'on se trouve en présence de la nécessité de conserver une certaine capacité remplie d'air, nécessaire à la dilatation du mercure. Le thermomètre doit pouvoir résister à une pression de 400 et 500 atmosphères, sans être influencé ni par la pression, ni par les différentes températures qu'il rencontre, en traversant les zones plus ou moins profondes à la remonte et à la descente.

Les premiers observateurs avaient proposé de laisser le thermomètre ouvert, de manière que la pression pût s'exercer aussi bien à l'extérieur qu'à l'intérieur. Péron enveloppait l'instrument dans une gaîne faite avec un corps mauvais conducteur et très-résistant; laissé longtemps en observation, il n'avait pas le temps de subir sensiblement l'influence des couches qu'il rencontrait pendant l'ascension. Bunten avait imaginé un thermomètre plongé dans un récipient autoclave, analogue à celui qui a été précédemment décrit pour l'analyse de l'eau; ainsi baigné dans le liquide, il se trouvait isolé jusqu'à un certain point des couches qu'il traversait, par cette enveloppe ambiante. Mais il a été reconnu que pour les profondeurs supérieures à 2,000 mètres, l'enveloppe protectrice cédait à la pression et l'instrument était inévitablement brisé.

Le thermomètre à maxima et minima de Walferdin fut une notable amélioration; la tige contenait le mercure plongé dans un petit réservoir d'alcool qui sépare du réservoir de mercure l'extrémité de la tige. A la partie supérieure, il existe aussi un réservoir d'alcool. Avant de faire une observation, on commence par refroidir tout l'instrument en le plongeant dans un bain, dont la température est de plusieurs degrés au-dessous de celle que l'on veut évaluer, puis on l'incline; la pointe plonge alors dans le mercure. On chauffe ensuite légèrement et on fait passer dans la tige une colonne de mercure d'environ 20° de longueur. Le thermomètre étant redressé, on l'étalonne dans un bain dont la température est connue et supérieure à 10°; on note la division de l'échelle arbitraire correspondant au sommet de la colonne de mercure et la température du bain. On peut dès lors l'exposer au froid; si la température augmente, le mercure s'élève dans la tige et entre même dans le réservoir supérieur; si elle diminue, il descend, atteint l'extrémité de la pointe et tombe goutte à goutte dans le cylindre. Le degré indiqué, retranché de la température du réglage, donne celle que l'on cherche.

Jusqu'aux dernières explorations, le thermomètre de Walferdin fut le seul employé pour la détermination des températures sous-marines. Mais la nécessité de lui conserver sa position verticale, son fonctionnement irrégulier sous les trop fortes pressions, sa fragilité provenant de la petite quantité d'air nécessaire, furent autant de motifs qui engagèrent les constructeurs à chercher ailleurs la solution du problème. La première qui se présenta eut pour point de départ la propriété de dilatation que possède le métal : un thermomètre métallique doit fonctionner dans n'importe quelle position; un choc léger ne compromet pas son exactitude et la pression lui est indifférente. Le thermomètre métallique de Johnson se compose de deux lames de cuivre M, M, fixées sur une monture en ébonite A, garnie en bas et en haut d'un ressort en caoutchouc destiné à amortir les chocs qui pourraient déranger le mécanisme des aiguilles (fig. 86). La variation de température, dilatant les lames de cuivre dans leur longueur, communique le mouvement à une articulation E, E, mettant en jeu un système d'aiguilles doubles qui se contrôlent l'une par l'autre et décrivent un mouvement sur un limbe gradué L, sur lequel elles se meuvent à frottement doux. L'appareil se place dans un étui protecteur, où il est maintenu par des bourrelets en caoutchouc en haut et en bas contre toute secousse, pendant qu'il est mis en observation.

Le thermomètre de Saxton est à peu près construit sur le même principe : il consiste en un ruban de cuivre enroulé sur une tige d'un métal moins dilatable; on obtient ainsi une plus grande sensibilité, puisque la dilatation est reportée sur une plus grande longueur. Celui de Header consiste en un tube de fer creux dans l'intérieur duquel se trouve un barreau métallique, dont la dilatation, différente de celle du fer, est communiquée, par un levier transmetteur du mouvement, à une roue dentée, qui fait mouvoir une aiguille sur un cadran.

L'incertitude dont les thermomètres métalliques sont souvent entachés, et les inconvénients inhérents aux instruments métastatiques, ont engagé à avoir recours à l'électricité. M. Siemens a construit un appareil différentiel dont les indications, sont le résultat de deux

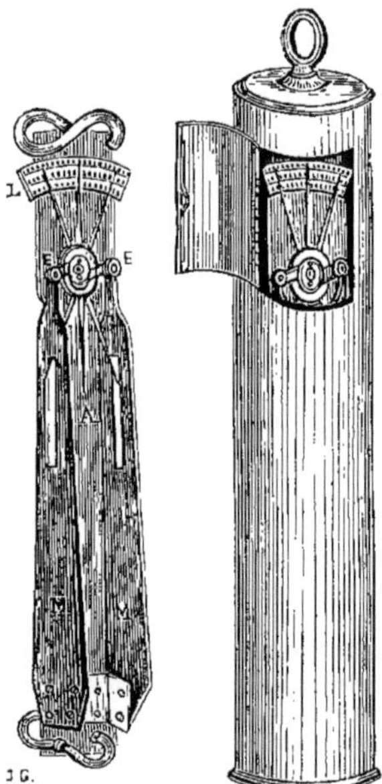

Fig. 86. — Thermomètre métallique de Johnson avec et sans son étui protecteur.

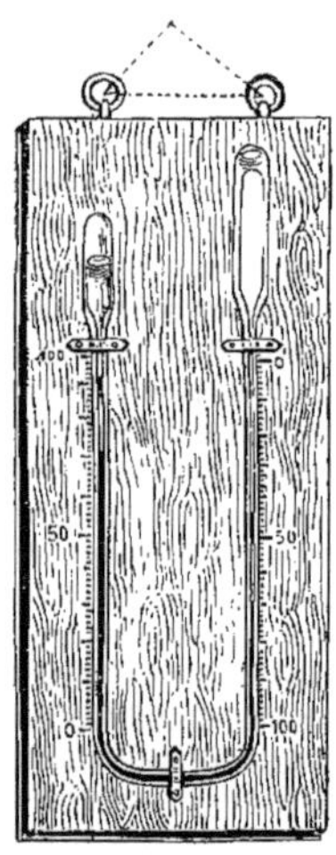

Fig. 87. — Thermomètre métastatique Miller-Casella, pour les grandes profondeurs.

courants transmis à travers des bobines de fil de platine. Une bobine est immergée à la profondeur d'expérimentation, pendant qu'une autre est placée dans un vase contenant de l'eau. Avant l'observation, on égalise la température avec de la glace, ou l'on chauffe l'eau, jusqu'à ce qu'il y ait équilibre entre la température du vase et celle du fond. Aussitôt qu'elle est établie, un galvanomètre, d'une construction particulière très-ingénieuse, indique automatiquement sur le cadran la température du lieu d'observation. Quelque séduisante que soit cette invention, elle a le défaut grave d'être incompatible avec les oscillations du navire et d'exiger des précautions embarrassantes pour identifier les températures. Ces thermomètres de M. Siemens ont été placés à bord du *Challenger*.

On était obligé, au début, d'observer concurremment avec deux thermomètres, l'un métallique, l'autre métastatique, afin de contrôler les résultats obtenus. Les expériences prouvaient aussi que la pression sur la cuvette de mercure, qui n'était pas protégée par une double enveloppe, était une cause d'erreurs, malgré le système compensateur établi dans les instruments ; car l'ajustement des *curseurs* ou index mobiles était un des points les plus délicats de la construction. Le docteur A. Miller proposa de renfermer la cuvette ou récipient dans une autre boule en verre épais et de remplir les trois quarts du vide annulaire avec de l'alcool ; dans cette disposition, l'enveloppe est soudée autour du col de la tige. Par ce moyen, la cuvette est protégée de la pression extérieure, ce qui permet aux variations de température de se transmettre par l'intermédiaire de l'alcool interposé. Ce thermomètre fut encore modifié, par M. Casella, d'une façon avantageuse dans ses détails, ce qui lui valut le nom des deux constructeurs conjoints. Il a été employé avec succès dans les différentes explorations scientifiques pour l'évaluation de la température pour des fonds de 4,000 mètres. Mais, avant de mettre l'instrument en service, il est nécessaire de le régler par une série d'expériences, d'après lesquelles on dresse des tables de correction de l'erreur instrumentale, dont il faut toujours tenir compte.

Le perfectionnement des appareils a permis d'entrer dans une nouvelle phase de développement sur les lois des variations de la température sous-marine. On a vu rapidement qu'elles sont beaucoup plus compliquées que celles qui régissent les régions atmosphériques. Partout, à la surface, l'eau tend à se mettre en équilibre avec les couches d'air voisines ; une longue série d'observations a démontré d'une façon générale que la relation est sensible depuis l'équateur jusqu'au 48e degré de latitude Nord et Sud. Mais, au delà dans chaque sens, la décroissance subit des alternatives tellement variées, que jusqu'à présent on n'a pas pu se rattacher à un principe nettement défini.

L'Océan liquide comme l'Océan aérien ont, à partir de la limite commune du niveau des mers, une température décroissante variable, suivant l'élévation des couches aériennes, ou l'abaissement des zones humides de la mer. Telle était l'idée de A. de Humboldt, justifiée plus tard dans toute l'étendue de son acception, autant par les ascensions aérostatiques que par les explorations sous-marines.

Les molécules aqueuses deviennent plus denses en se refroidissant et descendent plus rapidement, ce qui tend à équilibrer les couches secondaires avec la surface. On comprend facilement que, l'eau douce et l'eau de mer n'ayant pas leur maximum de température au même point, on ait été porté à accorder comme moyenne dans les mers des tropiques une température très-basse à une certaine profondeur et même voisine de 0. On a trouvé presque sous l'équateur, à près de 3,700 mètres + 1° cent., tandis qu'à la surface, l'eau était à 27° cent. Ce fait isolé fut la base de conjectures erronées, puisque l'on ne tenait aucun compte d'une circulation liquide, comme il en existe pour les régions aériennes.

En rapprochant la température de l'air de celle des couches superficielles de la mer, pour les différentes latitudes, on est conduit à les diviser en trois grandes zones : équatoriale, tempérée et glaciale. Entre les tropiques, la temperature de surface est généralement plus élevée que celle de l'air. Il résulte d'un ensemble de 1,850 observations faites par le commandant Duperrey, que le nombre de fois où la mer est plus chaude que l'air est : $\frac{3}{1}$. Ce n'est pas exactement sous l'équateur que la chaleur est plus intense ; les variations sont tantôt en deçà, tantôt au delà, suivant une ligne ondulée. Dans la zone tempérée, l'air est rarement plus chaud que l'eau ; il est quelquefois au même degré, mais jamais supérieur. La plus haute température observée est 32°,22, au mois d'août dans le golfe du Mexique. Les régions glaciales des pôles sont peu connues. Les observations faites dans ces dernières années par les différentes expéditions scientifiques allemandes, n'ont pas fourni d'exemples d'après lesquels l'air soit plus chaud que la mer ; au contraire, on l'a trouvé constamment plus froid. Sous les glaces, qui ne forment en réalité qu'une croûte superficielle, la température de l'eau est voisine de 0°, mais elle ne gèle pas, quand elle n'est pas en contact direct avec l'air. On a réfuté avec autorité cette idée plus fantaisiste que scientifique, qu'il existait des masses de glace au fond des eaux. Idée encore moins acceptable, que celle de la chaleur interne de la terre, pour expliquer l'accroissement de la température avec la profondeur.

Les idées sur la distribution de la chaleur dans les couches superficielles ont gagné en clarté sous les rapports généraux, depuis que toutes les observations ont été réunies sous une représentation graphique. En reliant entre elles les températures moyennes par des lignes *isothermes, isothères*, et *isochimènes*, comme l'avait proposé A. de Humboldt en 1817, on a établi une climatologie comparée. Les premières cartes thermales sont dues à de Humboldt, Duperrey, Berghaus, Johnston : celles du docteur A. Peterman sur l'océan Atlantique pour l'étude du Gulf-Stream résument les précédentes, puisqu'il a fait intervenir plus de 100,000 observations recueillies de tous côtés (1). Les travaux de Maury resteront le monument le plus important sur ce sujet ; les *Wind and current charts of the North Atlantic* portent des observations tellement multipliées que cette richesse se transforme un peu en confusion. Les huit feuilles ne contiennent pas moins de 27, 485 cotes (2). « Les courbes des lignes isothermes sont tellement entre-mêlées, qu'on y reconnaît plutôt une addition d'observations isolées que la vraisemblance d'un travail compréhensif sur des moyennes (3). »

Dans leur ensemble, les lignes isothermes tracées sur les cartes figurent les distributions des climats à la surface des mers ; « elles oscillent en accomplissant, comme le soleil dans l'écliptique, un mouvement annuel de déclinaison. » Celles qui sont voisines de l'équateur dans l'hémisphère Nord de l'océan Atlantique, s'étendent de l'Afrique à l'Amérique, en se dirigeant à peu près vers le Nord-Ouest ; dans l'hémisphère Sud, elles se dirigent vers le Sud-Ouest. Les autres prennent des directions irrégulières, et cependant les courbes isothermes conservent entre elles un accord systématique, d'où il résulte un groupement. On comprend néanmoins que

(1) *Mittheilungen.*
(2) *E.* Masqueray.
(3) Schmidt.

les lignes isothermes ne soient pas catégoriquement déterminées dans la nature ; elles ne sont que la représentation moyenne et approximative des limites autour desquelles se déplace, d'une quantité plus ou moins forte, le degré qu'elles représentent. La mer est un élément trop mobile, trop en mouvement, pour qu'on puisse ainsi y déterminer des rapports immuables dans le détail.

La loi de diminution du calorique en raison de la profondeur est plus embrouillée dans les Océans que dans les mers intérieures de faible étendue ou les lacs d'eau douce ; car ces immenses masses liquides sont influencées par des courants difficiles à constater, par des influences atmosphériques insignifiantes par elles-mêmes, mais dont l'effet, réparti sur une grande étendue, amène des perturbations d'une forte amplitude. On a trouvé dans la zone torride une température de — 1° à 3,700 mètres ; dans les mers arctiques, on a constaté le même degré à pareille profondeur. Dans le premier cas, l'eau marquait 27° à la surface, et dans le second, les glaces flottaient. Ce rapprochement de deux extrêmes est un exemple des exceptions à la régularité croissante et décroissante de la chaleur des eaux par rapport à la latitude. Il résulte de la réunion de nombreuses observations qu'en général « la température diminue à mesure que la profondeur augmente, dans les régions intertropicales, ainsi que dans les mers tempérées, et que le décroissement est d'autant moins grand que la latitude est plus élevée. Dans les mers glaciales au contraire, elle croît avec la profondeur. »

Avant que les récentes explorations sous-marines eussent mis en évidence l'importance du rôle de la température dans la circulation océanique, les physiciens ne considéraient ces différences que comme des accidents ; ils avaient recours aux supputations mathématiques pour établir la relation de la température avec la profondeur, comme ils l'avaient fait précédemment pour déterminer la profondeur générale des mers. Sans tenir compte du mécanisme, dont les principaux rouages sont : la salure, l'échauffement superficiel, l'absorption, ils avaient accepté, pour les eaux marines, la même théorie que pour les eaux douces. Partant de ce principe, il aurait existé dans l'Océan une température invariable de + 4°, dont la ligne isotherme qui la représente, serait à une profondeur moyenne de 2,000 mètres sous l'équateur ; remontant ensuite graduellement, elle effleurerait la surface vers le 40° de latitude Nord et Sud, pour s'infléchir de nouveau dans les mers polaires, où elle serait plus froide que + 4°, dans l'espace compris entre la surface et 1,400 mètres. Cette interversion fut trouvée satisfaisante par l'alliance du raisonnement mathématique avec la rectitude graphique; cette théorie avait pour autorité l'opinion de sir J. Herschel : « Dans les eaux très-profondes, on trouve sur tout le globe une température uniforme de + 4 cent., et au-dessous du niveau où on la rencontre, l'Océan peut être considéré comme partagé en trois grandes zones, une équatoriale et deux polaires. Dans la première, l'eau est plus chaude à la surface, et dans les deux autres elle est plus froide (1). »

L'illustre physicien s'était probablement appuyé sur les résultats obtenus dans les mers polaires par Scoresby et plus tard par Ross; car ce dernier, se trouvant dans un champ de glaces, faisant sonder par 1,738 mètres, trouva une température croissante depuis + 2°,3' à la surface, jusqu'à + 4°,2', qu'il atteignit à cette profondeur. Ce qui n'était qu'un fait accidentel, où les perturbations jouaient un rôle inconnu à l'observateur, fut accepté comme base d'un système, dont on a reconnu maintenant l'invraisemblance pour l'Océan.

L'eau douce contenue dans la cuvette relativement resserrée d'un lac, et isolée de toute influence autre que celle de la distillation atmosphérique, est placée dans des conditions beaucoup plus régulières. On trouve au fond pendant toute l'année une température uniforme de + 4°, qui est le maximum de densité de l'eau distillée; point auquel il faut qu'elle soit ramenée avant que la surface puisse être congelée. D'un autre côté, il n'existe pas de substitution des couches supérieures avec les couches inférieures, puisqu'il n'y a pas de sels tenus en suspension. La mer est dans des conditions différentes ; car l'eau salée a un maximum de densité évalué à — 3°, 6 en temps calme et à — 2°, 5 dans l'état d'agitation ; le maximum de densité s'abaisse d'autant plus que l'eau est chargée de sels.

Entre les eaux douces et les eaux océaniques, les grandes masses

(1) *Physical geography*, 1861.

d'eau salée sont dépendantes d'influences locales thermométriques, beaucoup plus régulières que l'Océan, parce que le phénomène de la circulation est plus sensible. La température de la Méditerranée est très-basse dans les grandes profondeurs; son minimum reste permanent à 500 ou 600 mètres : on a remarqué qu'il peut correspondre à la température moyenne de la localité même. La moyenne de + 12°, rencontrée au-dessous des couches de 500 mètres, paraît être la représentation fidèle du degré calorique des eaux ; car, à cette profondeur, le thermomètre n'a plus d'oscillations bien sensibles. Mais cette moyenne, variable suivant les bassins différents, est exceptionnellement élevée entre Malte et Alexandrie. La couche d'eau échauffée par insolation directe s'étend à une profondeur notablement plus grande à la première de ces stations.

Supposons que la surface de cette mer ait été refroidie pendant l'hiver, jusqu'à la température uniforme de ses couches profondes; les couches inférieures ne le seraient pas à cause du peu de conductibilité de l'eau, et cependant la chaleur exerce sur toute l'étendue superficielle une évaporation générale qui les rend plus légères; de plus, l'eau de mer chargée de matières inorganiques et spécifiquement plus lourde descend et se trouve remplacée par l'eau plus légère. De cette façon l'excès de chaleur est compensé puisqu'il se perd sous les couches inférieures (1).

Cette action se répète continuellement ; aussitôt que la température de l'air devient sensiblement inférieure à celle de la mer, les couches superficielles rafraîchies en vertu de leur plus grande densité, s'enfoncent, en emportant avec elles une certaine quantité de froid. A cause de cette *circulation verticale*, la mer Méditerranée conserve une température intérieure qui n'est jamais plus basse que + 12°, même en hiver. Ce fait avait été reconnu vingt ans avant l'exploration anglaise par M. Aimé, qui avait admis que les variations diurnes cessent d'être sensibles à 18 mètres et les variations annuelles, à 400 mètres. C'est au moyen de cette compensation, que la chaleur solaire, qui affecte puissamment la Méditerranée, exerce une influence sensible sur la salure, beau-

(1) W. Carpenter, Expédition du *Porcupine* (1870).

coup plus forte au fond qu'à la surface ; le contraire a lieu dans l'Océan, où la diminution est progressive de la surface au fond.

La croissance ou décroissance de la chaleur est différente, suivant qu'elle se propage à travers les solides ou à travers les liquides : car les observations thermométriques faites sur terre sont en désaccord avec celles qui nous occupent. Le calorique se transmet uniformément et sans causes de déviation, à travers les interstices d'un corps solide ; il s'assimile à l'élément avec lequel il se met en contact et pénètre dans toutes les molécules du solide. Au lieu que, dans un gaz ou un liquide, sa radiation est perpétuellement modifiée par son évaporation et sa mobilité. On a reconnu une certaine analogie entre la température moyenne des grandes masses d'eau, qui ne sont pas influencées par les courants, et celle qu'on trouve dans la terre à une vingtaine de mètres. Cependant, si l'on met en relation la température des couches successives de la mer, avec l'accroissement progressif de la chaleur de la terre, il existe un désaccord évident ; car cet accroissement est de 1° environ par 30 mètres de profondeur. En tenant compte du point relativement peu éloigné où les expériences ont été poussées dans la terre, on est amené à conclure que la progression est régulièrement continue, au lieu qu'aufond des eaux, elle est constamment modifiée par les grandes perturbations physiques, dues à l'équilibre créé par la température envertu de ses propriétés.

Les observations régulières faites dans le tunnel du mont Cenis ont même été contradictoires avec l'accroissement progressif de la chaleur sur une échelle verticale. Elle est devenue de moins en moins considérable à mesure qu'on s'éloignait de la surface ; elle n'était au centre du tunnel que de + 1° d'augmentation par 55 ou 60 mètres de distance du point culminant de la montagne, tandis que dans les mines elle est de + 1° par 30 mètres.

Dans les mines de Dunkenfield (Cheshire) entre 214 et 407 mètres, l'augmentation de la température s'est trouvée être de 0°,55 par hauteur de 20 mètres. La profondeur du puits ayant été poussée à 659 mètres, on a constaté qu'un thermomètre plongé dans la couche d'argile schisteuse recouvrant le charbon marquait 24°. En estimant à 10° la couche invariable située à 5 mètres au-dessous de la surface, l'augmentation totale était de 1° pour 48 mètres. Cet accroissement est bien variable ; aux mines de Decize, l'augmentation de 1° correspond à 13 mètres, tandis qu'à Carmaux elle correspond à 36 mètres. Dans les mines de Rosebridge (Lancashire) la profondeur d'un puits ayant été amenée à 743 mètres, on y a trouvé une température de 34° ; ce qui correspond à la progression régulière de 1° pour chaque 30 mètres. Il en résulterait donc que l'augmentation de la chaleur atteindrait, à 2,800 mètres, une température égale à celle de l'eau bouillante, et à 5,000 elle serait suffisante pour mettre en fusion les roches les plus dures. Mais comme les observations s'arrêtent à moins de 1 kilomètre de la surface, on est encore mal renseigné sur la chaleur *propre* à l'écorce du globe. Elle est indépendante assurément de l'échauffement du soleil, prouvé insensible à partir du point où règne la température constante des caves.

IV

La circulation et les courants généraux.

La chaleur est le principal motif de la circulation. — Mouvements thermodynamiques des couches liquides. — Climats sous-marins comparés. — Hypothèses sur la circulation. — Démonstration expérimentale des courants généraux. — Superposition de couches chaudes et de couches froides. — Importance de la condensation. — Étude sur les courants du détroit de Gibraltar, de la mer Rouge, du Bosphore. — Moyens de déterminer les courants de surface et les courants sous-marins. — Embarcation remorquée par un courant inférieur. — Description physique du *Gulf-Stream*. — Son influence sur la température du Nord de l'Europe. — Réfutation de son existence dans la mer du Nord. — Les courants dans les régions polaires. — Preuve singulière de leur direction.

Toutes les eaux qui recouvrent la surface du globe sont sujettes à une mobilité constante. Les eaux déversées dans les Océans ne restent pas stagnantes ; l'évaporation en enlève une partie et la circulation rétablit l'équilibre. Les plus grands mouvements qui soient insensibles aux regards, procèdent de la différence de température

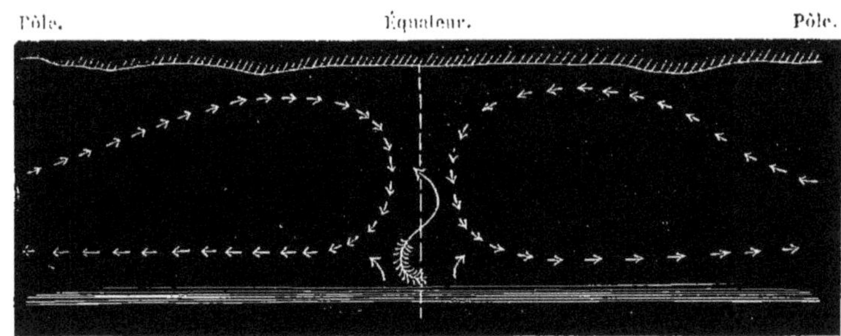

Fig. 88. — Idée de la circulation des courants généraux à la surface du globe.

des couches liquides ; sur elles, repose tout le mécanisme de l'évolution des eaux, qui enveloppent les deux tiers de la terre ; force digne de notre plus grande attention, puisqu'elle sert à établir le grand système de compensation, au moyen duquel les eaux sont alternativement précipitées au fond et exposées de nouveau au contact de l'atmosphère.

A mesure qu'une couche se refroidit et s'enfonce, elle est remplacée, non immédiatement par l'eau venue du fond, mais par celle qui est à l'entour. La couche d'en bas s'écoule en même temps sur les parties les plus profondes du bassin, par suite de la densité de l'eau de mer, qui se condense régulièrement jusqu'au point de congélation, qui est environ de 3°,9. Tant qu'une partie de la surface est exposée au froid et une autre à la chaleur, il doit y avoir continuellement un mouvement inférieur de la région froide à la région chaude et un mouvement supérieur de la région chaude à la région froide.

L'action prépondérante déterminant les courants est due, non pas comme le prétendait Maury, à la chaleur équatoriale, qui en réalité ne pourrait produire qu'un effet insignifiant, mais au froid polaire. Les eaux de toute la zone glaciale soumises constamment au froid intense acquièrent en se refroidissant une grande densité, tombent au fond et sont aussitôt remplacées par les eaux circonvoisines. Ces eaux se comportent à leur tour comme les précédentes, et cette série de phénomènes se reproduisant sans cesse finit par amener au pôle une accumulation considérable d'eaux glaciales, de densité supérieure à celle des eaux environnantes. Cette quantité d'eau tend à se répartir d'une manière uniforme depuis le pôle jusqu'à l'équateur, et c'est ainsi qu'il s'établit de l'un à l'autre un courant constant d'eaux glaciales ; l'excès de niveau se reformant au pôle à mesure qu'il s'écoule. Ensuite, pour remplir le vide produit dans la zone glaciale, par le mouvement descendant des eaux refroidies, il se produira nécessairement dans les couches supérieures de l'Atlantique un mouvement immense vers le Nord, descendant de la zone torride.

Ce qui prouve que tel est bien le mouvement général, c'est : 1° la prédominance d'une température voisine de 0° dans les endroits les plus profonds des grands bassins océaniques. Elle ne pourrait pas se maintenir au-dessous des couches chaudes, s'il ne venait pas des régions polaires un écoulement continuel d'eau froide ; 2° la distinction marquée entre la chaleur des couches supérieures et inférieures de l'Atlantique ; 3° l'existence démontrée d'un mouvement d'eau superficielle chaude vers les deux pôles (1).

L'étude thermométrique des différences croissantes ou décroissances faites par le professeur W. Carpenter et M. Wyville Thompson, permet de regarder comme probable, que les couches de l'Océan inférieures à 3,500 mètres aient partout, même sous l'équateur, une température voisine de 0°. Dans le canal qui sépare les îles Féroë des Shetland, la température s'abaisse graduellement de + 11° à la surface à 0° qu'elle atteint à 550 mètres. Elle continue cette décroissance jusqu'au fond, où elle est de — 1°,4. Mais, entre cette profondeur extrême de 1,500 mètres et 550 mètres, la graduation décroissante est rapide (fig. 89).

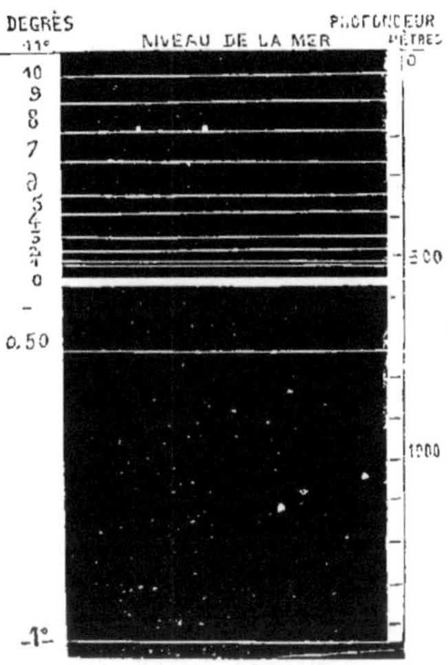

Fig. 89. — Diagramme de la température de la mer entre les îles Féroë et les îles Shetland (d'après Carpenter).

Cette couche inférieure froide se retrouve dans les parages équatoriaux. On a observé par 3° de latitude Nord à 2,000 mètres 3°,5', température qui est égale à celle des mers de l'Ouest de l'Europe, à 50° de latitude plus au Nord. En considérant ces faits, il semble évident que les couches inférieures viennent des régions polaires.

Les hypothèses déduites des observations faites dans les mers du Nord peuvent se résumer ainsi : 1° Le mouvement d'une grande masse d'eau chaude, s'étendant à une profondeur de plusieurs centaines de mètres dans le N.-E., tempère le froid de la partie latérale, en apportant de la chaleur de la portion de cet Océan chauffé sous l'équateur. 2° Il existe un flux d'eau à la température de la glace fondante, à des profondeurs supérieures à 500 mètres, dans une direction S.-O., passant au fond du canal qui sépare le Nord de l'Écosse des îles Féroë ; ceci contribue avec les autres courants froids du bassin Arctique, à répandre sur le fond de l'Atlantique, à

(1) W. Carpenter, *Mémoire sur la thermodynamie de la circulation océanique* (1871).

plus de 1,800 mètres, une température au-dessous de 4°, variable jusqu'à 2°,5'. 3° Le Gulf-Stream peut être considéré comme augmentant le flux ordinaire de la surface, depuis l'équateur jusqu'au pôle ; ce qui est dû à des conditions locales particulières de « l'excès de calorique » de l'eau du golfe du Mexique. 4° Le courant froid qui produit une intermittence dans les zones superposées près des îles Féroë peut être considéré comme provenant de plusieurs circonstances locales. L'étroitesse du canal force l'eau refroidie dans le bassin polaire, à se mélanger avec celle de la surface qui est plus chaude.

La théorie sur la circulation générale des eaux à la surface du globe a été démontrée expérimentalement par le professeur Odling, d'après les données de W. Carpenter (fig. 90). L'appareil consiste en une cuve oblongue A, B, qui est en verre pour permettre de voir ce qui se produit à l'intérieur. On la remplit d'eau salée au même degré que celui de l'eau de mer, en répandant à la surface une solution colorée, dont la légèreté spécifique est telle qu'elle ne se mélange pas avec les couches inférieures. A l'une des extrémités, on place un morceau de glace G, retenu par une griffe dans une position fixe, représentant les glaces flottantes du pôle. A l'extrémité opposée, il se trouve une lamelle de cuivre M, effleurant la surface du liquide; sous la partie saillante extérieurement, on place une lampe à alcool L représentant la chaleur solaire des régions équatoriales. En chauffant la lamelle métallique, la chaleur se communique à la couche superficielle du liquide; à cause de la dilatation, elle imprime un mouvement d'expulsion superficielle vers le côté opposé, où est le morceau de glace; dès que cette petite nappe d'eau tiède éprouve un refroidissement, elle est précipitée au fond en vertu de la densité. On rend ce phénomène sensible, en mettant de la sciure de bois très-fine dans

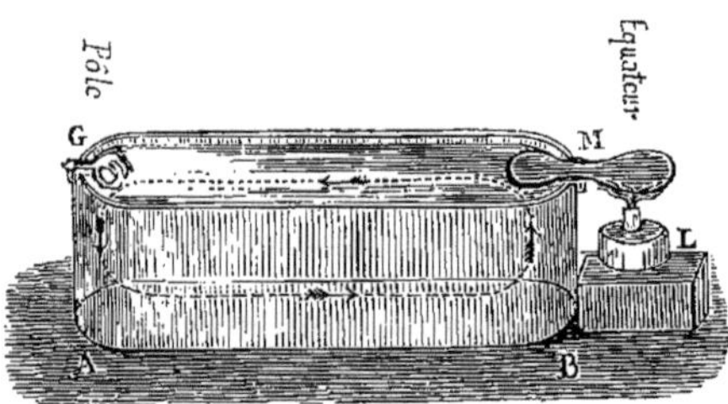

Fig. 90. — Appareil pour la démonstration expérimentale des courants océaniques généraux.

le liquide et en colorant préalablement la couche superficielle. Il résulte que l'eau précipitée au fond par le refroidissement est attirée de nouveau par la chaleur développée sous la lamelle métallique ; elle remonte donc à son point de départ pour recommencer un nouveau trajet ; au bout de quelque temps de durée de l'expérience, la coloration devient uniforme dans le liquide ; elle indique ainsi le mélange des couches, par l'antagonisme des différentes températures.

Des mesures thermométriques prises par les expéditions allemandes dans les mers polaires ont démontré, d'une façon bien déterminée, la superposition des couches chaudes et des couches froides, et ensuite leur interversion dans les mouvements des eaux. Ainsi, lorsque la température était de — 47° à l'air, l'eau restait relativement chaude sous une couche de glace épaisse, puisqu'elle marquait — 2°. Ce fait se produit ainsi dans les rivières, avec des proportions moindres. Nous avons pu observer sur la Seine, que par un froid subit, dans les lacunes laissées entre les glaces qui couvrent la surface, l'eau est couverte de légères fumerolles. Ceci s'explique de la même manière. La surface saisie rapidement s'est congelée, mais les couches inférieures n'ayant pas eu le temps de se refroidir conservent une température de — 3° ou — 4° ; lorsqu'elles sont arrivées au contact de l'air beaucoup plus froid, il se produit une condensation, engendrant des vapeurs (1). Une faible différence de température suffit souvent pour provoquer ces vapeurs, qui s'étendent à la mer sur des surfaces immenses.

L'hypothèse précédemment énoncée sur la circulation verticale s'accorde avec les observations faites dans les mers boréales sur la chaleur ; la densité de l'eau s'y trouvant déjà faible s'accroît progressivement en s'approchant des tropiques. On a voulu expliquer cette anomalie par l'abondance des pluies de la zone intertropicale, mais il ne faut pas oublier que l'évaporation est proportionnelle et par conséquent compensatrice.

Les oscillations d'une colonne liquide n'ont pas pour seules causes la densité et la chaleur ; l'excès d'évaporation intervient aussi d'une façon prépondérante. Les courants du détroit de Gibraltar,

(1) Observation faite sur la Seine, le 8 décembre 1871 (température minima — 21°).

qui ont depuis longtemps éveillé l'attention des physiciens, sont un exemple frappant des effets de l'évaporation.

La Méditerranée est séparée de l'Atlantique par une crête qui s'étend du cap Trafalgar au cap Spartel ; au-dessus de cette séparation marine, il se fait un échange entre les eaux des deux mers ; de là résultent des courants compliqués. Dans les expériences faites par plusieurs générations d'hydrographes (1), on a reconnu qu'à 180 mètres, il existait un contre-courant plus fort que le courant de surface, portant les eaux de l'Océan dans la Méditerranée. Il sert à équilibrer le niveau des deux bassins communiquants. Car la densité et le niveau de la Méditerranée n'étant pas semblables à ceux de l'Océan, il faut nécessairement qu'il existe une compensation pour rétablir le niveau. Supposons que le détroit de Gibraltar soit fermé et que la Méditerranée ait une salure égale ou inférieure à celle de l'Océan, mais qu'elle perde plus d'eau par l'évaporation que ne lui en restituent les rivières. Si dans ces conditions la communication entre les deux mers est rétablie, il se produira un courant allant de l'Océan dans la Méditerranée pour compenser la déperdition ; la mer intérieure se chargera de plus en plus de sels, qui gagneront les parties profondes en se superposant par couches de densités croissantes. La salure du fond augmentera ainsi progressivement jusqu'à une profondeur égale à la section du détroit ; à partir de ce point jusqu'à la surface, la densité ne surpassera pas celle de l'Océan, sans qu'il en résulte un courant portant les eaux les plus denses vers les eaux les moins denses.

L'excédant de salure de l'eau de la Méditerranée sur celle de l'Océan est au moins de 4 pour 100 à la surface. Un échantillon recueilli dans le bassin Est donnait 6 pour 100. C'est une preuve que l'évaporation de la Méditerranée excède la quantité d'eau douce qu'elle reçoit, malgré le constant apport d'eau salée de l'Atlantique.

On remarque une grande analogie entre ce qui se passe au détroit de Gibraltar et au détroit de Bab-el-Mandeb, dans la mer Rouge, dont l'évaporation est encore plus prononcée. Le docteur Buist l'estime à plus d'un mètre 50 cent. par an, quoiqu'elle ne reçoive

(1) Amiral Smith, Vincendon-Dumoulin, Aimé, Bérard, de Tessan, W. Carpenter, Spratt.

pas de grande rivière. L'équilibre de sa surface, avec celle de la mer des Indes, se fait par le détroit de Bab-el-Mandeb.

Il existe aussi un courant sous-marin dans le Bosphore et dans le détroit des Dardanelles, dû à la différence de densité de l'eau des mers que ces détroits mettent en communication. L'excédant de gravité spécifique de l'eau de la mer Égée, sur celle de la mer de Marmara, comme entre celle de cette dernière mer et la mer Noire, fait que les couches se substituent les unes aux autres. Le sel sortant de la mer Noire n'est pas remplacé ; ce qui permettrait de croire que l'eau des fleuves qui s'y jettent finira à la longue par enlever tout le sel contenu dans l'eau de cette mer. Ce contre-courant a été observé avec soin par les officiers du *Shearwater*, à la profondeur de 40 mètres, prédite par le professeur Carpenter, d'après les indications du capitaine Spratt.

Ne possèdant aucun repère fixe, on observe difficilement les courants hors de vue des terres ; quelque précise que soit la détermination astronomique, elle est insuffisante pour l'étude des courants de faible étendue. Afin d'établir une comparaison accentuée, on fait usage d'un flotteur qu'on abandonne librement à la surface de la mer et qui participe par conséquent à tous les mouvements de cette surface. Le flotteur le plus simple et celui qui en même temps obéit le mieux à la seule impulsion du courant, consiste en une réunion de quatre planches longues d'un mètre et larges de 2 décimètres, attachées à un même axe et se croisant à angle droit ; l'appareil est lesté par un plomb ; un guidon fixé à la partie supérieure indique sa présence au-dessus de l'eau. On emploie aussi, pour déterminer la direction des courants, une barrique lestée de façon à ne pas s'enfoncer plus bas que le niveau de l'eau ; un guidon placé au-dessus en montre la position (fig. 91). On fait encore usage dans les relevés hydrogra-

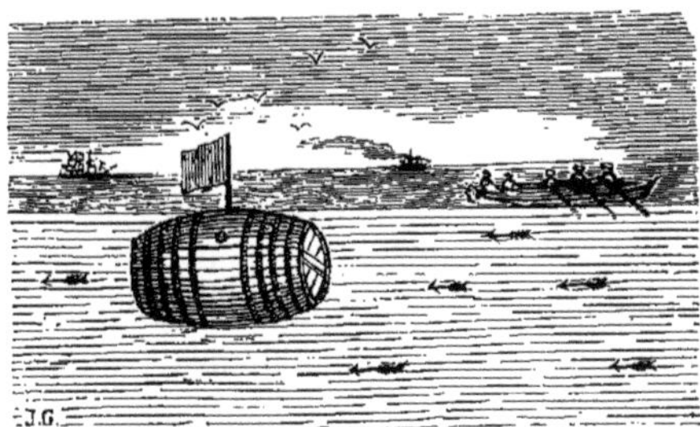

Fig. 91. — Bouée-baril pour l'observation des courants de surface.

phiques d'une bouée de canot, également surmontée d'un signe distinctif. Quel que soit le flotteur adopté, quand on se propose de faire une observation, on le met à l'eau et, en le suivant avec une embarcation, l'on détermine de temps en temps la position qu'il occupe, au moyen du cercle de réflexion. Quand on a recueilli un grand nombre de côtes, on dresse des courbes, dont la comparaison indique d'une manière générale la direction des courants.

Reconnaître les mouvements des eaux au-dessous de la surface présente encore plus de difficultés. Le meilleur moyen est de faire usage d'un panier (*current drag*), lesté suffisamment pour rester immergé librement. On accroît encore sa surface de résistance naturelle à l'impulsion du liquide, par l'addition de quatre voiles triangulaires gréées latéralement ; quand cet appareil est jeté à la mer et descendu à la profondeur voulue, on reste en observation dans le canot. Le mouvement que subit l'embarcation dépend de l'action du courant, de la surface, de la section immergée de la coque du canot et de l'effort produit sur le flotteur. En négligeant l'impulsion du vent, si l'on sait choisir un temps calme, on peut obtenir la dérive par le calcul et corriger ainsi les différents mouvements de translation, pour en déduire l'allure du flotteur. Si le courant inférieur est moins fort que celui de surface, il peut être suffisant en le neutralisant assez, pour rendre l'embarcation stationnaire. S'il n'en existe pas, l'embarcation drossée par les courants de surface entraîne par conséquent le flotteur avec elle.

On peut regarder le mouvement d'un pareil système, comme certainement dû à l'action produite sur la masse inférieure, et faire abstraction de l'influence du courant sur l'embarcation ; mais il est plus exact de déterminer séparément les deux mouvements.

Un ingénieur hydrographe, M. de la Roche-Poncié, eut l'idée d'employer l'aiguille aimantée pour déterminer les courants sous-marins. Son appareil est composé d'une aiguille aimantée libre sur un pivot ; elle est renfermée dans un cylindre de cuivre auquel une girouette est adaptée. Après avoir descendu l'appareil, on laisse à l'aiguille le temps de se fixer dans le méridien magnétique et à la girouette celui de fonctionner sous l'impulsion du courant liquide. On arrête alors le mécanisme dans cette position, de sorte que, par l'angle qu'il fait avec la girouette, on obtient la direction cherchée. Cet appareil a été perfectionné par M. Aimé ; il fixe l'aiguille au moyen d'un poids qui, tombant le long de la ligne, le prend entre les dents d'un peigne circulaire (fig. 92).

On connaît des exemples de contre-courants de fond assez énergiques pour influencer fortement la marche des navires. L'amiral Smith (1), qui émit le premier l'hypothèse du contre-courant de Gibraltar, cite le fait d'un brick coulé à Ceuta, dans un endroit où le courant d'Ouest à l'Est était très-fort ; ce navire reparut quelque temps après, à plusieurs lieues à l'Ouest du point où il avait fait naufrage. Il cite aussi dans le Sund un navire chargé de bois entraîné au large en sens inverse du courant, et l'expérience, plusieurs fois répétée, du remorquage d'un canot contre le courant, au moyen d'un seau immergé et lesté avec un boulet ou d'un panier garni d'ailettes en toile (fig. 93) ; comme le

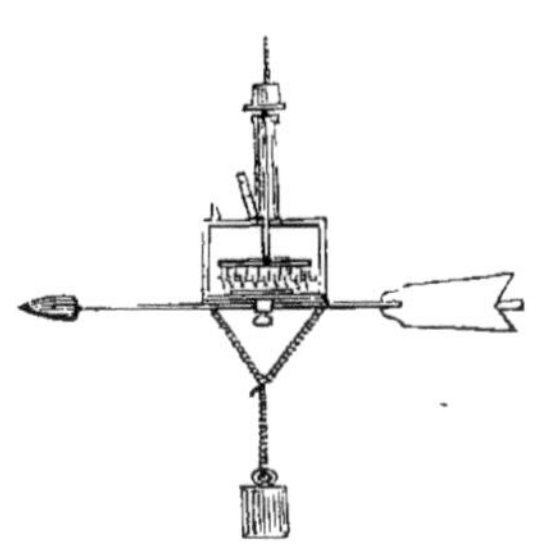

Fig. 92. — Appareil indicateur de la direction des courants sous marins au moyen de l'aiguille aimantée.

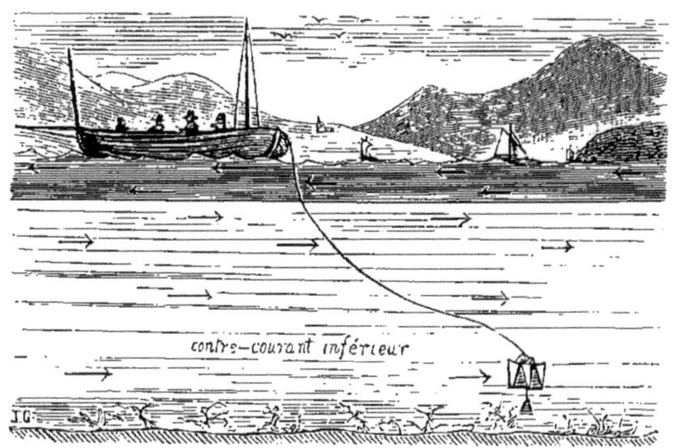

Fig. 93. — Embarcation remorquée dans le sens opposé au courant par un contre-courant inférieur.

courant supérieur n'avait que de 10 à 48 mètres d'épaisseur, il était facile de se rendre compte de la force du courant inférieur,

(1) *Philosophical transactions.*

en augmentant ou diminuant la ligne qui retenait l'appareil.

L'existence très-prononcée d'un contre-courant entre la mer Baltique et l'Océan, en passant par le Sund, est confirmée par l'expérience des navigateurs sur la difficulté qu'éprouvent les navires à faible tirant d'eau à remonter le courant superficiel; au lieu que ceux qui ont un fort déplacement, le refoulent aisément. Des plongeurs qui opéraient le sauvetage d'un navire coulé près d'Elseneur, dans le Cattégat, le trouvèrent au milieu d'un courant rapide dirigé vers la Baltique, ce qui rendit impossible l'opération du sauvetage. La persistance semble être due à l'inégalité constante entre le poids des colonnes d'eau de hauteurs égales, de la Baltique et de la mer du Nord; ce qui n'est pas le cas dans le détroit de Gibraltar, où il se manifeste une augmentation de densité par concentration. Ici, c'est seulement le résultat d'une diminution de densité par la dilatation permanente.

Fig. 94. — Flacon porteur d'indication engaîné dans un bloc de bois pour servir à l'étude des courants.

Ces quelques exemples du mouvement des eaux de la mer nous indiquent en détail le mécanisme de la circulation générale. Les navigateurs ont remarqué de tout temps les courants océaniques. Christophe Colomb, dans le cours de son troisième voyage, reconnut le Gulf-Stream; Anghiera vit ensuite qu'ils suivaient le contour du golfe du Mexique et se dirigeaient vers Terre-Neuve. Ces observations continuées par d'autres navigateurs rendirent certaine l'existence de l'immense circuit, qui porte jusque sur les côtes d'Irlande et de Norwége, les coquilles, les végétaux, les fruits des Antilles et même des épaves de navires naufragés dans les mers du nouveau monde.

Ces découvertes favorisées par le hasard n'auraient certainement conduit à aucune notion précise, si l'on n'avait pas organisé l'étude des courants. A cet effet on eut l'idée de jeter à la mer des bouteilles cachetées contenant la désignation du point de départ. On leur substitua aussi des blocs de bois forés, dans lesquels on enfermait un flacon engaîné avec de la cire (fig. 94); cette méthode évitait les trop nombreuses chances de rupture des bouteilles sur les rochers des côtes. Une indication en plusieurs langues, placée extérieurement, donnait à celui qui les trouvait des instructions nécessaires pour en signaler la rencontre. Ce sont en quelque sorte des voyageurs dont on connaît le point de départ; mais ils ont les yeux fermés pendant la durée de leur trajet et ne sauraient dire quelle route ils ont suivie. Il est peu probable qu'ils se dirigent en ligne droite étant le jouet du courant qui les a portés.

Le major Rennel, dans ses Recherches sur les courants de l'Atlantique, raconte les voyages de bouteilles flottantes retrouvées sur les côtes d'Europe et d'Amérique et qui toutes indiquaient l'existence du Gulf-Stream. M. Daussy, ingénieur hydrographe français, et le capitaine Bécher de la marine anglaise, ont dressé des cartes sur lesquelles sont tracés les trajets des bouteilles. En se reportant aux dates du jet à la mer, on supposa même que quelques-unes avaient fait plusieurs fois le tour de l'Atlantique. On sait maintenant que le courant, objet de tant d'études dans ces vingt dernières années, met 220 jours à franchir la distance du canal de la Floride au cap Lézard.

Le Gulf-Stream prend son nom à la sortie du golfe du Mexique par le canal de Bahamas; à son origine il présente une belle couleur bleu d'indigo qu'il conserve nettement définie, jusqu'au moment où il rencontre le courant arctique, au delà de Terre-Neuve; on voit d'une façon très-appréciable, comme une *lime* de marée, la séparation de ses eaux avec celles qui descendent du Nord, colorées en vert très-foncé. Il ne se mélange pas non plus avec l'Océan au commencement de son trajet; lorsque la ligne de démarcation disparaît, on peut encore pendant longtemps suivre avec le thermomètre le courant dans sa course. Jusqu'à Terre-Neuve, il coule entre des eaux froides dont la température est quelquefois de 15°, plus basse que celle du courant. Aux environs, l'air est souvent à 0° quand le courant marque quelquefois + 25° et même + 26°. Après qu'il a parcouru 10° en latitude vers le Nord, il n'a perdu encore qu'un degré de chaleur et arrive ainsi au 40° de latitude. C'est à cette hauteur qu'il s'épanche dans l'Atlantique, ou plus correctement, que la circulation horizontale se transforme partiellement en circulation verticale, abandonnant dans l'atmosphère une quantité de la chaleur amenée des régions intertropicales. De plus, rencontrant les glaces flottantes entraînées par le courant arctique, ses eaux tièdes fondent ces blocs énormes détachés des glaciers polaires.

La zone du Gulf-Stream est souvent dangereuse par les tempêtes auxquelles donne lieu la chaleur relative de ses eaux apportées dans un climat froid. Ce qui rend surtout les coups de vents redoutables, c'est la lutte du vent contre le courant, quand il est dans une direction opposée. Mais, d'un autre côté, il fait sentir sa douce influence sur tout le Nord de l'Europe, jusqu'au Spitzberg ; il adoucit les hivers par son évaporation, dont la source permanente de chaleur est comparée par J. Croll, à celle que verserait le soleil sur 8 millions de kilomètres carrés. Le géographe A. Peterman attribue même à ses propriétés bienfaisantes le degré de civilisation avancé de l'Europe.

« Il suffit d'avoir visité l'Irlande ou de jeter les yeux sur une carte des lignes isothermes pour savoir que le Gulf-Stream n'est point anéanti par le courant polaire à la hauteur de Terre-Neuve. L'Irlande et les côtes de l'Écosse jouissent d'un climat constamment doux. Si le raisin n'y mûrit pas, bien que les hivers y soient moins rudes qu'en Hongrie et en Moldavie, c'est que la chaleur de l'été n'est pas suffisante ; mais le myrte peut y croître, et les troupeaux abrités contre les bourrasques par des parcs circulaires plantés de pins y passent en hiver la plus froide saison, tandis que, sur les côtes de Terre-Neuve et du Labrador, les phoques s'étendent sur leurs bancs de glace par une température moyenne de — 8 et — 16° ; lorsque la moyenne de Rouen est + 2° et celle de Newcastle de + 3°, et, chose surprenante, celles des Orkney + 5° et des Shetland + 6°. La chaleur semble croître en Angleterre à mesure qu'on s'élève vers le Nord, dans les terres profondément découpées, parmi les petites îles tout entières baignées par le Gulf-Stream. Sans lui, sans la tiède barrière dont il les enveloppe, elles seraient envahies par les glaces du courant polaire, emprisonnées dans les *icebergs*. Il les protége même de son atmosphère, car, à proprement parler, il a son atmosphère ; il attiédit les lourds vents d'Ouest qui roulent sur sa surface vers les côtes d'Europe ; il les charge de sa vapeur d'eau, et cette vapeur se résout en brouillards épais, qui, loin de refroidir les îles, y conservent la chaleur (1). »

Les terres rapprochées du pôle profitent encore de cette influence bienfaisante. La température qui baigne la côte occidentale de l'Islande est de + 8° en été et de + 2° en hiver. Reykjawick a une moyenne de + 1° en hiver, quand, par la même latitude dans le canal de Davis, Lichstenfels a pour moyenne — 9° et Gottheab — 8°. Le docteur Henderson rapporte qu'il s'effrayait de passer un hiver en Islande, quand son étonnement fut grand de trouver que non-seulement la température y était plus élevée qu'en Danemark, mais encore que l'hiver islandais ne le cédait en rien aux plus doux hivers de Suède. Les moutons et les chevaux y demeurent toute l'année en plein air. Les lacs près de Reykjawick ne gèlent que sur une faible épaisseur ; le plus grand froid qu'on ait observé pendant treize ans est de — 14°.

On doit naturellement attribuer cette température, plus élevée que ne le comporte la latitude, au courant qui se dirige vers le Nord à partir du 40° de latitude, « qu'on peut présumer être une des branches successives du Gulf-Stream lui-même, dont les afflux successifs d'eau chaude maintiennent une température plus haute que celle du reste de la mer (2). »

Cependant des branches plus chaudes encore semblent remonter jusqu'aux latitudes les plus élevées ; ainsi, Parry constate encore dans son voyage au Spitzberg une autre ramification où le thermomètre indiquait + 4°. « Dans certains endroits du Spitzberg, l'eau chaude occupe non-seulement les régions inférieures ou moyennes de la mer, mais elle paraît aussi quelquefois à la surface, même au milieu des glaces ; la température de la surface s'est élevée jusqu'à + 2° et + 4°, lorsque celle de l'air était de plusieurs degrés au-dessous de 0° (3). »

Il s'est formé pendant ces dernières années en Angleterre un parti scientifique sur les prolongements du Gulf-Stream. Les divergences d'opinion peuvent se résumer à trois théories :

1° M. *Findlay*. Ce courant, après son arrivée au banc de Terre-Neuve, perd tous ses caractères et disparaît en s'épanouissant à la

(1) E. Masqueray, *Bulletin de la Soc. de géogr.* (octobre 1872).
(2) Irminger.
(3) Scoresby.

surface de la mer ; le courant Nord-Est est un simple mouvement des eaux superficielles communiqué à l'Océan par les vents contre-alizés ; la douce température du Nord de l'Europe est due seulement à ce régime des vents. M. Findlay appuie ses assertions sur le temps que l'eau chaude met à venir des tropiques jusqu'aux régions polaires. Il se demande comment la couche superficielle, qui offre peu d'épaisseur, peut exercer encore autant d'influence après un temps de parcours qu'il estime à deux ans. Il ne veut pas s'arrêter à la marche ultérieure de cette eau chaude jusqu'au Spitzberg et au delà, ni aux effets qu'elle produit sur le bassin polaire. La température des eaux serait uniquement le résultat d'une assimilation atmosphérique. M. Blunt, enchérissant sur les opinions de M. Findlay, a positivement dit devant la Société de Géographie de New-York que, « la croyance du Gulf-Stream repose sur les inventions de Maury, la stupidité des faiseurs d'almanachs et les inventions des météorologistes. »

2° M. *Wywille-Thompson.* Ce récent explorateur des fonds de la mer s'est fait le représentant de la théorie de de Humboldt, de Dove, et surtout de Maury. Il regarde le courant Nord-Est comme la continuation du Gulf-Stream, qui s'étend du canal de la Floride au pôle ; là, il refoule en sens contraire les eaux glaciales, ce qui donne naissance à un contre-courant dirigé du pôle au golfe du Mexique.

3° Le docteur *Petermann.* Le savant directeur des *Mittheilungen* voit un courant considérable, l'un des plus grands du globe, dans le courant du Nord-Est. Son importance aurait échappé aux observations à cause de la lenteur de son cours, mais, comme il le fait observer, ce n'est pas là ce qui doit faire juger de l'importance d'un courant, mais plutôt de son épaisseur et de ses dimensions ; se basant sur ce fait, mis en évidence par les courbes isothermes du nord de l'Atlantique, que sa puissance calorique doit être très-grande, le docteur A. Petermann lui attribue une épaisseur considérable. Il irait jusqu'au Spitzberg, et de là, longeant les côtes septentrionales de l'Europe et de l'Asie, il atteindrait le détroit de Berhing.

Sans chercher à dogmatiser sur les tendances scientifiques de ces opinions, il est cependant facile de reconnaître que les contradictions ne sont basées que sur des théories, tandis que le fait existant est confirmé dans son ensemble par de nombreuses observations faites sur les lieux mêmes. La prolongation des branches du Gulf-Stream dans les hautes latitudes a été le mobile principal des nombreuses expéditions qui ont voulu planter leur pavillon sous l'étoile polaire (1).

L'invasion des eaux de la région équatoriale vers le Nord n'est pas admise non plus par l'amiral Belcher ; il opine pour un écoulement vers le Sud, comme l'indiquerait le trajet d'une bouée sur laquelle était mouillée l'extrémité rompue du câble transatlantique de 1865. Combattant la théorie de Maury, il suppose peut-être avec trop de confiance que, par un phénomène analogue à celui qui donne naissance, entre les tropiques, aux brises de terre et aux brises de large, il doit y avoir absorption des rayons solaires par les différentes parties du sol. Suivant lui, le courant a presque disparu au 31° de latitude. Il suppose qu'au 40°, le Gulf-Stream redescend vers les Açores, les Canaries et la côte d'Afrique, pour rejoindre les régions équatoriales et recommencer le mouvement vers les Indes occidentales ; il conclut que : « L'atmosphère, au-dessus d'un espace liquide suréchauffé, ne peut lui emprunter aucune augmentation de chaleur ; l'action exercée par les glaces n'est sensible qu'à faible distance, à moins qu'elles ne soient accumulées en vastes champs. »

Malgré cela, jusqu'à l'endroit le plus éloigné qu'on ait pu atteindre (81°,15'), la température de l'eau oscille légèrement à côté de 0°, circonstance qui indique évidemment un afflux d'eau tiède se dirigeant vers le Nord et passant peut-être sous les glaces.

Dans les régions antarctiques complètement ouvertes, la décharge des glaces et l'afflux de l'eau relativement chaude s'opèrent incessamment par tous les côtés et, par conséquent, sont rendus peu appréciables ; on peut remarquer que la plupart des navigateurs qui ont exploré ces parages n'ont pas été arrêtés par les terres. Il n'en est pas de même dans les régions arctiques ; leur configuration y rend ces phénomènes beaucoup plus sensibles.

(1) Voy. les *Mittheilungen* de A. Petermann (1869-1873). Voyages de Ulves, Smyth, Torkilden, Weyprecht et Payer, Nordenskiold, Bessel, Koldewey, Dorst, Matotschkin Scharr, Torrell.

« Ces régions forment dans leur ensemble un bassin presque complètement fermé du côté Sud. Il ne communique avec les Océans que par trois ouvertures : le détroit de Berhing, la baie de Baffin et la mer qui s'étend entre le Groënland et la Norwége. On peut à peine considérer les deux premiers comme des canaux de décharge... Il n'y a que la mer Arctique, et il y règne en effet un système de courants parfaitement aménagé par la nature.

« On sait depuis longtemps qu'à partir au moins du 75° de latitude Nord et sur les côtes de l'Est-Groënland se meut vers le Sud un courant froid, qui a une vitesse approximative de dix milles (allemands) par jour, un peu plus en été, un peu moins en hiver, et une largeur moyenne de 65 lieues. Dans toute son étendue, il est couvert d'une glace épaisse, compacte et très-dure, dont la majeure partie provient sans aucun doute de l'intérieur inconnu du bassin polaire. Si de sa vaste surface on déduit environ un tiers pour les places libres et les canaux, il n'emporte pas moins tous les ans une masse considérable. Ce courant peut donc être considéré comme le vrai canal de décharge des régions polaires, comme le régulateur de l'état des glaces.

« Il n'est pas le seul. D'autres courants semblables existent en d'autres parages arctiques. Si leur marche, dans une mer ouverte où leur expansion est faible et régulière, exige, pour être suivie, des observations positives, leur existence et leur puissance se manifestent partout où les saillies du sol, au-dessus ou au-dessous des eaux, leur opposaient des obstacles. Ainsi, M. Weyprecht eut à lutter pendant douze jours aux environs du cap Sud, au Spitzberg, avant de pouvoir pénétrer dans le Storfiord.

« Pour chaque goutte d'eau qui s'échappe du bassin arctique, il doit en affluer une autre. Le courant froid du pôle suppose un courant équatorial qui le compense. Or, cette compensation se fait par le Gulf-Stream. En effet, un courant d'eau chaude, se dirigeant vers le Nord, occupe presque tout l'espace compris entre le courant froid et la côte de Norwége, et se partage en deux bras vers le 74° de latitude. L'un de ces bras depuis longtemps utilisé, sinon étudié, remonte le long de la côte occidentale du Spitzberg, jusqu'à 80° de latitude, laissant une mer libre sur son passage pendant une grande partie de l'année. L'autre bras tourne à l'Est et au Nord-

Est. Les explorateurs russes en ont constaté l'existence sur la côte de la Laponie (1). »

Le capitaine Koldewey, s'appuyant sur le fait reconnu de la température croissante des eaux arctiques, émit l'opinion que le Gulf-Stream disparaissait de la surface pour continuer sa course *sous* le courant polaire. Il détermina ainsi la vitesse du transport des glaces d'une façon aussi singulière qu'effective. Il constata que du 10 au 15 juin 1868, son bâtiment *la Hansa*, pris dans les glaces, fut entraîné de 63 milles dans le S.-O. 1/4 S., soit 5 lieues en 24 heures, et cela par les vents les plus variés. C'était certainement dans la connaissance de ce fait, qu'au mois d'octobre de l'année suivante, l'équipage de la *Hansa* prit la résolution de rester sur le champ de glace, où le navire avait été brisé ; ces marins étaient convaincus que le champ en apparence immobile les transporterait dans une mer plus hospitalière, au bout d'un temps qu'on pouvait presque calculer. Ils ne s'étaient pas trompés dans leur conjecture ; car ils furent amenés sur la côte du Groënland où ils finirent par toucher terre sur leur radeau de glace, après avoir enduré de cruelles souffrances et vécu longtemps dans la plus grande perplexité.

(1) Ext. du *Globe*. Rapport de M. Weyprecht à l'Académie de Vienne.

V

Le mouvement des ondes.

Oscillation des marées. — Théorie astronomique. — Différence dans le mode de propagation des marées. — Marnage. — Insensibilité de la marée dans les mers intérieures. — Ondulation des eaux de certains lacs. — Les courants locaux. — Leur propagation sur les côtes accidentées. — Phénomènes dans les estuaires. — Théorie des ondes. — La hauteur des lames. — Moyen de mesurer cette hauteur. — Les *rouleaux*. — Les brisants. — Profondeur à laquelle l'eau est agitée.

Nous avons vu que les eaux qui entourent le globe sont remuées par la chaleur, dans toutes les directions ; ce grand moteur des profondes masses humides n'est pas leur seul perturbateur. La force des vents, l'action astronomique, la propagation successive des marées, la pression barométrique, sont autant de causes influentes dans la mise en mouvement de leur surface, remuée sans cesse par les vagues, « ces dangereux ennemis et robustes esclaves ».

Il s'accomplit deux fois par jour une grande oscillation de la surface par l'attraction de la lune et du soleil ; elle provoque les *marées*, dont le flux et le reflux couvrent simultanément les plages. Ce mouvement s'accomplit dans l'espace de 24 heures 49 minutes. Les eaux remontent d'abord pendant environ six heures, et, après être parvenues à leur plus grande hauteur, elles se retirent des terres qu'elles avaient envahies ; ce second mouvement dure aussi près de 6 heures. Lorsqu'elles sont arrivées à leur plus basse dépression, elles restent quelques instants en repos, puis recommencent sans cesse leur mouvement alternatif.

Newton démontra le premier les relations des marées avec les autres phénomènes de la gravitation universelle. Mais déjà du temps des Grecs, Pythéas, qui vivait 320 ans avant notre ère, disait que « la pleine lune cause le flux et son décours le reflux ». Lucain dans sa *Pharsale* indique comme cause du mouvement ondoyant de la mer : « l'action des vents, du soleil et de la lune ».

La lune passant successivement au-dessus de chaque point de l'Océan en attire, en vertu de ses propriétés, les eaux qui sont d'une extrême mobilité. Comme cette attraction agit en sens contraire de celle de la terre, les eaux situées de chaque côté du globe, éprouvent une action oblique de la part de la lune, augmentant de pesanteur et tendant plus fortement vers le centre de la terre. En même temps, les parties de la mer, diamétralement opposées au point attiré par la lune, le sont moins par cet astre que le centre de la terre, parce qu'elles en sont plus éloignées. Elles s'y portent moins, ce qui permet à la mer de s'élever aussi du côté opposé à la lune et à l'Océan et de présenter le phénomène des marées dans les deux hémisphères.

La force attractive qu'exerce le soleil sur la terre, quoique trois fois moindre que celle de la lune, suffit cependant pour produire aussi un flux et un reflux; à midi et à minuit, heures de son passage au méridien, il élève les eaux, tandis qu'il les laisse s'abaisser à 10 heures du matin et à 10 heures du soir. Deux fois le mois aux syzygies, ces deux sortes de marées s'accordent dans leurs directions et se réduisent à une seule, parce qu'alors le soleil attire les eaux du même côté, dans le même sens que la lune et produit un effet commun avec elle; tandis qu'aux quadratures, le soleil, par sa position perpendiculaire à celle de la lune, contrarie l'action de cet astre; en sorte que les marées sont plus petites aux premiers et derniers quartiers et plus grandes aux pleines et aux nouvelles lunes.

Prise dans une acception générale, l'ondulation des marées paraît se propager dans toutes les mers, en allant du Sud vers le Nord. Si l'on trace sur un planisphère des lignes passant par des points où le plein de la mer a lieu simultanément, on obtiendra des *lignes cotidales* (en anglais : *tide*, marée). Comme les observations que l'on possède ne sont pas suffisamment nombreuses, elles ont en pleine mer une direction un peu arbitraire. On peut cependant reconnaître que l'ondulation se propage, comme si elle avait son origine dans la grande masse d'eau qui compose l'océan Atlantique (1).

(1) Atlas physique de Berghaus et de Johnston.

La résistance et le balancement des eaux, le frottement des côtes et les anfractuosités du rivage, sont autant d'obstacles qui retardent la vitesse d'ondulation. Ainsi très-variable sur le littoral, elle est très-rapide et régulière au large, où elle atteint 800 kilomètres à l'heure. La théorie indique que, dans l'Océan, la différence entre la haute et la basse mer ne s'élèverait pas à plus de $0^{m},47$ sous l'équateur, le soleil et la lune y étant dans leurs distances moyennes par rapport à la terre. La marée sera sans doute plus grande dans un canal, où les eaux resserrées trouveront pour s'élever une facilité qu'elles n'ont pas sur un rivage plus vaste et plus découvert.

Les côtes orientales de l'Asie et les côtes occidentales de l'Europe sont exposées à des marées extrêmement fortes, tandis que, dans les mers du Sud, où elles sont très-régulières, elles ne dépassent guère la hauteur de 50 centimètres. Sur la côte occidentale de l'Amérique du Sud, elles atteignent rarement plus de 2 mètres, au lieu que, dans le golfe de Cambaye, la hauteur est de plus de 10 mètres. On a aussi remarqué que le *marnage de la marée*, c'est-à-dire la différence entre la haute et la basse mer, est beaucoup plus sensible au fond d'un golfe qu'à son entrée; ainsi, il n'est que de 6 mètres à Cherbourg, tandis qu'il atteint 15 mètres à Saint-Malo et même plus dans les moments d'équinoxe. Au Nord du golfe de Gascogne la mer marne seulement de 7 à 8 mètres. Dans les îles isolées au milieu de la mer, comme par exemple l'île de Sainte-Hélène, elle atteint à peine 1 mètre. Le plus frappant exemple que l'on connaisse est celui de la baie de Fundy, dans l'isthme qui joint le New-Brunswick à la Nova-Scotia ; la hauteur de la marée y dépasse 20 mètres; mais du côté opposé de l'isthme, elle n'atteint que $2^{m},50$, fait extraordinaire à l'appui de l'irrégularité du marnage pour des localités relativement peu distantes.

Ces phénomènes, si sensibles dans l'Océan, deviennent inappréciables dans les mers intérieures. L'action astrale est de même intensité sur toutes les parties de la nappe liquide. L'intumescence est insensible dans la Méditerranée, quoique cette vaste mer intérieure ait assez de longueur pour que l'action des astres n'ait pas le même effet aux deux extrémités. Les lacs moins grands sont cependant soumis à cette influence; le lac Michigan, en Amérique, un des plus grand lacs d'eau douce connus, a une faible marée régulière. On a constaté aussi des marées accidentelles sur le lac Wettern en Suède; on suppose qu'elles sont plutôt dues à la pression atmosphérique, qu'à une influence astrale. Les riverains du lac de Genève appellent *seiche* un phénomène accidentel d'ondulation alternative, et répétée du niveau de l'eau du lac. Cette marée aux petites proportions se répète pendant plusieurs heures. Les seiches ont été signalées pour la première fois, par Fatio Duillier, en 1730; il les attribuait à l'arrêt des eaux du Rhône sur le banc du Travers, près de Genève, par les coups de vent du sud. Depuis, ce phénomène a été étudié par de nombreux observateurs (1). D'après les travaux récents de M. Ch. Cellérier, il faudrait le rapporter « à une ondulation de balancement déterminée dans le lac, suivant un diamètre variable pour les différentes seiches, par un changement de la pression barométrique en un point de la surface ou par une secousse de tremblement de terre. » L'irrégularité de la durée et de l'amplitude des oscillations est attribuable à la forme irrégulière du lac; il faudrait aussi, pour qu'il y eût une régularité absolue, que l'impulsion première eût été donnée en un point précis.

C'est à la même cause qu'on attribue certaines oscillations périodiques de plusieurs endroits de la Méditerranée; ainsi à Venise et dans tout le fond du golfe Adriatique, dans le détroit de Messine, elles existent d'une manière périodique, mais elles se confondent avec les courants locaux et les vents régnants. Hérodote parle des courants du canal de Négrepont, qui n'a que 40 mètres de large dans son endroit le plus resserré. Il existe, dans le canal de Corfou, un courant qui n'a lieu qu'avec certains vents et dont la vitesse est de 1 ou 2 milles à l'heure ; dans le canal de Candie, l'eau s'élève sensiblement avec les vents du Nord et de l'Est; la mer Ionienne doit à la même cause une élévation de 20 à 30 centimètres dans plusieurs détroits des Iles (2).

Les oscillations verticales de la marée se transmettent de proche en proche, dans la masse liquide, sans qu'il y ait déplacement sensible des molécules de l'eau. Tel devrait être le mécanisme de la translation; mais près des côtes, dans les endroits de faible pro-

(1) Jallabert, Bertrand, Vaucher, de Saussure, Studer, Meyer, Favre, Guillemin, Vallée, Burnier, de la Harpe, Dufour.

(2) *The Mediterranean*, amiral Smith.

fondeur, les circonstances locales sont tellement nombreuses et complexes, qu'il résulte de cette dénivellation irrégulière des *courants de marée* qui se manifestent tantôt avec la marée montante, tantôt avec la marée descendante.

Quand le flux et le reflux se prolongent dans les endroits ayant une configuration tourmentée, leur vitesse est d'autant plus grande, que les passages sont plus étroits ; les inégalités du fond, les promontoires, la topographie des canaux, sont autant d'obstacles, qui donnent naissance à un régime compliqué de courants. Nulle part dans les mers d'Europe, les courants n'acquièrent autant de violence que dans le golfe de Saint-Malo. Quelques-uns, comme celui du Raz-de-Blanchard, atteignent au moment de la marée montante une vitesse de plus de 16 kilomètres à l'heure. Entre les îles de Jersey et de Guernesey, il existe de véritables fleuves marins, au cours variable suivant le renversement des marées. Lorsque les grands réservoirs littoraux viennent à se vider et que la quantité d'eau accumulée baisse subitement, il se produit des courants portant au large, dont les navigateurs savent habilement se servir pour entrer et sortir des ports. Mais, si la tempête éclate dans ces passes parsemées de rochers, malheur à la frêle embarcation du pêcheur surprise par les courants, elle est inévitablement poussée sur ces nombreux écueils.

Les ondulations régulières de l'Océan, en pénétrant naturellement dans les embouchures des rivières, y élèvent le niveau de l'eau jusqu'à une certaine distance dans l'intérieur des terres ; il en résulte une conflagration des eaux douces continentales avec celles de la mer. Au moment du flux, il se forme dans les grands fleuves une ou plusieurs vagues qui se suivent et remontent le lit du fleuve avec impétuosité. On donne à ce phénomène le nom de *mascaret* dans la Gironde, de *barre* dans la Seine, de *pororoca* dans la rivière des Amazones, de *bore* dans les rivières de l'Inde.

Le courant de marée se manifeste avec une force proportionnelle au débit du cours d'eau. Ainsi la vague de montée atteint 5 mètres de haut dans le fleuve des Amazones ; elle est à peine de 2 mètres dans la Gironde. Il faut attribuer ce phénomène « aux ralentissements successifs qu'éprouve dans sa marche l'ondulation passant sur des profondeurs de moins en moins grandes. » Il en résulte au fond des estuaires une accumulation des eaux, qui se déversent en cascades. Tandis qu'à l'embouchure des fleuves, la mer à l'instant du flot monte par degrés insensibles et s'élève graduellement, au contraire, à l'endroit où le sol sous-marin est moins profond, le premier flot se précipite en immense cataracte, formant une vague roulante occupant toute la largeur du fleuve. « Rien de plus majestueux que cette formidable vague, si rapidement mobile. Dès qu'elle s'est brisée contre les quais de Quillebœuf (embouchure de la Seine), qu'elle inonde de ses rejaillissements, elle s'engage en remontant, dans le le lit plus étroit du fleuve, qui court alors vers sa source avec la rapidité d'un cheval au galop. Les navires échoués, incapables de résister à l'assaut d'une vague aussi furieuse, sont ce qu'on appelle *en perdition*. Les prairies des bords, rongées et délayées par le courant, se mettent, suivant une expression locale, *en fonte* et disparaissent (1). »

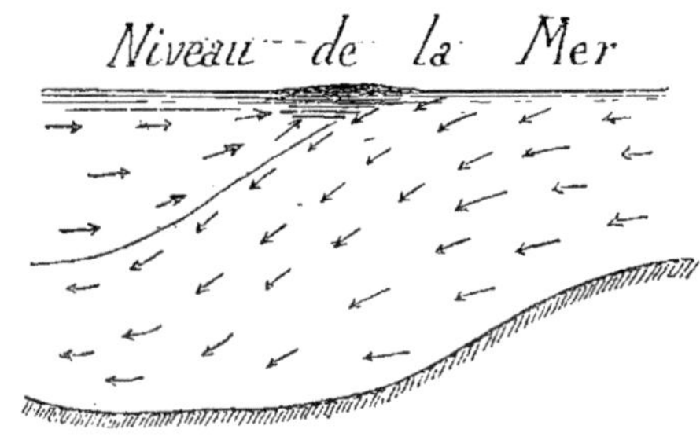

Fig. 95. — Intumescence superficielle due à la rencontre de deux courants contrariés par une dépression du fond.

Il se manifeste quelquefois des mouvements tumultueux de la mer, dont l'effet est à peu près semblable à celui du mascaret, avec cette différence toutefois qu'au lieu d'une seule onde, il y en a plusieurs qui se succèdent. Les eaux s'éloignent d'abord de la côte, puis y reviennent avec violence, en dépassant les limites du rivage. Ce phénomène, improprement appelé *ras de marée*, se produit malgré le calme et l'absence de marées. Il s'explique par l'arrivée des grandes ondulations qui règnent au large sur les petits fonds.

On attribue la cause première de ces mouvements à la coïncidence d'un tremblement de terre sous-marin; on comprend, en effet, comment les oscillations du fond de la mer peuvent engendrer des mouvements insolites des eaux. Ils produisent, suivant l'expression

(1) Babinet.

de M. Russel, une *vague de translation.* On cite même un exemple de propagation de cette vague, qui a franchi la distance du Japon aux côtes américaines, traversant tout l'océan Pacifique, pendant un temps relativement court. Les ras de marée ont lieu le plus fréquemment dans les régions essentiellement volcaniques. On les observe surtout au Chili, au Pérou, aux Antilles et aux îles Sandwich. Ils sont rares sur les côtes d'Europe ; on rapporte cependant qu'à une époque éloignée, le port de Marseille fut mis à sec par un ras de marée. Ils se produisent aussi dans les contrées non volcaniques, mais sujettes aux *cyclones.* Il est probable que l'agitation de la mer à distance se propage sous forme d'ondulations d'une très-grande longueur, à peine sensibles au large ; mais, quand elles se rapprochent de la côte, leur amplitude diminue et se manifeste sous forme de grandes vagues, dont la hauteur augmente à mesure que la profondeur diminue. Tout est bouleversé sur leur passage ; elles remuent profondément les rades, arrachant les ancres des navires qui s'y trouvent mouillés, car, étant surpris, ils sont jetés à la côte sans pouvoir manœuvrer.

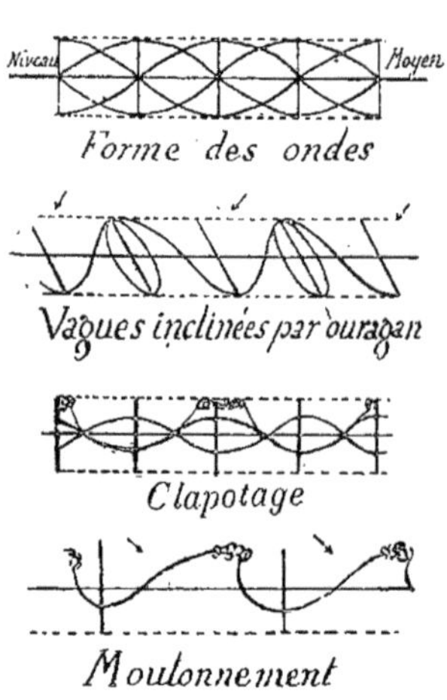

Fig. 96. — Théorie du mouvement ondoyant de la mer.

La surface de la mer est soumise à des alternatives de tranquillité et d'agitation, variables suivant les conditions atmosphériques. Quand une faible brise vient à souffler sur une grande étendue d'eau, elle lui fait perdre sa transparence ; peu à peu l'eau se couvre de petites rides concaves, dont la partie interne est tournée du côté d'où souffle le vent. Ces petites rides sont le point de départ des puissantes vagues, qui secouent les grands navires avec tant de facilité. Plus le vent devient violent, plus ces légères protubérances augmentent de proportion et s'éloignent les unes des autres, formant des pyramides isolées dont l'amplitude est la conséquence directe du vent ; peu à peu, elles se réunissent pour donner lieu aux ondes majestueuses et effrayantes pour le navigateur qu'elles menacent d'engloutir.

La forme des ondes, résultant d'une action mécanique, le défaut d'équilibre entre un fluide et un liquide, il est possible de la rapporter à certains caractères géométriques. Comme les ondes oscillent à égale distance au-dessus et au-dessous du niveau moyen de la mer, elles affectent dans ces deux positions des courbes équivalentes. Quand elles sont inclinées sous la pression du vent, leur crête et le fond de l'entre-deux des lames est encore équidistant du niveau moyen ; la courbure varie suivant la direction plus ou moins inclinée dans laquelle le vent souffle. Les axes de distance sont encore conservés dans le *clapotage*, mais l'interférence de deux ondes simultanées produit un choc d'où il résulte de l'écume. Le même effet se produit, quand la vitesse de translation est retardée par la lame précédente, la crête se brise : c'est l'origine du *moutonnement*.

On est porté à donner des dimensions considérables à ces majestueuses lames qui soulèvent les navires, parce que la position de l'observateur est propre à favoriser cette exagération. On a cité des lames qui, pendant une tempête dans la Manche, atteignirent 32 mètres au phare d'Eddystone. Les officiers de l'*Inconstant* affirmèrent avoir déterminé une hauteur de 23 mètres pour certaines lames de l'Atlantique. Dumont d'Urville en aurait vu de plus de 30 mètres de haut. L'amiral Fleuriot de Langle regarde 17 mètres comme la hauteur maxima, qu'il a observée d'après la méthode des moyennes dans les parages du cap Horn.

Comme théâtre d'une élévation extraordinaire des vagues, on peut citer : le banc des Aiguilles, les environs du cap Horn et de la Terre des États, la zone de l'Atlantique comprise entre le méridien des Açores et celui de Terre-Neuve, surtout du côté de l'Amérique. D'après M. le vice-amiral Coupvent-Desbois, les vagues auraient une hauteur à peu près indépendante de la latitude et variant au contraire avec la longitude. Cette hauteur serait dans le Pacifique plus grande à l'Est qu'à l'Ouest, et le contraire aurait lieu dans l'Atlantique. M. de Tessan (1) affirme que les plus grandes lames n'ont jamais dépassé 7^{m},50.

(1) Voyage de la *Vénus*.

Parmi ces différentes appréciations, il est difficile de choisir entre celles qui sont normales et celles qui peuvent être considérées comme exceptionnelles. Les circonstances complexes, suivant lesquelles les agitations se présentent, apportent des modifications délicates à saisir, telles que l'incidence et la violence du vent, l'étendue du bassin dans lequel elles se propagent. « Dans une mer libre et profonde, les dimensions du mouvement des ondes sont généralement proportionnées à la vitesse, l'inclinaison et l'étendue du vent; elles suivent sa direction; mais, quand il est très-furieux, leur hauteur et leur volume diminuent sensiblement (1). » Les vagues se contrarient les unes les autres; il se produit une sorte d'interférence, qui rend la mer *hachée* et dure; le navire y fatigue beaucoup, ses mouvements sont brusques, le roulis et le tangage manquant de douceur. Les navires ne s'en trouvent pas affectés, notamment parce qu'ils sont construits de telle façon qu'il y a isochronisme dans l'amplitude des mouvements, indépendants de la force des lames.

Le mesurage des lames se fait d'une façon assez simple; on s'élève dans la mâture et l'on cherche à occuper une position dont la hauteur soit telle que le rayon visuel, passant par le sommet de la lame la plus voisine, se continue ainsi par une seconde lame confondue avec l'horizon moyen. On profite, pour arrêter définitivement son opération, du moment où le mât est à peu près vertical et que le navire occupe le fond de l'intervalle compris entre deux lames.

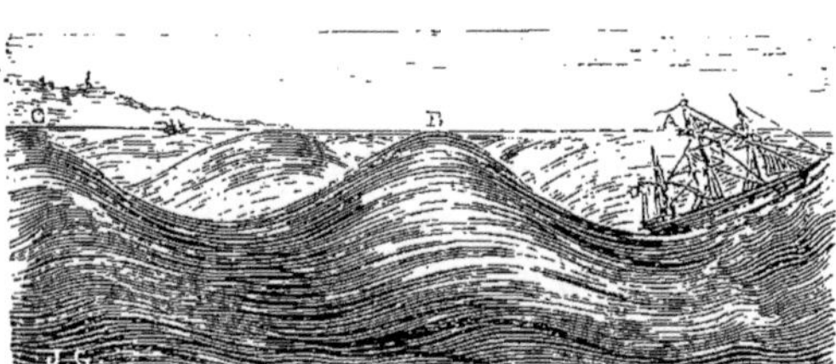

Fig. 97. — Moyen d'apprécier la hauteur des lames.

Ainsi (fig. 97), si l'observateur est monté dans la mâture au point A, son rayon visuel doit passer par le sommet de la lame B et atteindre la lame C. La hauteur de l'œil au-dessus du plan de flottaison donne la hauteur cherchée. Au moyen de ce

(1) Le colonel Cialdini.

procédé, on a reconnu que la hauteur des plus grandes lames dépassait à peine une dizaine de mètres.

La longueur des ondes ou leur dimension transversale atteint 150 à 200 mètres en mer libre ; on en a même mesuré de 400 mètres, en comparant la longueur du navire avec l'intervalle qui sépare deux *rouleaux* consécutifs. Quand le vent est violent, que la mer est *démontée*, comme disent les marins, la vitesse de translation devient très-grande. On l'estime à 40 et même 50 milles à l'heure. MM. Bérard et Tessan leur ont assigné pendant une tempête dans la Mediterranée une vitesse de 20 à 30 mètres par seconde ; vitesse d'après laquelle ces vagues accompliraient en 24 heures le trajet d'Algérie aux côtes de France. Un observateur ne peut jamais prétendre avoir rencontré la plus longue ou la plus haute de toutes les lames possibles. Cependant, en compulsant un nombre considérable de résultats d'observations faites avec soin, on doit en rencontrer qui se rapprochent beaucoup des *maxima* cherchés. Comme exemple de houle très-longue, M. Bertin, ingénieur de la marine, cite la houle observée dans l'Atlantique Nord, près de de l'Équateur, à 30° de long, par M. le capitaine de vaisseau Mottez, laquelle avait 0.0',11",5 de demi-durée, soit 412 mètres de demi-longueur. Dans l'état actuel des connaissances, on peut adopter 0.0',12" comme limite extrême des demi-durées et 450 mètres comme limite extrême des demi-longueurs (1).

Quand ces vagues arrivent près des plateaux, sur les plages aux pentes roides, elle se précipitent en bondissant au milieu d'une nappe d'écume ; on est frappé de les voir toujours s'avancer dans une direction perpendiculaire au rivage, quel que soit le côté d'où vienne le vent. Cet effet n'est dû qu'à la marche de l'ondulation au large, plus rapide que sur les bords où la profondeur est moindre. On admet qu'il se produit une déviation, dès que le fond atteint une cinquantaine de mètres. C'est aussi le motif qui donne aux vagues la forme de rouleaux concaves qu'elles prennent, au moment même où elles se brisent sur la grève; la partie antérieure se trouve retardée dans sa progression par l'inclinaison du sol, au lieu que la partie postérieure arrivant avec rapidité se déverse sur la crête de l'autre. On dit alors que la mer *brise*.

(1) *Revue marit. et col.* Janvier 1874.

Le navigateur est averti par les soubresauts mêmes des vagues des écueils cachés à sa vue ; les lames s'y brisent en flots d'écume blanchissante. Sur certaines côtes de l'Océan, où le flot est dans toute son expansion, en venant se heurter contre les rochers escarpés, il lance à une grande hauteur d'immenses gerbes d'écume. A la pointe de Penmarch, en Bretagne, célèbre par ses noires falaises, la mer brise avec tant de fureur que, par les vents d'Ouest, on en entend le mugissement jusqu'à Quimper, éloigné de 40 kilomètres. L'Océan n'a pas de plus grandes fureurs que sur les rochers rougeâtres de l'*enfer de Plogoff*. La pointe de Raz est aussi renommée par la sublimité du spectacle qu'y offre la mer : « Quoiqu'élevée de plus de 80 mètres au-dessus de la mer, la pointe du Raz semble à chaque instant près de s'engloutir sous les vagues ; on dirait un navire qui donne un coup de tangage ; la terre frémit sous vos pieds ; une écume salée vous couvre, et les hurlements terribles des flots dans les cavernes de rochers, vous étourdissent jusqu'à vous donner le vertige (1). » On cite aussi aux îles Mariannes un rocher nommé la femme de Loth, isolé de toute terre, sur lequel les lames viennent briser en le couvrant d'écume jusqu'à 120 mètres de haut ! Quels que soient le pittoresque et la majesté des brisants et l'éclat dont ils réfléchissent les rayons de soleil, ils inspirent aux marins plus de crainte que d'admiration. Mais la nature a placé à côté du danger caché, un signal qui permet de l'éviter.

L'épaisseur de la masse d'eau agitée, dans les grandes profondeurs, est relativement faible en comparaison de la hauteur de la colonne liquide. Selon Weber, l'agitation des vagues se ferait sentir à 350 fois leur hauteur, mais comme la base d'estimation est assez difficile à déterminer, le mesurage est lui-même problématique. Car alors une vague de 10 mètres de haut se ferait sentir à 3 kilomètres et demi au-dessous de la surface, ce qui est en désaccord avec les observations. Il est certain que la grosse houle remue des galets volumineux par de grands fonds et qu'elle les transporte à grande distance. Quelques pêcheurs rapportent avoir ressenti l'effet *des lames de fond*, sur le banc de Terre-Neuve, à plus de 150 mètres.

(1) E. Souvestre.

Le sondeur dont la main est exercée reconnaît encore sensiblement ces grosses lames, sur l'accore des plateaux des sondes par plus de 60 mètres. Suivant plusieurs observateurs, les ondes doivent se faire sentir à environ 200 mètres dans l'Océan; mais l'énonciation de ce chiffre repose sur des principes d'hydrostatique variables, où l'on doit faire concorder, l'étendue de la mer, l'impulsion produite par le vent et la résistance offerte par les courants sous-marins (1).

(1) Voy. Ulloa, Chabert, Fleurieu, de la Coudray, Virla, Brémontier, Poisson, de Bougainville, Aimé, Paoli, Siau, Secchi, Cialdini, Bérard, de Tessan, etc.

QUATRIÈME PARTIE

LES MERS PRIMITIVES

I

Les révolutions de la surface du globe.

La comparaison du passé avec le présent. — Les traces des mers préhistoriques. Les âges primitifs et leur durée d'après la Genèse. — Théorie sur les déluges successifs. — Affaissement de l'écorce terrestre et hypothèse des continents submergés. — Théorie des affaissements. — Classification et succession des dépôts sédimentaires. — Restauration des mers anciennes. — Les mers qui recouvraient la France et le bassin de Paris.

Les mers n'ont pas toujours eu la configuration que nous leur voyons aujourd'hui ; l'arrangement, la composition et la forme des différentes parties de l'écorce terrestre, sont des témoins offerts à chaque pas d'un séjour prolongé des eaux salées. En suivant des stratifications semblables, en les comparant, on peut avoir quelques notions sur la topographie des mers primitives. Aussi l'exploration des mers actuelles est une excellente préparation à l'étude du passé, car, les matériaux comparés de part et d'autre, nous permettent de rapprocher les diverses causes du déplacement des amas d'eau à la surface du globe. Les travaux récents ont su dérober au fond des mers actuelles une partie de leurs secrets, et ils ont démontré, dans l'organisation de la terre, la marche suivie par l'Auteur de la création.

Tout concourt à démontrer que la physionomie de la terre est sujette à de perpétuels changements ; l'état actuel de sa surface n'est que le résultat d'un développement infiniment prolongé. Elle nous semble, comme ayant toujours été telle qu'on la contemple, si nous n'analysons pas les faits accomplis. Mais, avec l'aide de la géologie, nous ne tardons pas à voir que ce monument éternel de la puissance du Créateur est soumis à des lois de transformation. Nous pouvons reconstituer avec la pensée et étudier rétrospectivement les différentes phases par lesquelles a passé notre planète ; nous avons ainsi la faculté de nous reporter à des milliers d'années, d'envisager les évolutions successives et de demander à la terre elle-même la solution des questions qui nous intéressent. La géologie traite ainsi de l'économie actuelle de la nature, tant animée qu'inanimée, en tout ce qui concerne la recherche des effets permanents des forces qui agissent de nos jours. Ces effets sont des témoignages existants de l'état toujours variable de la physique du globe et la preuve des fluctuations du monde organique ; c'est dans ce langage symbolique qu'est écrite l'autobiographie de la terre.

Nous ne pouvons parvenir à connaître le fond des vues préhisto-

Fig. 98. — Madrépores au fond de la mer.

riques qu'avec de patientes investigations ; il faut avoir recours aux combinaisons les plus compliquées. Cependant nous pouvons parfois étudier les mers anciennes, en interrogeant le sol que nous habitons ; il nous livre des documents cachés qui sont des preuves irrécusables du séjour des eaux. Ce sont des calcaires uniquement formés d'animaux agrégés ; ce sont des troupes entières d'animaux marins enfouis dans les lieux mêmes où ils ont vécu. Ailleurs ce sont des bancs compactes de coquillages, probablement jetés sur une ancienne grève, où les mugissements des vagues ont cessé depuis bien des siècles. Les flots se retirant ont laissé dans ces collections, réunies par la nature pendant des milliers d'années, des repères qui marquaient les limites du bassin de leurs eaux.

Chacune des périodes géologiques représente une longueur incalculable de siècles, pendant lesquels il s'est produit sous les eaux des Océans un ensemble d'amas renfermant des sédiments et des débris organiques ; ces formations ont recouvert un terrain servant de base, desséché précédemment.

Les temps tels qu'ils nous sont donnés par la tradition ne constituent qu'une fort petite période de l'histoire de la terre ; ce n'est qu'une très-minime fraction des prodigieuses révolutions que la terre a subies. Pour nous en convaincre, il suffit de comparer les rapports du temps avec ceux de l'espace. Au commencement des six jours de la création, le globe terrestre n'était qu'une masse aqueuse. L'histoire de la Création est ainsi résumée par Moïse : « Les ténèbres étaient sur la surface de l'abîme, l'esprit de Dieu se portait sur les eaux, et Dieu dit que la lumière soit, et la lumière fut. » *Terra erat inanis et vacua et spiritus Dei ferebatur super aquas*. Au troisième jour, les matériaux sans consistance finirent par se solidifier. L'Auteur de la création veut que la séparation de l'élément liquide et de l'élément solide ait lieu simultanément : *Congregentur aquæ in unum locum et appareat arida*. Les vestiges de ce grand travail de transformation ont laissé leurs empreintes sur toutes les terres et jusqu'au fond de leurs entrailles. Depuis, les commentateurs se sont exercés à mettre en rapport le récit genésiaque avec les idées de la géologie. Les paroles six fois répétées dans le premier chapitre de la Genèse : *Vesperè et manè dies unus... dies secundus...*, etc., ne s'appliquent pas à des jours de 24 heures, mais bien à des périodes indéterminées et d'une durée indéfinie. Il n'y a rien dans le langage de Moïse qui empêche de donner au mot *dies* ce sens. Il est enfin une considération grave tirée de l'Écriture elle-même, qui indique une pareille interprétation ; les six jours de la création sont comparés au septième du repos du Seigneur ; or, ce septième jour est incontestablement d'une durée indéfinie. L'abbé Chevalier donne le nom d'*année patriarcale* à une période de sept mois qui doit être intercalée entre celle de sept jours et celle de sept années, d'après la tradition mosaïque. On peut ainsi concilier les conclusions acceptées par la science, avec les vérités révélées. L'interprétation des périodes géologiques, mise en concordance avec les *jours* du premier historien, peut être envisagée comme une hypothèse légitime, mais non comme une vérité établie. « Si l'on considère les faits géologiques, on ne voit pas de raison décisive pour préférer l'un de ces systèmes à l'autre. Chaque mode d'interprétation semble répondre suffisamment aux exigences de la géologie, car, d'après l'un et l'autre, le récit biblique accorde un temps illimité pour l'histoire du passé de notre globe et c'est justement ce que demande la géologie (1). »

La tradition biblique du déluge se trouve nettement conservée dans l'histoire des Chaldéens ; on l'a retrouvée dans la onzième tablette d'une inscription cunéiforme découverte à Ninive et conservée au British Museum. Les phrases découpées, traduites par M. G. Smith, concordent dans leur ensemble avec le récit biblique, mais les épisodes sont un peu différents. Quelle qu'elle fût, la période diluvienne nous paraît avoir été pleine de bouleversements, pendant lesquels il se manifesta des modifications dans la faune et la flore. Cet événement grandiose et réel est souvent désigné sous le nom de *Période des inondations*. Il est signalé dans les cosmogonies primitives et dans l'histoire des sauvages de l'Amérique, où l'on considère « la terre comme fille de l'Océan. »

M. J. Adhémar fait reposer le déluge sur des lois cosmologiques, dont les phénomènes auraient successivement modifié la surface du globe (2). Son ingénieuse théorie des déluges alternatifs s'appuie sur l'inégalité de la durée des saisons dans les deux hémisphères, pour en conclure le déplacement des mers, tantôt vers le pôle austral, tantôt vers le pôle boréal. La rotation de la terre autour de l'axe de l'écliptique, s'opère dans un sens opposé à celui même de la terre ; elle est due à l'action solaire combinée avec le

(1) *Géologie et Révélation*, par le Rév. Gérald Molloy.

(2) *Révolutions de la mer.*

mouvement diurne ; la mobilité du grand axe de l'orbite terrestre, connue sous le nom de précession des équinoxes, est la base de la théorie de M. Adhémar. Cette révolution s'effectue en 26,000 ans à peu près. Ces changements suffiraient pour déplacer le centre de gravité de la terre et entraîner la masse des eaux répandues sur sa surface, vers celui des pôles où les glaces se sont accumulées, par suite de la différence de la durée des hivers.

Mais à mesure que l'axe de la terre effectue sa rotation lente autour de l'axe de l'écliptique, il semble naturel que le pôle opposé se refroidisse, tandis que l'autre qui est glacé se réchauffe insensiblement. Il arrive nécessairement une époque où il se produit une fonte des glaces qui intervertit le centre de gravité du globe terrestre du côté opposé à la débâcle ; il en résulte que les mers se précipitent vers ce pôle pour rétablir l'équilibre. Suivant cette hypothèse, le refroidissement aurait commencé au pôle austral, vers le milieu du treizième siècle de notre ère. Avant cette date, la durée de l'hiver de l'hémisphère boréal se serait amoindrie, comparativement à celui de l'hémisphère austral ; mais après, l'hémisphère boréal aurait eu des amoncellements progressifs de glaces.

Cette ingénieuse théorie peut se concilier entièrement avec le calme nécessaire à la formation des puissantes stratifications, qu'on rencontre par toute la terre ; mais la loi de ses évolutions nous est encore trop peu connue, pour qu'on puisse y appliquer le calcul avec certitude. La croyance la plus généralement admise en géologie est celle de l'affaissement des bassins, par suite du peu d'épaisseur et de la flexibilité de l'écorce de la terre dans les âges primitifs. Notre planète allant sans cesse en se refroidissant, l'enveloppe terrestre ne peut suivre la masse fluide interne dans son mouvement de retrait ; de là résultent des plissements, des fractures dont l'effet se traduit à la surface par des dénivellations très-marquées, par des dépressions d'un côté, par des soulèvements de l'autre.

C'est ainsi qu'à une époque sur laquelle on ne peut formuler aucune appréciation chronologique, un grand continent, désigné sous le nom d'*Atlantide*, se serait abîmé sous les eaux de l'Atlantique. Il aurait été contemporain des Alpes et aurait duré jusqu'à la fin de la période diluvienne. Toutes émanent de l'autorité seule de

Platon, dont le récit est regardé par plusieurs géographes, comme « un roman philosophique. » Tout ce que la science peut invoquer ne repose que sur un fragment du texte de Platon : « L'Atlantide existait, il y a 11,000 ans, elle a disparu depuis dans l'Océan, mais le seul souvenir gardé par Solon d'après les annales des Égyptiens, prouve que ceux-ci ont une vague connaissance de ce cataclysme. » La science moderne avait accepté, à un certain moment ce grand événement géologique qu'elle plaçait à la fin de l'époque diluvienne. Mais les sondages ont démontré depuis, qu'à l'endroit même où Platon mettait l'Atlantide, en face du détroit de Gibraltar, on trouve des fonds qui varient de 2,000 à 4,000 mètres.

Cette hypothèse du continent Atlantique servit à fournir des explications fantaisistes sur un grand nombre de faits géologiques et ethnographiques. Ainsi les statues mégalithiques découvertes dans l'île de Pâques, isolée au milieu du Pacifique, chez une peuplade dépourvue de notions suffisantes pour leur exécution, ont laissé supposer que cette île n'était qu'un fragment détaché du continent américain. L'examen comparatif du caractère des monolithes avec les restes magnifiques découverts dans l'Amérique centrale autorisait un rapprochement assez étroit. On a aussi émis une pareille opinion, pour expliquer différents faits relatifs à l'ethnographie polynésienne.

Les géologues pensent que la division de la couche superficielle du globe en parties contractables sur une masse liquide, doit donner lieu à des mouvements analogues à ceux que l'on observe dans le jeu des voussoirs d'une voûte qui s'affaisse. Ce phénomène expliquerait l'alternative des terrains d'eau douce et des terrains marins, ainsi que l'immersion des massifs composés de couches, qui ont conservé une position à peu près horizontale.

Ces couches ont été formées successivement, et, si l'on pouvait ouvrir une tranchée à travers l'écorce de la terre, on aurait sous les yeux la superposition des différents dépôts. Nous n'avons pas ce mode d'observation à notre disposition ; nous ne pouvons que profiter des coupes naturelles que nous présentent certains escarpements, des coupes artificielles que l'on pratique pour l'exploitation des carrières ou des tranchées de chemins de fer ; documents épars, mais rattachés cependant à un système d'ensemble montrant la succession des divers dépôts sédimentaires. Les géologues ont divisé l'histoire physique de notre globe en un certain nombre de périodes qui représentent les phases successives par lesquelles il a dû passer avant de revêtir la forme que nous lui voyons aujourd'hui.

Une première période dite *cosmogonique* comprend ce vaste espace de temps, d'une durée inappréciable, pendant lequel la terre, qui n'était à l'origine qu'une nébuleuse diffuse, passe par suite d'une condensation progressive et d'un refroidissement continu, de cet état gazeux à l'état liquide, puis se recouvre à sa surface d'une pellicule solide.

Cette première période sur laquelle nous ne possédons encore que des données purement philosophiques, puisque les faits échappent à notre observation directe, est plutôt du domaine de l'astronomie et de la physique : c'est d'elle que datent les *temps géologiques* qui se divisent alors en cinq grandes périodes.

1° *Période azoïque*, pendant laquelle la température qui régnait sur le globe était sans doute encore trop élevée, pour que la vie pût se manifester à sa surface.

2° *Période paléozoïque* ou *primaire*, c'est d'elle que date l'apparition de la vie sur la terre ; elle se subdivise alors de même que les suivantes, en un certain nombre de formations principales qui prennent le nom de *terrains : T. cambrien*, *silurien*, *dévonien*, *carbonifère* et *permien*.

3° *Période mézozoïque* ou *secondaire*, qui se subdivise en terrains, *triasique*, *jurassique* et *crétacé*.

4° *Période néozoïque* ou *tertiaire*, comprenant les terrains, *éocène*, *miocène* et *pliocène*.

5° *Période quaternaire* qui nous conduit à l'époque actuelle.

Les dépôts sédimentaires se composent essentiellement de roches siliceuses, argileuses ou calcaires ; mais, en l'absence de restes fossiles, il serait difficile même au géologue le plus exercé, de distinguer les formations d'origine *lacustre*, avec celles d'origine marine et d'établir le synchronisme, si la paléontologie ne venait pas à son aide. En étudiant les principaux traits minéralogiques, en comparant les fossiles d'une même région, en reconnaissant quels sont les raccordements des couches détruites, on peut arriver à une grande approximation.

Ce n'est qu'à l'aide d'une foule de documents compulsés méthodiquement et de la coordination de faits authentiques, qu'on reconstitue le bassin des mers anciennes; la nature même des dépôts

Fig. 99. — Représentation simulée de la succession chronologique des différentes mers, d'après les fossiles de chaque formation paléozoïque.

devient un indice de la profondeur ou de la proximité du rivage. Dans les grandes profondeurs, la composition des sédiments est plus simple et plus homogène que dans les bas-fonds; au large, les bassins conservent mieux les sédiments que sur les versants inclinés.

Les dépôts marins peuvent se comparer aux sables qu'amassent les courants aériens. A l'endroit où les fleuves anciens se jetaient dans la mer, en y apportant une quantité considérable de matériaux, on retrouverait des principes sédimentaires analogues à ceux que traversaient les cours d'eau. S'il était possible de pratiquer des fouilles assez étendues pour mettre à jour tous les bassins d'une mer ancienne et d'embrasser d'un seul coup d'œil toute sa topographie, on retrouverait des caractères semblables à ceux des mers actuelles.

D'après la paléographie nous voyons que la France a été couverte par les eaux marines à différentes époques. Pendant la période *triasique* elle ressemblait à un vaste archipel, d'où émergeait le plateau central, avec les Vosges, la Bretagne et les Ardennes. Pendant la période *liasique*, le Nord, les Vosges, la Bretagne et le centre, étaient encore les seules parties émergées. Les mers de la France *éocène* offrent une moins grande surface; nous voyons cependant encore des golfes étroits dans le Languedoc, les Landes, les Alpes Occidentales et les lacs de Suisse. L'aspect de la période *pliocène* et *quaternaire* est peu différente de l'époque actuelle; cependant la France émergée avait beaucoup de lacs ; les dépôts du terrain *pliocène* relevés convulsivement ont produit l'élévation qui subsiste à notre époque (1). En étudiant les environs mêmes de Paris, nous voyons des couches de calcaire grossier exploité pour les constructions, qui ont été formées par une mer dont un golfe profond s'avançait jusqu'au milieu du département du Loiret. Les eaux, en se retirant, ont laissé à Mortefontaine un petit désert de sable, où l'on retrouve sur des rochers épars, la trace d'érosion produite par les vagues. Autour de la capitale de la France, les mers et les lacs de la période tertiaire avaient préparé, dans la longue suite des siècles, une partie des éléments de sa future prospérité ; les calcaires grossiers ont servi à bâtir la ville ; le calcaire de St-Ouen se convertit en chaux grasse et le gypse en plâtre ; l'argile plastique fournit des matériaux pour les briques et la poterie ; les calcaires de Brie donnent la meulière. Ces dépôts présentent un ensemble d'une richesse inépuisable pour les besoins de l'industrie.

(1) M. Delesse, *La Lithologie du fond des mers.*

II

Considérations tirées des restes organiques.

Les fossiles sont les repères qui servent à établir l'histoire de la terre. — Variations successives de différents types. — Minéralisation des débris organiques. Restauration des mers jurassiques, crétacées, etc. — Importance géologique des organismes inférieurs. — Leur prodigieuse quantité par rapport à leur petitesse. — Les *Nummulites* et les terrains nummulitiques. — Exemples d'accumulation d'organismes microscopiques. — Le prétendu *Eozoon canadense.*

Les grandes masses minérales qui composent la terre sont partout abondamment répandues ; à chaque instant nous avons devant les yeux les phénomènes manifestés dans la succession des âges ; ils ont laissé, pour la plupart, des traces apparentes, repères de l'action simultanée des agents qui les ont produits, pendant une durée indéfinie, par rapport aux souvenirs fugitifs de la vie humaine. Ce ne sont pas seulement les différences de superposition des couches, qui servent de guide dans l'étude de la constitution du globe ; les débris organiques contenus dans les différentes formations, les empreintes de végétaux et d'animaux contemporains de ces mêmes formations, sont les dates de l'histoire de la surface de la terre. On estime à 35,000 le nombre des fossiles dont la géologie puisse disposer pour reconstituer les terrains anciens. Quoique rien n'autorise la science à décider péremptoirement de l'ordre successif de la création, des représentants de différente nature de l'échelle zoologique, beaucoup de raisons autorisent à admettre des périodes d'apparition successive. Le développement des êtres organisés se fit lentement, suivant une progression logique des moins parfaits aux plus parfaits. Si l'on admet que l'œuvre de la création exigea des temps illimités pour produire des variations successives, on arrive à la conception d'un enchaînement de transformations.

En envisageant dans son ensemble la distribution des coquilles terrestres et fluviatiles à la surface du globe, on voit que les changements successifs survenus dans les eaux, à la suite des évolutions de la terre, ont provoqué des déplacements généraux. On a souvent remarqué que la partie septentrionale du globe présente des plaines immenses, dont une grande portion est formée de terrains géologiques récents. On doit rattacher à ces données ce fait que lorsqu'on avance plus dans le Sud, on voit disparaître les identités spécifiques et l'on ne retrouve plus que des identités de genres, et celles-ci sont remplacées à leur tour par des parentés de familles ; les familles, elles-mêmes, deviennent en grande partie distinctes (1).

Fig. 100. — Incrustation calcaire enveloppant une coquille.

L'épaisseur des couches du premier ordre nous prouve que, pendant des intervalles de temps qu'il faut compter par milliers de siècles, notre globe roulait dans l'espace, sans qu'aucun être organisé vécût à sa surface. C'est seulement au commencement de l'époque *silurienne*, que le fond des mers fut peuplé des myriades de fossiles que nous retrouvons aujourd'hui. « Presque tous les types primitifs ne reparaissent pas dans les ter-

Fig. 101. — Formation des calcaires par la superposition graduelle des coquillages.

(1) Waterhouse.

rains postérieurs, quelques-uns, tels que les mollusques, ont encore des représentants divers. Tous les animaux de cette période sont marins, on n'en a pas encore trouvé une seule espèce terrestre. On ne saurait cependant conclure que nulle portion du globe n'était émergée, car les géologues admettent des roches plus anciennes que celles du silurien inférieur. Les organismes primitifs étant essentiellement marins, il y a lieu de supposer que cette première évolution organique devait s'accomplir dans la mer (1). »

Les tests coquilliers qui subsistent après la mort de l'animal qu'ils renfermaient ne périssent pas avec lui; ils restent plongés dans la vase à l'endroit où il a vécu; peu à peu ils sont recouverts par d'autres débris, au bout d'une période nécessairement bien longue, eu égard à la petitesse de l'individu. Il se forme ainsi des lits épais de concrétions, par ces matériaux déposés à côté les uns des autres. Les coquilles se moulent sous la pression, les plus dures résistent, conservant leur empreinte; les plus tendres se résolvent en matière calcaire qui finit par acquérir une grande cohésion. Mais, si puissante que soit la sédimentation, elle n'aurait pas donné un degré de compacité aussi fort aux calcaires, si l'énorme pression de l'eau, agissant pendant de longues périodes, n'y avait ajouté la cohésion moléculaire. Les calcaires ont été naturellement soumis à une pression hydraulique, d'autant plus énergique, qu'ils se sont formés plus profondément. Ces tests coquilliers, moulés au milieu de la pâte molle, se désagrégeraient, s'ils n'étaient pas ainsi comprimés. D'autre part, la décomposition des substances animales a provoqué une réaction chimique sur les parties tendres des coquilles, qui, ayant été ainsi dissoutes, ont formé une cémentation compacte. Ce commencement de dissolution n'ayant pas attaqué certaines coquilles, elles sont restées incorporées dans la masse où nous les retrouvons aujourd'hui, après le soulèvement des anciens fonds de mer.

Il existait, suivant M. Neumayer, trois grands bassins Jurassiques en Europe : la Méditerranée, la Russie et l'Europe centrale. Il attribue la variation des faunes à l'inégalité de profondeur des mers dans les trois bassins ; il reconnaît des influences climatéri-

(1) Ch. Martins, *Revue des Deux-Mondes* (19 novembre 1871).

ques dues aux grands courants d'eau tiède, qui, à cette époque, jouaient le rôle de gulf-stream dans l'hémisphère nord actuel. « Il aurait existé pendant l'époque jurassique un courant d'eau chaude parallèle à l'équateur, et le bord septentrional de ce courant

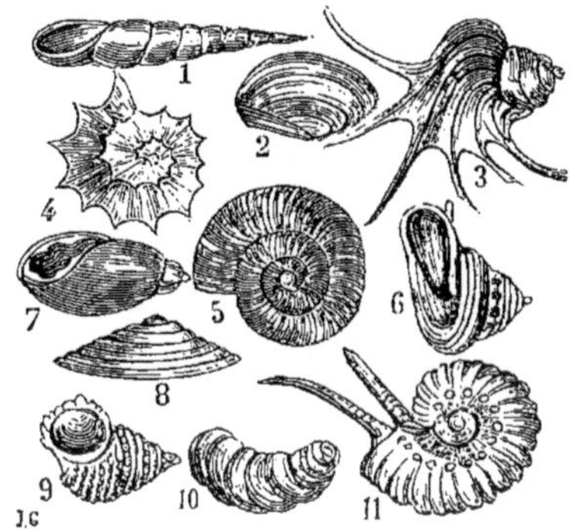

Fig. 102. — Principaux mollusques de la mer de l'époque jurassique.

1. *Chemnitzia clio* (Orb.) $\frac{1}{4}$.
2. *Corbula inflexa* (Rœm.) $\frac{1}{1}$.
3. *Pterocera Oceani* (Br.) $\frac{1}{4}$.
4. *Ammonites ornatus* (Schl.) $\frac{1}{4}$.
5. *Planorbis Loryii* $\frac{10}{1}$.
6. *Pleurotomaria discoïdea* (Rœm.) $\frac{1}{4}$.
7. *Carichium Brotianum* $\frac{10}{1}$.
8. *Patella castellana* (Thurin) $\frac{1}{4}$.
9. *Turbo tegulatus* (Münst.) $\frac{1}{2}$.
10. *Ostea acuminata* (Sw. Fr.) $\frac{1}{2}$.
11. *Ammonites Jason* (Rein.) $\frac{2}{4}$.

correspondait à une variation brusque de température. » C'est suivant cette ligne qu'aurait eu lieu la séparation des faunes du bassin Méditerranéen de celui de l'Europe centrale.

Une partie de l'histoire du monde est écrite dans la craie, car elle renferme des documents plus certains que toute autre période. Chaque stratification possède des animaux et des végétaux fossiles, dont la disparité offre autant de subdivisions dans cette grande période. Il a fallu un temps extraordinairement long pour former, avec des débris de fossiles, ces dépôts qui atteignent une hauteur supérieure à 100 mètres.

L'intelligence humaine qui permet de franchir les limites restreintes où elle est renfermée, peut embrasser d'un seul coup d'œil toute une période qui, pour se dérouler, a exigé une somme de temps que l'imagination se refuse à supputer. Les habitants infiniment petits des eaux occupent leur place dans la paléontologie ;

ils existent par quantités inversement proportionnelles à leur taille et leur conservation séculaire provient de la nature même de leur enveloppe, tantôt siliceuse, tantôt calcaire. Les Foraminifères, les Polycistines, dont le test coquillier est aussi résistant que celui des mollusques supérieurs, n'ont pas été détruits par l'action délétère de l'ensevelissement. Il ne reste que des débris de peu d'importance des animaux de haute taille, qui peuplaient les forêts à l'époque préhistorique ; leurs vestiges sont destinés à disparaître avec le temps. Les pièces de leur coquille ne peuvent se conserver que dans des circonstances particulières, où la minéralisation peut s'opérer. Cette détérioration n'atteint pas les animaux que le géologue ne peut voir qu'au microscope. Ces petits organismes nés et morts au sein des eaux douces et marines ont traversé toutes les perturbations physiques.

On a découvert en beaucoup d'endroits des amas de cette poussière impalpable, où chaque molécule fut douée de la vie dans une incalculable antiquité. Elles se sont entassées au fond des eaux, en même temps que les courants ont apporté des sédiments. Malgré toute l'énergie de leur vitalité, il n'en a pas moins fallu un espace de temps indéfini pour accumuler sur plusieurs mètres de hauteur des Diatomées et des Foraminifères et autres organismes pulvérulents. « Les restes de ces individus si petits ont grossi davantage la masse des matériaux qui constituent la croûte extérieure du globe, que ne l'ont fait les ossements des éléphants, des hippopotames et des baleines » (1). Tous ces organismes à carapace siliceuse se sont amoncelés au fond des anciennes mers, en telles quantités, qu'on retrouve dans la craie des plaques de silice, qui ne sont autre chose que des amas compactes de ces infiniment petits.

Fig. 103. — Cavités de la craie remplies de silice (*c*), et plaque siliceuse (*s*).

(1) Buckland, *Géologie*.

Les agitations étant inconnues au sein des eaux profondes; la plupart des organismes microscopiques naissent, vivent et meurent au même endroit. Ils constituent ainsi des couches uniformes, puisqu'ils sont continuellement reproduits pendant la succession des temps, avec autant d'énergie que les coquillages supérieurs, servant de donnée géologique dans beaucoup de circonstances; « ils nous révèlent aussi l'influence que l'activité organique a exercée dans la formation des terrains. »

Les mollusques ou coquillages infiniment petits ont eu, eux aussi, leurs migrations. Ils viennent porter témoignage de la présence rétrospective des eaux marines. La petitesse de leur taille, leur densité plus en rapport avec celle de l'eau, la légèreté extraordinaire des germes reproducteurs, qui se laissent entraîner par les courants, sont autant de causes favorables à leur dissémination. Un grand nombre d'entre eux se fixent en parasites aux algues flottantes et voguent ainsi au gré des vents et des courants.

Au nombre des organismes qu'on retrouve le plus fréquemment dans toutes les formations neptuniennes, même les plus anciennes, les *Nummulites* sont certainement les plus répandus; Foraminifères discoïdes, plats, for-

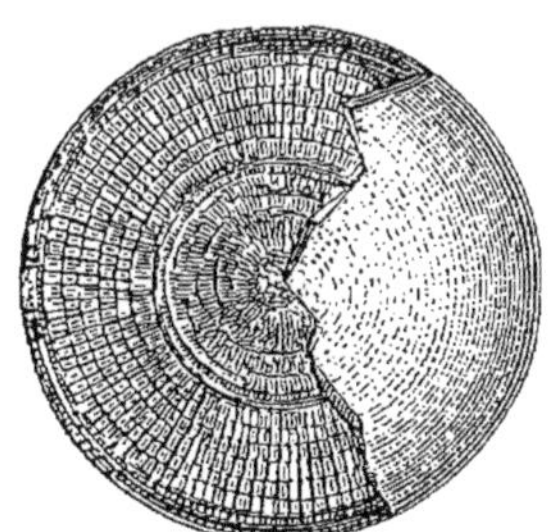

Fig. 104. — Nummulite, coupe horizontale avec fragment extérieur.

Fig. 105. — Nummulite (avec une demi-coupe montrant l'intérieur), grossissement $\frac{20}{1}$.

més de loges dans l'intérieur, leur dimension et leur forme ressemblent à une petite pièce de monnaie, d'où vient leur nom. Les blocs de pierre avec lesquels les pyramides d'Égypte ont été construites en sont remplis, et les indigènes les appellent, monnaie de Pharaon.

Le terrain Nummulitique forme la base du terrain tertiaire;

on le retrouve dans le midi de la France; il est tantôt terreux, tantôt compacte. Le calcaire Nummulitique est surtout developpé dans le bassin de Paris, où il forme la base des *calcaires* grossiers, exploités pour la construction, à Vaugirard, Issy, Vanves, etc.; il marque la division moyenne de l'*éocène inférieur* à la base du tertiaire. On en retrouve des lambeaux isolés dans le massif des Alpes et la chaîne de l'Himalaya; il a laissé son empreinte dans tout le pourtour du bassin de la Méditerranée, en Crimée, dans le Caucase et jusque dans les Indes. A Madagascar même, on trouve dans la baie de Narrinda, une étroite bande de terrain nummulitique pétrie de Foraminifères (1).

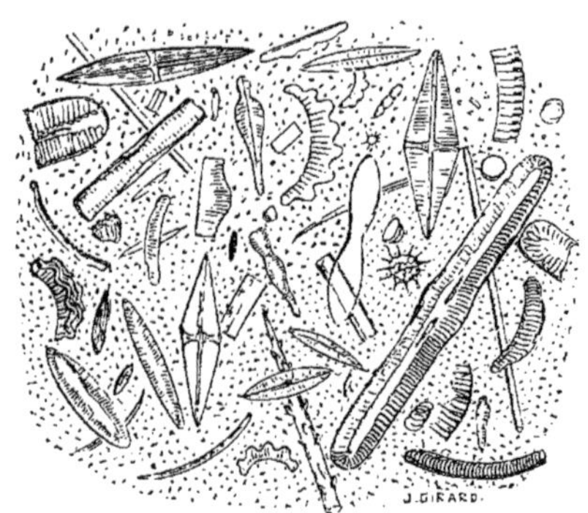

Fig. 106. — Terre fossile de l'île de Mull (Écosse), grossissement $\frac{50}{1}$.

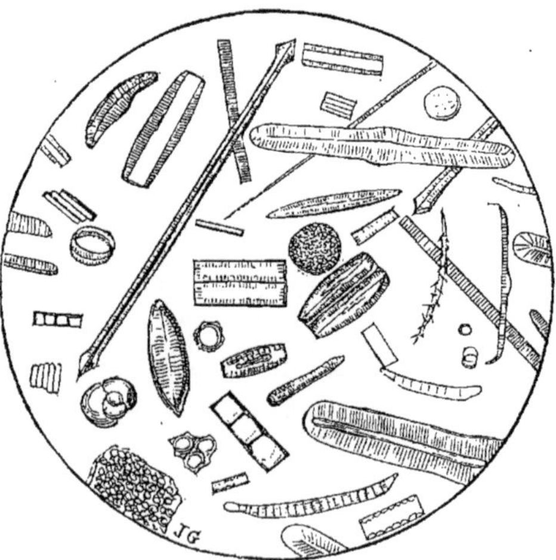

Fig. 107. — Craie de Santa-Fiora(Toscane), grossissement $\frac{120}{1}$.

Les accumulations de débris organiques de sujets microscopiques sont abondantes; elles étaient aussi répandues aux temps anciens, qu'elles le sont à l'époque moderne. Il s'est formé en Auvergne, pendant les périodes quaternaires et tertiaires, des couches épaisses de silice, dont les diatomées sont la base.

(1) M. A. Grandidier.

Elles constituent ainsi une partie de la montagne de Mourne (Irlande). On en voit aussi des exemples dans la craie de Santa-Fiora (Toscane), dans les alluvions de l'île de Mull (Écosse), à Oran (Algérie). A Lunebourg, une couche composée de carapaces microscopiques n'a pas moins de 14 mètres d'épaisseur. Au Loch Boa, (Écosse), on a découvert 130 espèces différentes de diatomées, dont 20 seulement sont actuellement disparues. A Wismar (Mecklembourg-Schwérin), il se dépose par an plus de 600 mètres cubes de corps microscopiques siliceux. Dans les ensablements de Pillau, sur la Baltique, ils sont en grande abondance. En 1839 on a retiré du port de Swinemunde, à l'embouchure de l'Oder, des vases, dont le tiers au moins se composait d'organismes microscopiques. Les vases extraites du Bosphore et de la mer Noire en ont présenté jusqu'à 49 espèces. L'observation des vases qui forment les bancs de la Floride et de la Géorgie a démontré qu'elles en sont également remplies (1).

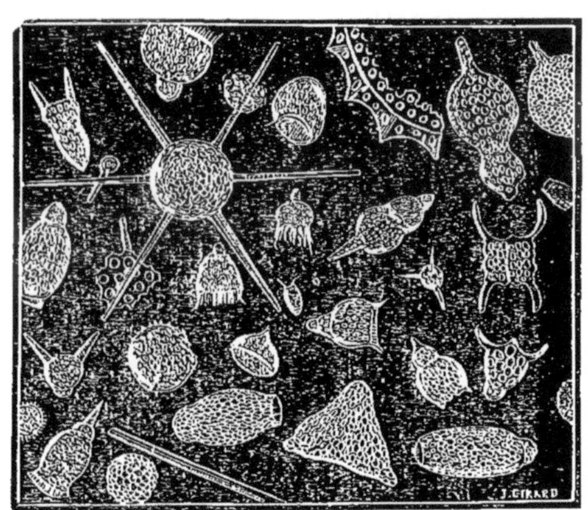

Fig. 108. — Polycistines de la Barbade (Bissex-Hill). Foraminifères trouvés dans des terrains émergés, grossissement $\frac{30}{1}$.

On retrouve des Foraminifères et des Diatomées aux pôles et sous l'équateur; Ross en a signalé des bancs entiers au pôle Antarctique. Il en existe au Spitzberg et au Groënland. Le tripoli n'est composé que de débris de ces fossiles, présentant des angles aigus et rigides qui donnent aux métaux un polissage très-fin. La couche de tripoli de Bilin s'étend sur une épaisseur moyenne de 4 mètres; on estime que chaque pouce cube renferme 40 millions de Diatomées, dont les plus grandes ont à peine 1 millimètre de longueur. On

(1) Ehrenberg, *Microgéologie*.

a découvert à Bissex-Hill, à la Barbade, des gisements de Polycistines de plusieurs mètres d'épaisseur, qui semblent appartenir à la deuxième période de la formation tertiaire; certaines couches de la montagne sont totalement stériles, tandis que les autres entassées très-serrées laissent supposer des dépôts alternatifs dans l'activité organique. On a aussi rencontré des organismes siliceux dans les cendres de volcans; fait qui ne doit pas surprendre, si l'on se rappelle que beaucoup de volcans rejettent des matières boueuses dans leur éruption et que ceux du Pérou ont plusieurs fois vomi des torrents d'eau, contenant des poissons d'eau douce. Un énorme amas de cendres presque entièrement composées de ces débris couvre une partie de l'île de l'Ascension, dans laquelle il n'existe ni arbres, ni sources. La même chose a été constatée en Patagonie. « Lors de l'éruption de l'Hécla (2 septembre 1845), les cendres furent portées par les vents jusqu'aux îles Shetland et aux Orcades. Il tomba à bord d'un navire danois, *l'Héléna*, à distance de 533 milles, des cendres qui montrèrent des carapaces siliceuses, mêlées à des fragments de minéraux, ressemblant à du verre pilé très-fin (1). »

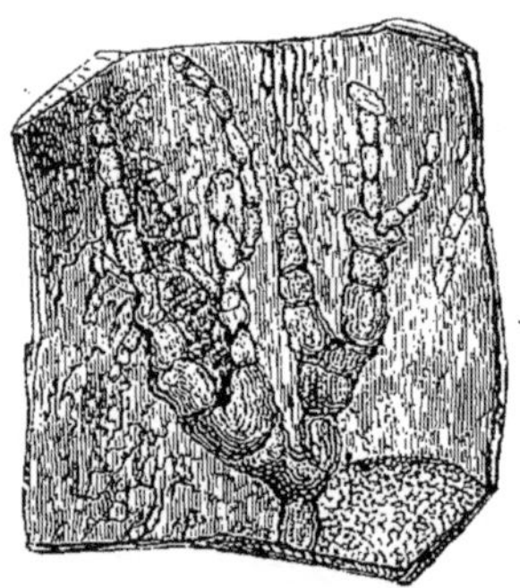

Fig. 109. — Exemple d'état métamorphique des roches, interprété sous la dénomination d'*Eozoon Canadense*, grossissement $\frac{100}{1}$.

Au nombre des sujets de microgéologie qui ont défrayé les commentaires des chercheurs, le prétendu *Eozoon Canadense* occupa pendant quelque temps les faiseurs de théories scientifiques. Dawson, Herry-Hunt, Rapenau, Martelle, Bailey reconnurent que, dans les calcaires serpentineux intercalés dans les gneiss du Canada, il existe des perforations et un système de cloisonnement, qu'on pourrait à première vue attribuer à la présence d'un animal, dont la substance serait remplacée par des couches minces d'un silicate magnésien. Sous le microscope, les traces de structure, les canalicules, le caractère tubulaire des cellules, ont une apparence

(1) D'Archiac, *Cours de paléont. stratigraphique.*

qu'on interpréterait facilement dans le sens animal. L'importance de cette découverte résidait principalement dans l'ancienneté relative de ce minéral ; mais, à la suite d'études plus approfondies, on a établi que cette apparence n'était due qu'à un simple phénomène de cristallisation.

Nous ne pouvons savoir quelles sont les plus anciennes traces de la vie dont nous ayons effectivement connaissance ; ces recherches reviendraient à démontrer à quel moment des périodes géologiques, les conditions climatériques ont permis aux organismes les plus simples de se développer. Ce serait le terme d'une série de formes, qui par succession de types se seraient élevées, d'après certaines théories, jusqu'aux plus compliquées de la nature actuelle.

III

Les Oscillations alternatives des côtes.

Les changements successifs de niveau. — La terre s'élève, la mer ne change pas. — La déformation de l'écorce terrestre. — Les repères naturels qui servent à la constatation. — Historique des observations. — Explications sur les causes des mouvements du sol. — Les grandes lignes de dénivellation à la surface du globe. — Exemples d'oscillations en Europe (Péninsule Scandinave, Hollande, Écosse, Italie). — En Afrique. — En Amérique. — En Asie. — Nombreux exemples recueillis sur les côtes Françaises, de l'Océan et de la Méditerranée.

La surface du globe n'est pas seulement soumise à des palpitations violentes, elle ressent aussi des mouvements très-lents, tellement insensibles que leur constatation ne peut être faite que par des générations successives d'observateurs. L'Océan modifie aussi lui-même ses rivages d'une façon incessante ; les forces souterraines jointes à l'érosion et au déplacement des matériaux ont changé dans bien des circonstances appréciables le fond des mers près des côtes. « Les changements qui sont survenus dans les niveaux alternatifs des parties solides et liquides de la croûte terrestre, et qui ont déterminé l'émersion ou l'immersion des terres basses et les contours actuels des continents, doivent être attribués à un ensemble de causes qui ont agi tour à tour. Parmi ces causes, les plus efficaces sont, sans contredit, la force élastique des vapeurs renfermées dans l'intérieur de la terre, les variations brusques de la température de certaines couches épaisses, le refroidissement séculaire et irrégulier de l'écorce et du noyau du globe, d'où proviennent les rides et les plissements de la surface solide, les modifications locales de la gravitation et, par suite, les changements de courbures en certaines parties de la surface d'équilibre de l'élément liquide (1). »

Les mers ont aussi occupé et abandonné les mêmes rivages à plusieurs reprises. Les deux grands géologues Cuvier et Lyell ne sont pas d'accord sur cette question. Le premier croit à une dimi-

(1) A. de Humboldt, *Cosmos*.

nution universelle du niveau; le second affirme que le niveau de l'Océan est invariable.

Les tremblements de terre sous-marins produisent des effondrements, qui, dans certaines localités, engloutissent des masses d'eau prodigieuses. Selon Ch. Lyell, « les parties solides du globe ont émergé graduellement les profondeurs de la planète par une suite de mouvements ascendants, prolongés pendant des périodes de temps indéfinies. »

Cependant aucun changement dans le niveau actuel de l'Océan n'a encore été constaté d'une manière certaine.

Les géologues reconnaissent implicitement que l'émersion des continents est plutôt due à un soulèvement effectif qu'à un soulèvement apparent. Le niveau des mers ne semble pas avoir varié, et la quantité d'eau qu'elles contiennent est perpétuellement la même, grâce au merveilleux mécanisme qui produit la compensation. Différentes raisons militent en faveur de l'élévation de la terre. « Cette doctrine peut rendre compte de la position de ces masses élevées d'origine marine et dans lesquelles la stratification est horizontale; elle peut aussi expliquer la position des couches disloquées, brisées, verticales ou inclinées. En second lieu elle est d'accord avec les expériences qui nous démontrent que la terre s'élève graduellement dans quelques endroits et s'abaisse dans quelques autres (1). » Il n'y a ni élévation, ni enfoncement en masse des continents. Les mouvements sont partiels. Si l'Océan ronge la falaise, la mine, la fait écrouler sous ses vagues déferlantes en un mot, s'il s'avance dans les terres, les terres, en revanche, empiètent sur son domaine. Ce que la mer perd ici, c'est pour le rendre dans un autre endroit; lorsqu'elle s'avance dans une partie de la terre, c'est pour reculer d'autant dans une autre. Elle répare les dégâts qu'elle cause, et des débris qu'elle a arrachés elle compose des terrains sur lesquels s'élèvent aujourd'hui des villes florissantes.

Les considérations géologiques tendent à nous montrer que l'Océan augmenterait de profondeur en diminuant d'étendue : le fond de la mer représentant la majeure partie de la surface de la terre, les affaissements considérables qui peuvent s'y produire modifient

(1) Lyell, *Éléments de Géologie.*

considérablement son bassin. On croit généralement qu'ils sont déterminés par un retrait de la masse intérieure du globe; son enveloppe à laquelle la pesanteur procure l'adhérence s'affaisserait dans son ensemble, pour suivre cette contraction; mais, forcé de s'appliquer à une sphère de plus en plus petite, le sol devrait se déformer et se bosseler. En même temps que les grands compartiments s'affaissent, sans cependant cesser d'être horizontaux sur une petite étendue, les parties intermédiaires plus étroites seront exhaussées et refoulées (1).

Les mouvements oscillatoires du sol sont plus sensibles sur le littoral que dans l'intérieur des terres, parce qu'ils ont lieu auprès du grand plan de nivellement général du globe et que le séjour des roches ou terres, au-dessous ou au-dessus des eaux, laisse des traces non équivoques, qui peuvent servir à la constatation. Ailleurs les moyens d'enregistrement font défaut pour se rattacher à une base chronologique. Si la mer a envahi les terres, on voit des signes certains d'enfoncement; si le contraire a lieu, on retrouve des coquillages marins; on peut même rencontrer dans les *pholades* et les *balanes,* qui affectionnent la limite des hautes marées, des témoignages écrits du niveau ancien de la mer, parce qu'ils ont la propriété de perforer les roches les plus dures, telles que le gneiss. Dans d'autres endroits les cordons littoraux des plages inclinées, relégués loin de la laisse actuelle de haute mer, confirment sa présence dans les lieux qu'elle ne vient plus baigner. Enfin les travaux dus à la main de l'homme, tels que les ports, les monuments anciens, sont des repères que le hasard fait servir à la révélation des changements de niveau.

Les oscillations du sol ne sont effectivement étudiées que depuis un temps relativement récent, mais elles ont été soupçonnées dans les temps les plus reculés. Ovide met cette doctrine dans la bouche de Pythagore : « J'ai vu, dit-il, des terres faites de l'ancien fond de la mer avec des coquilles marines, sur le sommet des plus hautes montagnes, comme près de son lit actuel. » D'autres philosophes de l'antiquité, à la tête desquels se trouve Strabon, concluaient à des mouvements d'affaissement de certaines parties

(1) Lory.

du sol ; mais l'attention des anciens avait été plutôt portée sur un fait frappant dans tout système stratigraphique, c'est que, dans les pays plats, les matériaux du sol sont disposés par bancs et qu'on retrouve ces mêmes bancs à des niveaux correspondants sur de vastes étendues. En Chine et aux Indes, les anciens manuscrits font mention d'alternatives d'immersion et d'émersion. Au dixième siècle Omar-el-Aalem, dans son ouvrage *El Jezr*, suppose « qu'il dut y avoir de fréquents changements du niveau de la Méditerranée. » Il invoque l'existence des lacs salés d'Afrique et d'Asie (1). En 1730, l'abaissement du plan d'eau de la mer Baltique a été indiqué par Celsius qui l'estime à $0^m,989$ par siècle ; ayant fait un repère à l'île Loëffgrund, il constata avec Linnée, 13 ans plus tard, une différence de niveau de 18 centimètres. Playfer en 1802 et Buch en 1807 émirent l'hypothèse que ces changements de niveau étaient le résultat des mouvements du sol et non pas de la mer. Mais avant eux, en 1737, Nilsson avait déjà fait des études sur un abaissement longtemps prolongé des côtes du Groënland.

Les observations de Buch furent le point de départ de recherches plus sérieuses ; il signala le premier les traces du soulèvement entre la Norwége et la Russie. Ses observations furent continuées avec succès par sir Rodrick Murchison en 1845 ; il compara ces oscillations à un « mouvement de bascule ». Reprenant les travaux de Celsius, il rejeta son idée de l'abaissement du niveau de la mer ; la pierre où Linné avait mesuré en 1749 la distance de la mer à Talborg se trouvait alors à 30 mètres plus près du rivage ; de plus, les repères gravés sur les roches au commencement du XVIIIe siècle, témoignèrent dans plusieurs endroits que la mer Baltique baissait, ou mieux que le sol se relevait. Depuis que ces faits ont été constatés, de nombreux observateurs se sont mis en quête de renseignements, et ils en ont rencontré abondamment sur les rivages de toutes les mers.

Malgré l'obscurité de la question pendante sur les oscillations et les opinions contradictoires émises sur ce sujet, on a reconnu qu'elles se produisent dans les régions sans volcans, comme dans

(1) Amiral Smith.

les zones, volcaniques ; mais il est à remarquer que dans le premier cas, ces mouvements sont moins fréquents. On pourrait les regarder jusqu'à un certain point, comme « des tremblements de terre avortés, des effets dus à une cause peut-être aussi violente, mais répartie sur un grand espace (1). » Il est hors de doute que ces mouvements se sont manifestés dans presque tous les âges, on peut croire alors qu'ils se continueront encore en vertu d'une loi générale mal définie. L'explication de ce phénomène est fort complexe ; les deux causes invoquées précédemment sont probablement en action ; l'une pourrait même être la conséquence de l'autre. Ces problèmes se résolvent beaucoup plus facilement par l'hypothèse de l'incandescence que l'on suppose occuper le noyau central. Ceci aurait une influence marquée, puisque les phénomènes ignés provoquent des transformations sensibles à la surface de la terre. « Mais les élévations et dépressions sont plutôt locales que générales ; elles se succèdent souvent sur une même côte et à très-petite distance ; de plus, au lieu d'être saccadées et accidentelles, elles sont continues et s'opèrent même avec une lenteur extrême ; il paraît donc plus naturel de les attribuer à l'accumulation des sédiments et surtout à l'érosion que la mer exerce sur les côtes sous-marines.... à mesure que les parois sont corrodées, l'eau de mer y pénètre plus avant ; elle imbibe insensiblement les roches qui les composent, et elle tend à augmenter leur volume (2). »

Cette opinion puise dans sa simplicité, un argument contre les théories qui reportent à l'incandescence centrale tous les effets de mouvement du sol. Au lieu d'être rapportés, même dans leurs détails, aux grandes perturbations géologiques, on pourrait dans bien des circonstances en attribuer l'unique motif à des dispositions locales du sol. Citons les expériences faites par M. Delidon (de Napoléon-Vendée) sur une terre particulière, le *bri*, qui mouillé d'eau douce et salée se gonfle et conserve un volume supérieur à celui qu'il présentait auparavant. Il serait ainsi facile d'expliquer par l'apport incessant de ce *bri foisonnant*, le comlbement de l'ancien golfe de Poitou, dont le sol en est uniquement composé.

(1) J. Bourlot.

(2) M. Delesse, *Lithologie du fond des mers.*

En compulsant les documents recueillis de toutes parts, il semblerait que, dans l'hémisphère boréal, le continent s'exhausse. Il existe cependant un pli d'affaissement dans le nord de l'Europe dont l'origine vient de l'est de la Baltique. On a reconnu d'autre part un soulèvement général de la Méditerranée, depuis le désert du Sahara, jusqu'à la France centrale et depuis les côtes d'Espagne, jusqu'aux steppes de Tartarie. L'hémisphère sud s'affaisse sous deux grandes zones : premièrement celle des îles de la Société et des Carolines ; secondement celle de l'Australie, la Nouvelle-Calédonie, et le bassin de l'océan Indien ; mais entre ces deux grandes lignes, il y a un relèvement dans la Nouvelle-Guinée et les îles circonvoisines.

Selon Darwin les oscillations du sol de l'océan Pacifique sont irrégulières, intermittentes et rarement persistantes ; de nombreuses preuves physiques démontrent que ce mouvement est encore très-sensible dans les temps actuels. La présence des coraux au-dessus du niveau de la mer, dans le milieu des îles environnées de bancs de coraux vivants, est naturellement une preuve d'un effet ascensionnel. Ceci se produit indistinctement dans toutes les parties de l'Océan, quoique, sur certains points, le phénomène ait été beaucoup plus sensible. Ainsi à Metia, île élevée de 80 mètres, aux îles Tahïti et dans l'Archipel, il est presque nul. Dans d'autres circonstances, tout un groupe d'îles a suivi irrégulièrement la même perturbation. Aux îles Gilbert, par exemple, l'élévation s'est produite au sud et n'a pas eu de conséquences à l'extrémité nord.

Les observations détaillées sont nombreuses ; elles portent sur un grand nombre de localités dispersées dans toutes les parties du globe. Nous les avons réunies pour les examiner successivement en Europe, en Asie, en Afrique, en Amérique, en Océanie et plus particulièrement sur les côtes de France.

En commençant par le nord de l'Europe, nous voyons que le Spitzberg subit une dénivellation ascendante, puiqu'on y a vu d'anciennes plages à 45 mètres de la mer actuelle. L'amiral Fleuriot de Langle, qui commandait la campagne scientifique envoyée par la France au Spitzberg, rapporte avoir trouvé dans les roches des côtes de Bell-Sound des perforations de Térébratules, élevées au-dessus du niveau de la mer. Ayant fait draguer le fond en face à peu de distance de la côte, il recueillit des espèces identiques à celles qui avaient laissé leur empreinte sur les roches émergées.

Dans la Péninsule Scandinave, on trouve près d'Eiddewalla (d'après M. Brogniart) des dépôts de coquilles, situés à 60 mètres au-dessus du niveau de la mer, dont les congénères habitent encore aujourd'hui l'Océan. A Soedertelge on en a vu des couches de 30 mètres d'épaisseur. Suivant le professeur Forchammer la pointe terminale de la péninsule s'élèverait de 30 centimètres par siècle. L'île Munkholm, près de Drontheim, s'est exhaussée d'au moins 6 mètres pendant les dix derniers siècles ; on y trouve des coquillages à 150 mètres au-dessus de la mer. Ces faits rapprochés de plusieurs autres semblent indiquer que l'axe de bascule de la Péninsule Scandinave passe par Calmar et Carlscrowa. Sir Roderick Murchison le fait passer par le parallèle de Soltvitsborg, sur lequel il ne se serait pas produit d'oscillations depuis plusieurs siècles.

La mer respecte moins les côtes basses que les côtes rocheuses ; la Frise, la Hollande, le Hanovre offrent des exemples frappants d'une inondation lente, due à un affaissement du sol. Depuis les temps où la tradition a laissé quelques documents authentiques, cette invasion de la mer est permanente. Quelques îles furent formées de lambeaux de terre détachés du continent. Les digues impliquent d'elles-mêmes l'idée d'un mouvement bien *postérieur* aux temps pré-historiques, puisque cette protection est due à la main de l'homme. D'après les commentaires de César, il y a deux mille ans, le sol des Pays-Bas était couvert de bois et de marais. Le château de Britten, près Catwick, qui est en partie submergé, laisse voir dans les basses marées les pierres de ses substructions ; dans les *polders* d'Enkhinsen, où l'évacuation se faisait d'elle-même à marée basse au XVe siècle, on est obligé d'avoir maintenant recours aux pompes pour enlever les eaux.

L'île des Bataves, l'île Walcheren, toutes deux habitées du temps de Tacite, sont aujourd'hui au-dessous des basses mers. Pline nous apprend que l'an 73 de notre ère, les Conches construisaient leurs huttes sur des monticules pour n'être pas inondés par la mer. Certains calculateurs semblent pouvoir prouver que la progression d'enfoncement a été en décroissant ; elle était de 9 millimètres au

XVe siècle, tandis qu'elle ne serait plus que de 2 millimètres et demi au XVIIIe (1).

Le golfe de Jahde s'est ouvert au IIIe siècle ; et en s'agrandissant constamment, il est devenu maintenant un bon port. La mer de Harlem s'est formée peu à peu pendant le XVIIe siècle. La ville de Torum et plus de 50 villages avec elle ont été submergés en 1537. Selon quelques géographes allemands la côte des Pays-Bas était bordée de 32 îles, il y a 18 siècles ; c'est à peine si aujourd'hui, on en compte moitié autant. D'autres, telles que celles de Borkum,

Fig. 110. — Terrasses ou routes parallèles de Glen-Roy (Écosse).

portées sur les cartes du siècle dernier, ont totalement changé de configuration. L'île d'Heligoland, ce rocher détaché du continent, aurait diminué des trois quarts de sa surface pendant les cinq derniers siècles. Vers 1072, cette île aux hautes falaises avait des pâturages fertiles; aujourd'hui, il en reste à peine quelques traces. Sur la côte du Schleswig, l'île Sylt a été aussi fortement détruite par l'action de la mer ; selon Muller, elle s'est frayée une voie à cet endroit où la côte est basse, en se précipitant dans le Lynnfiord qui dépend du Jutland.

Dans l'ouest de l'Écosse les *terrasses* ou *routes parallèles* de Glen-Roy, au pied du Ben Nevis, ont été regardées comme un repère des oscillations du sol. Entre le Loch-Loggan et le Loch-Lochy, sur une longueur de 16 kilomètres et à une hauteur très-grande au-des-

(1) Bourlot, *Étude sur les dénivellations séculaires.*

sus du niveau de la mer, s'étendent des terrasses sur le flanc des coteaux; leur niveau est régulier, et chacune d'elles forme une indentation ou saillie variable de 3 à 10 mètres. Un fait curieux sur leur origine, c'est qu'elles coïncident avec une dépression des montagnes, donnant accès à une autre vallée. Quoique la découverte d'aucun fossile n'indique la présence d'eaux douces ou salées, on suppose que cette particularité est attribuable à l'érosion ; on veut y reconnaître une grande inondation océanique, qui se serait précipitée dans le Frith of Linnhe par le *great glen of Scotland* jusqu'à la mer du Nord; chacune des terrasses aurait été une démarcation du niveau des eaux, à l'époque des inondations successives. En 1840, Agassiz expliqua ce phénomène par la présence d'un glacier, dont la hauteur aurait diminué de temps à autre. C. Lyell et G. Jeffreys ont abondé dans ce sens. Enfin plusieurs géologues anglais tâchent de mettre d'accord ces opinions, en invoquant les deux causes qui ont pu agir concurremment.

On a découvert dans une récente expédition scientifique dans le

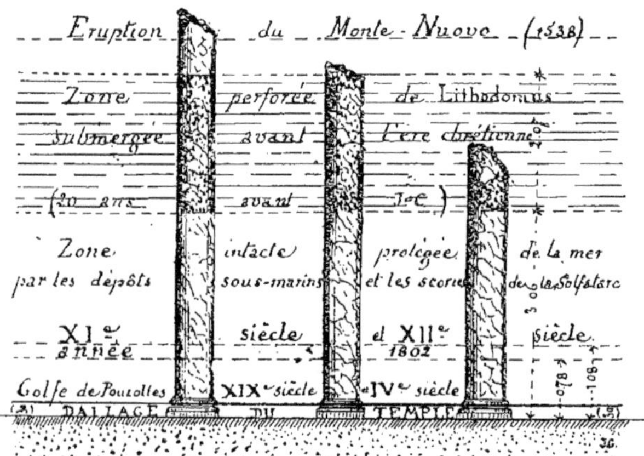

Fig. 111. — Périodes alternatives d'abaissement et déchaussement au-dessus du niveau de la mer, des colonnes du temple de Sérapis, à Pouzzoles (près Naples).

Montana (États-Unis) des terrasses parallèlesa nalogues à celles de Glen-Roy ; elles s'étendent dans une vallée où coule actuellement une rivière.

Les oscillations n'offrent pas de caractères bien déterminés dans les régions basses ; elles opèrent seulement sur une plus grande surface ; elles sont bien plus distinctes dans les terrains volcaniques, où les traces laissées sur les rochers sont mieux déterminées.

Le type classique et longtemps étudié des oscillations du bord de la mer se trouve au temple de Sérapis, à Pouzzoles, dans la baie de Naples. On y voit « la déduction des faits écrits sur ces colonnes, en caractères précis et lisibles. » Il reste debout trois colonnes de marbre qui n'ont pas d'altérations jusqu'à une hauteur de 3m,6 au-dessus du piédestal ; mais, plus haut, on constate sur une zone de 2m,7 de largeur que le marbre a été perforé par un bivalve, le *Lithodomus*. Ces colonnes sont donc restées longtemps dans la mer jusqu'à la hauteur de 6 mètres, le pavé actuel du temple étant à 0m,30 au-dessous du niveau de la baie de Pouzzoles. Il y aurait donc eu alternativement abaissement et élévation (1).

D'après Nicolini, le sol aurait eu les oscillations suivantes : 1° vingt ans avant l'ère chrétienne, il était à 3m,6 au-dessus du niveau actuel; 2° vers la fin du Ier siècle, il n'était qu'à 1m,08 au-dessus de ce même niveau; 3° à la fin du IVe siècle, il s'était abaissé et avait repris à peu près le niveau d'aujourd'hui ; 4° dans les siècles suivants et antérieurement à l'éruption du Monte-Nuovo, il était environ à 5m,08 du niveau actuel; 5° au commencement du XIVe siècle, il se trouvait à 0m,70 au-dessus du niveau où nous le voyons en ce moment.

Ce repère chronologique est un témoignage des dénivellations locales qui ont lieu sur un terrain éminemment volcanique, donnant encore des preuves d'incandescence ; il démontre clairement la façon dont les phénomènes se produisent.

Le bassin méditerranéen laisse aussi, loin de ses bords, des traces de la présence des eaux salées ; à une époque reculée, elles ont occupé les sables du Sahara ; le Sebka-Faraoum (le lac Tritonis des anciens), qui devait être le prolongement du golfe de Gabès, n'est plus qu'un marais. M. le capitaine Roudaire a étudié la dépression du sol entre la Tunisie et l'Algérie, au-dessous du niveau de la mer, dans la région des Chotts.

(1) J. Bourlot.

Les conséquences auxquelles avait conduit cette comparaison sont aujourd'hui confirmées. Les stations de l'Aurès ont permis de relier le chott Mel-Rhir à la mer par un nivellement géodésique continu, contrôlé, à partir du plateau de Tahir-Rassou, par un nivellement de proche en proche. Les calculs des différences de niveau viennent de donner les résultats suivants :

Le lit du chott Mel-Rhir, à son bord occidental, est à $26^{m},89$ au-dessous du niveau de la Méditerranée. Ce lit s'incline vers l'est, suivant une pente d'environ $0^{m},20$ à $0^{m},25$ par kilomètre, de telle sorte qu'à 4 ou 5 kilomètres du bord, on se trouve à 28 mètres au-dessous du niveau de la mer.

Le capitaine Roudaire ne voit, en outre, aucun accident de terrain sérieux entre la série des chotts, qui se prolongent bien au delà de la frontière tunisienne.

La possibilité de la création d'une mer intérieure, à l'aide d'un canal praticable entre le golfe de Gabès et le lac Faraoun, serait aux trois quarts démontrée. Il est difficile d'imaginer quelles transformations merveilleuses l'ouverture de cette mer apporterait dans cette région, qui est une des plus désolées et des plus infécondes de l'Afrique septentrionale, surtout quand on pense que ce projet, gigantesque en apparence, pourrait être réalisé à très-peu de frais. Dans tout le sud de l'Algérie, les Chotts ou lacs salés, les amas de sel, les coquillages et l'affaissement du sol sont des témoignages certains du séjour des eaux marines. « Cependant les fossiles d'origine terrestre ou d'eau douce et toutes les observations des géologues qui ont exploré le Sahara algérien, concordent à établir presque partout à la surface de cette région, l'existence de dépôts d'atterrissement d'origine fluviatile (1). » La présence de fossiles marins sur quelques points confirme que les expansions d'eau salée auraient été restreintes et n'auraient pas couvert indistinctement tout le Sahara.

Les mouvements du sol en Amérique, observés principalement par Darwin, affirment le soulèvement d'une grande partie de l'Amérique méridionale. Cet observateur a trouvé des amas de coquillages à 106 mètres de hauteur, sur les collines du Chiloé et à

(1) Ch. Grad.

400 mètres, près de Valparaiso. Il a constaté que le sol de Valparaiso se serait élevé de 3m,20, de 1817 à 1834, soit de 19 centimètres par an, mais que ce mouvement aurait été précédé d'un repos relatif. Au-dessus de Cobija, d'Iquique, aux environs de Coquimbo, on remarque des terrasses, qui sont des témoins du séjour de la mer à une époque relativement récente. Darwin a démontré que, sur la falaise de San-Lorenzo, une couche de coquillages modernes a été déposée à plus de 30 mètres au-dessus du niveau de la mer. Le sol de Callao s'est aussi élevé depuis les temps anciens. M. G. Fleuriais, lieutenant de vaisseau, a signalé à Punta-Arenas (Patagonie), sur le versant d'une colline à la hauteur des neiges et près de filons de charbon, trois bancs distincts de coquilles d'huîtres, formant autant de stratifications distantes l'une de l'autre de 3 à 4 mètres. M. E. Liais a constaté au Rio San-Francisco (Brésil) l'existence de terrains fossilifères à des hauteurs de plusieurs centaines de mètres au-dessus de la mer. M. Pissis, en examinant la côte entre la Conception et Rio-Maule, a trouvé différentes cavités formées par des mollusques perforants ; ces perforations se succèdent sans interruption depuis le niveau de la mer, jusqu'à une hauteur de 8 à 10 mètres. Les trous dans la partie supérieure sont en bien plus grand nombre que dans le bas, ce qui est une preuve de l'élévation progressive. En résumé, l'aire de soulèvement dont le centre est au Chili ne comprendrait pas moins de 4,000 kilomètres au pied du massif des Cordillères.

L'Amérique septentrionale offre des cas moins fréquents ; les côtes du Texas et celles du golfe du Mexique ont une tendance à l'émergence ; de 1845 à 1863, la plage de la baie de Matagorda s'est exhaussée de 60 centimètres. Les bancs de coraux de la Floride prouvent le soulèvement de ces régions. Plusieurs points de la Géorgie s'affaissent constamment ; on estime cet affaissement à 0m,60 par siècle.

L'entrée du port de la Pointe-à-Pitre à la Guadeloupe est soumise à un affaissement lent ; car, en comparant la carte levée en 1760 avec l'état actuel, on voit que l'îlot des Caraïbes a disparu et qu'il n'y a plus à la place qu'un banc de madrépores recouvert de 1 mètre d'eau à marée basse, ce qui représente un abaissement d'environ 1m,50. Cet effet n'est pas attribuable à l'érosion de vagues, qui sont arrêtées et brisées par une bande de récifs abritant la rade. Plus loin, l'île à Chasse est actuellement au niveau de la mer ; le propriétaire affirmait qu'il y a trente ans cet îlot n'était jamais inondé. L'îlot à Fajou est submergé, quoiqu'il soit abrité par les coraux. Dans le Grand-Cul-de-Sac, les Cayes à fleur d'eau, ne montrent que quelques têtes à marée basse ; la surface des Cayes ne doit guère dépasser le niveau moyen des mers, car le corail ne pourrait pas vivre au contact de l'air. Il serait donc admissible que ces bancs formés à un niveau inférieur de celui qu'ils ont actuellement, aient été soulevés avec la terre attenante. Ces faits impliqueraient un mouvement de bascule autour d'un axe horizontal, qui serait peut-être le méridien du Petit-Havre ; l'abaissement se ferait dans l'Ouest et l'exhaussement dans l'Est (1).

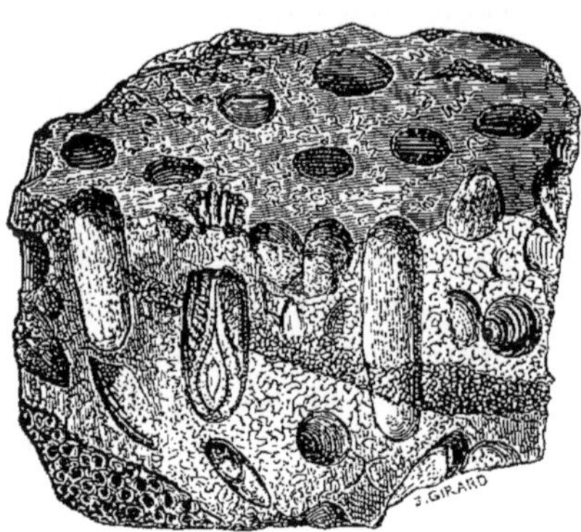

Fig. 112. — Fragment de gneiss perforé par les pholades.

En Asie les observations sont peu abondantes ; la plus importante a été faite aux îles Andaman. Le conservateur des forêts de l'Inde étant venu visiter ces îles observa dans les détroits du centre un caractère de tendance à l'affaissement. Les *palava* meurent par suite de la pénétration de l'eau de mer jusqu'aux racines. Il estime que cette submersion est d'environ 30 mètres par mille ans.

D'après le capitaine Bryant, les îles volcaniques de Pribyloff, dans l'archipel des Aléoutiennes, offrent des traces évidentes de soulèvement. Il existe à l'île Saint-Paul un rocher dont la hauteur est de plus de 20 mètres, uniquement composé de couches de cendres, on y distingue de nombreux coquillages, dont les repré-

(1) Gaspari, *Revue marit. et Col.* Octobre, 1871.

sentants actuels ne se trouvent plus dans les mers voisines (1).

Fig. 113. — Principales espèces de coquillages de l'Océanie, d'après Julius Brenchley.

(1) *Alaska Herald.*

A Hawaï, aux îles Sandwich, où les grands volcans Muna-Loa et Kilauca sont en pleine activité, la plage a subi, en 1868, un mouvement d'affaissement qui se continue encore en ce moment. Il est tellement sensible que les indigènes qui habitaient le bord de la mer ayant eu leurs cases submergées, ont été les rebâtir à deux milles dans l'intérieur des terres. Ils pêchent maintenant à l'endroit où ils faisaient paître leurs troupeaux (1).

Sans aller chercher bien loin des exemples des déplacements modernes de la mer, nous en trouvons qui sont très-frappants sur les côtes de notre pays. On a constaté sur les côtes françaises de l'Océan, de Dunkerque à Bayonne, des envahissements ou des relais de mer; l'Océan a conquis de grandes portions du territoire, notamment sur les côtes de Normandie et de Bretagne. L'existence de forêts sous-marines, depuis la Loire jusqu'à la Seine, est un fait d'autant plus remarquable, que cette partie est tout à fait déboisée aujourd'hui. Fort souvent des arbres sont restés debout et tronqués à une hauteur de 1 mètre au-dessus de l'ancien sol. « Une partie de ces envahissements, entre autres celui qui a séparé l'Angleterre de la France, ainsi que sur les îles de Guernesey et d'Ouessant, remontent au delà des temps historiques. Mais d'autres sont très-récents... Tel est celui de la baie du mont Saint-Michel et d'une partie du Cotentin. Il est établi qu'avant et longtemps après la conquête de la Gaule par Jules César, les côtes de Bretagne s'étendaient beaucoup plus au Nord et celles du Cotentin beaucoup plus à l'Ouest qu'aujourd'hui. La baie du mont Saint-Michel, le Plateau des Minquiers, Chaussey et très-vraisemblablement Jersey, faisaient partie d'une vaste forêt appelée Koquelonde au Sud et Scissey à partir de Granville, jusqu'à la pointe de la Hague (2). »

A cette époque, les grèves du mont Saint-Michel étaient traversées par deux voies romaines. Les manuscrits de cette abbaye attestent qu'en 709 (après Jésus-Christ) la mer envahit la forêt qu'elles traversaient. Sur le littoral Cotentinais la tradition est d'accord sur la réunion de Jersey au continent. C'est un des points où les modifications soient les plus importantes; une forêt sous-ma-

(1) *Sydney Morning Herald*. 1872.
(2) M. Quénaut.

rine s'étend sous la baie de la Fresnay; on a retrouvé les traces d'autres forêts près de la Hougue, de Cherbourg et de Wissant dans le Pas-de-Calais. La baie de Douarnenez occupe l'emplacement de la ville d'Ys, ancienne capitale de la Cornouaille; près de la pointe de Plogoff, on voit encore à 5 ou 6 mètres sous l'eau des ruines et des pierres druidiques. On a trouvé dans les grèves du Calvados, de la Manche et de l'Ille-et-Vilaine des bois et des restes d'habitation. M. Quénaut a reconnu à Briqueville-sur-Mer des traces incontestables de la forêt de Scissey (*Setiacum nemus*).

L'histoire et la tradition font remonter les ravages de la mer au VIIIe siècle de notre ère; ils se sont étendus jusqu'au XVe siècle. Depuis lors, la mer a perdu des bandes de territoire, ayant en moyenne 1 kilomètre de largeur, appelées *mielles*. Dernièrement on signalait sur les côtes voisines de Saint-Brieuc des trous de *pholades* à une hauteur où la marée n'arrive plus depuis longtemps; à côté on voyait aussi des amas de galets de l'époque antédiluvienne. On a aussi découvert des cavernes sur les côtes de Binic et d'Étables; ces cavernes qui sont envahies par la mer aux grandes marées portent des traces d'habitations préhistoriques.

Autour de la Bretagne, les dépôts de *maërl* et de coquilles marines se rencontrent également à l'intérieur des terres et sont exploités pour les besoins agricoles. « A Saint-Michel en Lherme, des buttes sont formées par une accumulation confuse d'huîtres et de mollusques sous-marins; leur hauteur est à 10 mètres au-dessus du niveau de la mer. A l'est de Marans, les mollusques se montrent à 40 kilomètres du rivage actuel. Comme preuve que la mer pénétrait jusqu'à Niort, on peut citer des amas de galets et de coquilles à La Rochelle, Angoulin, Châtellaillon... (1). » Auprès de l'île de Noirmoutiers, les anciens marais provenant des dépôts amenés par l'eau salée et l'eau douce autour de l'île de Bonin s'allongent par de nouveaux marécages. Depuis cent ans, la commune de Bourgneuf a gagné 500 hectares.

Il existe aussi dans le Nord des traces d'exhaussement du littoral; on voit sur la plage de Cayeux-sur-Mer, près de l'embouchure de la Somme, l'appareil littoral ancien qui témoigne du retrait des

(1) M. Delesse, *La lithologie du fond des mers*.

caux, à différentes périodes d'activité de la mer. Il existe sur une étendue de 8 à 10 kilomètres, des cordons ou bourrelets de galets disposés avec une régularité progressive en zones de rouleaux, dont les contours correspondent aux époques de formation et attestent le retrait de la laisse de haute mer. Sur plusieurs points ces ondulations de galets sont au nombre de vingt à trente, en les comptant depuis le pied du cordon littoral actuel jusqu'aux terres

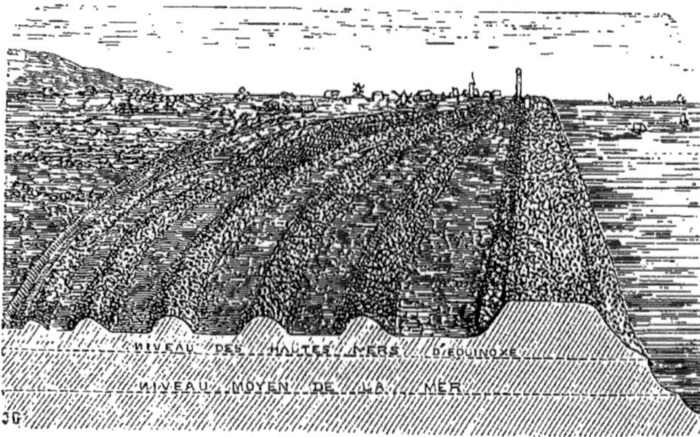

Fig. 114. — Cordons littoraux de galets actuellement plus élevés que la mer, sur la plage de Cayeux-sur-Mer (Somme).

cultivées, c'est-à-dire sur une distance de 100 à 150 mètres. Tantôt leur courbure concentrique est tournée du côté de la mer, tantôt elle dévie fortement en se rejetant de l'un ou de l'autre côté. Leur hauteur est variable suivant les endroits ; dans quelques-uns elle dépasse à peine 20 centimètres, au lieu que, dans d'autres, elle est suffisante pour former de petits vallonnements de 3 à 4 mètres de profondeur. Toutes ces traces sont un modèle en relief des modifications de la plage, suivant les caprices de la mer. Le sol sur lequel les anciens cordons littoraux ont été édifiés successivement, est plus élevé que le niveau des hautes mers d'équinoxe ; cette assertion est justifiée par la sécheresse de ces terres abandonnées par les eaux de la mer, qui, même dans les élévations exceptionnelles de la marée, ne sont pas inondées.

Cet exhaussement du sol est-il attribuable à une dépression de l'écorce terrestre ou à une cause accidentelle ? Sans aller chercher une explication dans les phénomènes placés au delà de la portée de notre faculté visuelle, nous en trouvons une dans la constitution géologique même du sol. Les hautes falaises de craie composant en grande partie les côtes de la Manche sont humidifiées dans les endroits où elles s'infléchissent au-dessous du niveau de la mer; cette craie est sujette à un *foisonnement*, qui finit à la longue par exhausser insensiblement le terrain.

Les mouvements des côtes Françaises de l'Océan se poursuivent jusqu'à celles d'Espagne; la baie de Saint-Jean de Luz, sûre pour les navires pendant le moyen âge, est tout à coup devenue dangereuse au commencement de ce siècle. Les rochers d'Arta qui défendaient la baie, diminuant progressivement, n'ont plus protégé ce port naturel, d'où il résulta que les flots allèrent jusqu'à la ville livrer des assauts assez forts pour bouleverser les maisons. S'il y avait dépression sur la côte, il se produirait un soulèvement à l'extérieur. On a observé que du village de Villar-don-Diego, dans la province de Zamora, il est maintenant possible de voir la moitié supérieure du clocher de l'église de Remifazzes, dans la province de Valladolid; tandis qu'il y a 23 ans on en apercevait à peine la pointe. Le même phénomène s'observe dans des circonstances semblables pour la province d'Alava; car on y peut voir aujourd'hui du village de Salvatierra le clocher de Salduende. Les quatre points mentionnés sont sur une ligne passant de l'ouest à l'est et sensiblement parallèle au système du Sancerrois. Il existe une distance de 225 kil. entre les deux points extrêmes de la ligne du soulèvement (1).

La Méditerranée est aussi soumise à des dénivellations séculaires; ses bassins affaissés et le relief tourmenté de son fond amènent à supposer que l'action volcanique a exercé une certaine influence sur leur formation. Les grandes masses qui sont un des principaux caractères des côtes et leurs contours tourmentés semblent être les restes de grands cataclysmes. Selon M. G. Maw, ces côtes sont soumises tantôt à l'élévation, tantôt à la dépression. L'absence générale de falaises indique que la mer n'a pas séjourné une assez longue période au niveau actuel, pour creuser des es-

(1) M. Botello.

carpements ; ce qui implique un changement récent et probablement une dépression. Les exhaussements sont assez nombreux ; M. Gwyn Jeffreys a observé à Antibes un dépôt coquillier contenant vingt-cinq espèces de coquillages placé à 10 mètres au-dessus du niveau de la mer. Au nord de Gilbraltar, il existe un pareil dépôt qui se rapporte à une zone littorale, plus haute de 4 mètres que les plages environnantes.

Aux environs de Nice, on a constaté plusieurs traces non équivoques de soulèvement. Il existe au cap Saint-Hospice, à 12 mètres au-dessus du niveau de la mer, des bancs de coquilles qui sont pareilles à celles qu'on trouve aujourd'hui dans la rade de Villefranche. A Grimaldi, près de Menton, les trous de pholades s'observent à 25 mètres au-dessus de la plage. Sur d'autres points il se produit un affaissement : Narbonne, Fréjus, Aigues-Mortes, qui étaient des ports florissants au commencement de notre ère, sont maintenant retirés dans les terres.

Peut-être les oscillations lentes ou brusques de l'écorce terrestre sont-elles une des conditions d'harmonie du globe et un moyen pondérateur dans la mécanique terrestre ?

IV

Les tremblements de terre sous-marins.

Les phénomènes volcaniques sous-marins sont difficiles à constater. — Exemples de divers volcans sous-marins. — Eruptions sous-marines contemporaines dans la mer de Grèce. — Effets des tremblements de terre sur le fond de la mer. — Une région volcanique au milieu de l'océan Atlantique. — Description des secousses ressenties. — Tableau des observations sur cette région d'après les journaux de bord.

La surface du globe est bouleversée par des cataclysmes ignés, qui atteignent aussi bien les continents que les territoires submergés, beaucoup plus étendus que les parties émergées. Le défaut d'observations, l'insensibilité de la masse d'eau qui recouvre les régions, où les phénomènes se produisent, cachent plutôt ces éruptions, qui ne laissent pas de traces. Dans les endroits peu profonds, leurs déjections s'accumulent, les coulées et les roches qu'ils lancent finissent par former un cône dont la cime émerge bientôt.

Dans les îles Aléoutiennes des exemples nombreux ont été observés. En 1796, M. Krinckhoff vit à la pointe d'Umnak une éruption nocturne, sortant de la mer même avec une telle intensité, qu'à dix milles du lieu de l'éruption, on distinguait ce qui se passait. La mer s'ébranla et au lever du soleil, il existait une île à l'endroit où la veille, il n'y avait aucun indice de terre.

On a aussi signalé des volcans sous-marins dans l'océan Atlantique ; ce qui prouve que, malgré la profondeur, les phénomènes séismiques se produisent encore sous une forte pression atmosphérique. Près des Açores, à l'île Saint-Michel, il surgit en 1638 un volcan qui finit par former une île de plus de 10 kilomètres de longueur ; son existence dura peu, car elle s'abîma bientôt dans la mer. L'île Sabrina, née dans son voisinage en 1822, eut un pareil sort.

Plus récemment on a vu la naissance et l'affaissement de l'île

Julia, près de la Sicile; elle apparut en juillet 1831 et s'effondra dans les eaux à la fin de la même année. On cite aussi, dans les îles de la Sonde, l'île Cracatoa, détruite et disparue à la suite d'une grande commotion volcanique, qui s'étendit à tout l'archipel.

La Grèce comptait plusieurs volcans sous-marins dans l'Archipel. D'après Pline, les îles de Delos et de Rhodes seraient « sorties des flots ». Théra et Thérasia, dans les Cyclades, ne dateraient que de la 135e Olympiade; Hiéra aurait été formée 130 ans plus tard; Thia aurait émergé le 8 des ides de juillet de l'an 19 (après J. C.). Les récits des anciens empreints d'un esprit légendaire ne sont pas tous dignes de foi; mais, si l'on juge du passé par le présent, en rapprochant les éruptions de l'île Santorin, foyer incessant d'activité volcanique, de la tradition laissée par les observateurs Grecs et Romains, il y a tout lieu de croire que ce qui se passe sous nos yeux avait également attiré leur attention. Théra, aujourd'hui Santorin, mentionnée par Pline, fut depuis un temps immémorial sujette à des éruptions intermittentes. En 726, la mer fut comblée de cendres entre Thia et Hiéra; en 1750, l'île Nea-Kameni sortit des eaux; en 1650, des tourbillons de cendres furent emportés jusqu'à Constantinople; en 1767, une nouvelle île surgit à côté de Nea-Kameni. En 1867 et 1868, des éruptions et des soulèvements se manifestèrent de nouveau et furent étudiés par des savants envoyés en mission par les différentes nations. Dans quelques-uns de ces parages tourmentés par le feu sous-marin, l'émission des gaz est assez prononcée, pour que les navires, qui viennent mouiller dans la petite baie de Vulcano, aient leurs carènes dépouillées des parasites végétaux et animaux, dont elles sont revêtues après être restées longtemps sans passer au bassin pour se faire nettoyer. L'eau acidulée qui s'y trouve détruit rapidement les corps étrangers fixés au bois ou à la coque en fer.

Quoique les volcans ne soient qu'un accident à la surface du globe, ils finissent cependant, avec leur force expansive, par soulever la base des montagnes, recouvrir les alentours de leurs déjections et amener à la surface de la mer des étendues plus ou moins considérables de ses régions inférieures. Pendant le tremblement de terre d'Acapulco en 1820, le niveau de la mer resta pendant près de deux heures à une dizaine de mètres plus bas que dans son état normal, le sol s'étant élévé d'autant.

Les tremblements de terre, qui sont des frémissements de l'écorce terrestre, occasionnent souvent des *vagues de translation*, telles que celles qui, en 1854, eurent lieu au Japon, et furent observées quelques heures après sur les côtes de Californie ; leur vitesse avait été de plus de 700 kilomètres à l'heure, sans avoir été dérangées dans leur course par les îles dont l'océan Pacifique est parsemé.

La conflagration ignée au sein des mers a pris une part importante dans les modifications successives du sol sous-marin. Peut-être les phénomènes volcaniques ont-ils été beaucoup plus intenses pendant les périodes anciennes? Peut-être certains bouleversements, dont nous retrouvons à peine les traces, ont-ils comblé les mers, ou bien ont-ils formé des dépressions envahies par les eaux? Le feu et l'eau ont eu une part commune et même simultanée dans la transformation de l'écorce terrestre.

Les tremblements de terre se font ressentir non-seulement à proximité des côtes, mais encore au large, dans les endroits où la profondeur est très-grande. Il existe au milieu de l'océan Atlantique, dans une région comprise entre 5° latitude Nord et 4° latitude Sud, 32° et 20° longitude Ouest, où les commotions volcaniques ont été fréquemment mentionnées par les navigateurs. Comme elle est située sur une route assez suivie pour les navires qui doublent les Caps, les constatations présentent assez de certitude. En examinant la carte, on voit que les perturbations sous-marines furent souvent prises par les navigateurs pour des bancs de sable. Les effets ressentis sont parfaitement comparables au talonnement sur un banc.

Les premières observations remontent à 1747, et, depuis, elles ont été successivement portées sur les cartes marines. Tout récemment M. E. B. des Essards, enseigne de vaisseau, s'exprimait ainsi sur les secousses ayant eu lieu en pleine mer aux abords du récif Penedo de San Pedro : « Le 10 septembre 1869, nous venions de franchir l'équateur, remontant vers l'Europe, lorsque, vers une heure du matin, la frégate éprouva une violente secousse *de bas en haut*, qui se prolongea latéralement en s'affaiblissant, pendant près d'une demi-minute. L'impression causée par cette secousse est à peu près la même qu'on ressent en heurtant un bas-fond et en continuant à monter dessus, ou en rencontrant un petit navire, le coulant et passant par-dessus. La secousse fut assez violente pour que la sonde jetée dans la cale accusât 45 centimètres d'eau, tandis que deux heures avant elle était étanche. Nous n'avons jamais fait tant d'eau en 24 heures, si ce n'est après une tempête au Sud de la Tasmanie (1). »

Ces *tremblements de mer* se sont produits depuis le siècle dernier jusqu'en 1842 tout près de l'équateur, dans l'hémisphère Sud ; de

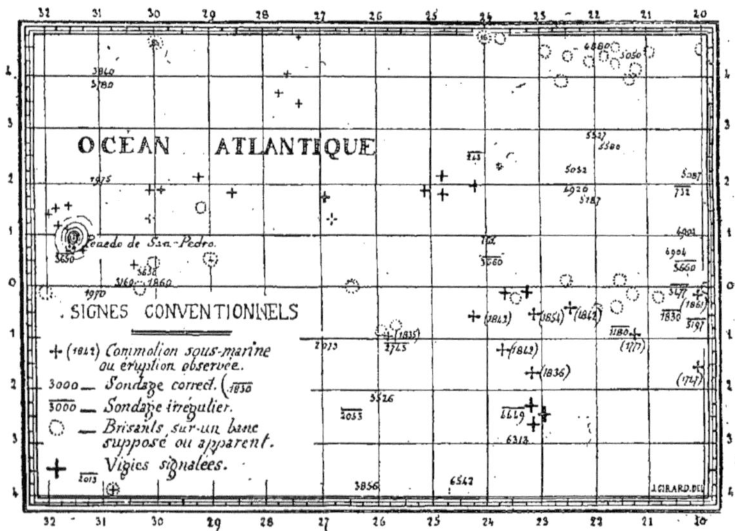

Fig. 115. — Carte d'une région volcanique sous-marine dans l'océan Atlantique.

1840 à 1860, aucune secousse n'a été signalée. Elles le furent ensuite à gauche du 30e méridien, c'est-à-dire 100 à 150 lieues plus à l'Ouest. L'espace compris entre le 25e et le 30e étant sillonné par les navires qui viennent couper la bande des calmes équatoriaux à leur plus faible épaisseur, il est admissible que si aucune secousse n'a été remarquée, il a dû y avoir interruption momentanée. Les quelques notions que l'on possède sur ce sujet autorisent à croire qu'il existe une chaîne de montagnes volcaniques cachées par les

(1) *Bulletin de la Soc. de Géog.*, septembre 1872.

eaux, comparable à celle de la Cordillère des Andes dans l'Amérique du Sud, où il y a une quantité de cratères en activité. La grande profondeur indiquée par les sondages montre que les phénomènes sont bien énergiques, puisqu'ils se transmettent à travers une couche d'eau épaisse de 2,500 à 4,000 mètres.

Les observations faites par les différents navigateurs sont résumées dans le tableau suivant (1) :

Latitude.	Longitude.	Nom du navire.	Date.	Phénomènes observés.
0°,20' S.	23°,30' O.	*La Silhouette.*	»	Tremblement de terre, comme si le navire râclait le fond.
0 ,42' S.	22 ,47' O.	*Pacifique*.. ..	3 oct. 1771.	Effet de tremblement de terre.
1 ,30' S.	20 ,5' O.	*Mulet*........	21 mars 1788.	Sensation comme un navire qui touche et pare.
0 ,32' S.	19 ,57' O.	*Triton*........	18 déc. 1816.	Sensation comme un navire qui touche et pare.
0 ,31' S.	20 ,5' O.	*Dolphin*......	»	Sensation comme un navire qui touche et pare.
0 ,2' S.	17 ,42' O.	*Licorne*......	22 juill. 1816.	Effet d'un navire qui laboure un fond (2 secousses).
0 ,22' S.	23 ,26' O.	*Aigle*.......	12 avril 1831.	Choc de 15 secondes.
0 ,22' S.	23 ,22' O.	*Seine*.........	novemb. 1832.	Secousses très-fortes.
0 ,40' S.	22 ,30' O.	*Philanthrope*..	28 janv. 1836.	Secousses : 3 minutes, effet d'un échouement.
1 ,35' S.	22 ,47' O.	—	1836.	Secousses : 3 minutes, effet d'un échouement.
0 ,35' S.	18 ,10' O.	*Henri Tanner*.	novemb. 1836.	Secousses : 3 minutes, effet d'un échouement.
0 ,46' S.	22 ,36' O.	*A. Maury*.....	19 janv. 1842.	Durée : 3 min., bruit sourd de roulement.
0 ,30' S.	22 ,23' O.	—	— 1842.	Durée : 3 min., bruit sourd de roulement.
0 ,57' S.	23 ,7' O.	*Neptune*......	5 févr. 1845.	Effet comme si l'on touchait, durée : 4 minutes.
0 ,12' N.	21 ,20' O.	*Mariès*.......	13 oct. 1852.	15 minutes, haute montagne d'eau.
3 ,30' S.	24 ,30' O.	—	17 juill. 1852.	Le navire raguait, vapeurs, la mer en ébullition.
0 ,56' S.	24 ,58' O.	*Chrysolite*....	— 1855.	On crut avoir touché.
0 ,40' N.	0 ,26' O.	*Ann*..........	11 févr. 1855.	Mer couverte de débris phosphoriques.

(1) D'après M. Leps, *Documents manuscrits.*

Latitude.	Longitude.	Nom du navire.	Date.	Phénomènes observés.
0 ,51′ S.	21 ,46′ O.	*Ann*..........	mars 1856.	1 minute, bruit sourd, commotion.
0 ,13′ S.	21 ,25′ O.	*Regina cœli*...	30 déc. 1856.	Commotion.
0 ,13′ S.	20 ,0′ O.	*Godavery*.....	30 déc. 1856.	Durée : 10 minutes.
0 ,48′ N.	26 ,16′ O.	—	— 1859.	—
0 ,27′ N.	22 ,50′ O.	*Dalley*......	20 mars 1861.	A touché, fausse quille enlevée.
0 ,23′ S.	20 ,51′ O.	—	mai 1861.	Raguait sur un banc.
1 ,08′ N.	29 ,37′ O.	*Travailleur*...	10 sept. 1869.	Secousse de bas en haut.

V

Révélations géologiques fournies par les investigations sur le fond de la mer.

Les draguages ont fourni les éléments de la chronologie géognostique. — Absence des invertébrés dans les grandes profondeurs. — La période crétacée existe-t-elle encore actuellement ? — Mollusques inconnus à l'état vivant jusqu'aux recherches sous-marines. — Les anciens bassins marins et le fond de la mer actuelle. — Vœux pour les explorations futures et conclusion.

Les recherches sur le fond de la mer ont répondu au double but de donner des renseignements topographiques sur des régions inconnues et d'établir des bases pour les rapports entre les caractères biologiques des mers actuelles avec les mers anciennes. Les quelques mollusques que la drague a ramenés au hasard sont devenus le sujet de commentaires, qui ont jeté un nouveau jour sur l'étendue des horizons géologiques. Les géologues uniformitaires, catatrophistes, ou évolutionistes, ont ainsi des éléments pour placer la base de leurs raisonnements. Le grand livre de pierre, où est figurée l'histoire du monde, leur est ouvert par les investigations sous-marines. Ils sont ainsi assurés par des preuves palpables qu'il existe des successions énormes de dépôts accumulés dans les mers depuis les périodes antérieures; la géographie physique se reflète dans ces comparaisons; les témoignages que donnent certains naturalistes éminents sur les évolutions de la création, d'après les découvertes récentes, peuvent modifier l'histoire de la géologie, avec d'autant plus d'autorité que les observations sont dégagées de toute théorie.

Il est à remarquer que dans toutes les opérations de draguages exécutées dans ces dernières années, on n'a rencontré aucun débris d'animaux de grande taille. On n'en signale qu'une exception dans la mer du Nord. Du reste les dragues telles qu'elles sont agencées ne peuvent pas capturer de poissons, et d'ailleurs ces derniers n'ont pas d'habitat proprement dit, ou du moins on ne saurait préciser la profondeur à laquelle ils auraient été pris ni celle où ils vivent habituellement. En admettant cette hypothèse, nous en tirons des considérations géologiques d'une haute portée; car les terrains où l'on rencontre des vertébrés n'auraient pas été submergés profondément, tandis que ceux où nous voyons des Mollusques de petite taille, tels que les Foraminifères, appartiendraient à des mers profondes.

Les nouveaux travaux tendent à démontrer que, sous beaucoup de rapports, certaines zones sous-marines ont une grande analogie avec les dépôts des anciennes mers crétacées. En examinant au microscope la craie telle qu'elle existe dans les gisements qui recouvrent certaines parties des continents, et en la comparant avec la vase visqueuse que la drague ramène du fond de l'Atlantique, on aperçoit que l'une et l'autre présentent les mêmes caractères. De plus l'analyse chimique donne à peu près la même composition. Plusieurs observateurs successifs, dont les études se sont contrôlées les unes par les autres, sont d'accord sur ce point. Il se forme donc actuellement au fond des mers des roches calcaires, analogues à celles qui existent sur les terres. Nous serions, suivant ce raisonnement, encore en pleine époque crétacée! Cette idée est parfaitement admissible, si on la rapproche de la valeur donnée aux « époques géologiques » qui sont indéterminées, puisqu'on ne peut leur assigner ni commencement, ni fin. Ceci concorde aussi avec l'acception avec laquelle on prend le mot: « mer, » simple terme géographique dont la définition reste également vague.

Il y a cependant une certaine différence entre les deux formations. La vase élémentaire de l'Atlantique, remplie de Globigérinées et d'autres organismes délicats, renferme plus de types siliceux, tels que les spicules d'éponges, que la craie ancienne. La silice ayant existé originairement dans les mers crétacées, il est possible que les paquets de spicules d'éponge subsistent plus que les corps organiques, qui se transforment en carbonate de chaux. Nous avons vu aussi que le fond de certaines mers est privé de ces mêmes Foraminifères qui tapissent les régions sub-atlantiques. La restriction de la vie animale dans certains cas est due à la stagnation, résultat de l'absence de circulation verticale. Il serait donc plausible, d'après ce principe, de reconnaître si les roches neptuniennes appartenaient à un bassin intérieur ou à une mer bouleversée par les courants.

Parmi les roches qui constituent la croûte stratifiée du globe, depuis la formation la plus ancienne, jusqu'à la plus récente, il y en a peu qui aient pris naissance dans des eaux très-profondes. Si cela est exact, nous devons admettre que les surfaces actuelles de nos continents, circonscrites par une courbe tracée à la profondeur d'environ 400 mètres, ont gardé depuis le commencement de l'évolution géologique leurs contours et leurs portions relatives en face des Océans plus profonds. Les continents ont toujours été des surfaces de soulèvement graduel avec des oscillations comparativement légères; et les Océans des surfaces de dépression graduelle, avec des oscillations verticales également légères (1).

Si l'on interroge la géologie sur la présence de certains animaux contemporains dans les grandes profondeurs, dont autrefois les espèces semblables habitaient les mers peu profondes, il semble que la seule explication plausible soit celle d'Agassiz : « On doit admettre dans le développement de la terre un déplacement des conditions favorables à la conservation de certaines espèces inférieures, assez considérables pour nous rappeler de la façon la plus complète les adaptations des âges primitifs. » Ainsi on a retrouvé dans les grands fonds à plusieurs endroits consécutifs des représentants des premiers temps, prévision justifiée par les recherches faites pendant la campagne du *Hassler;* on a rencontré à 100 kilomètres du cap Frio, par une profondeur de 90 mètres, un crustacé à trois lobes, composé d'un grand nombre d'anneaux; il fut nommé dès son apparition : *Tomacaris piercei*. Ce représentant vivant des *Trilobites* indiquerait comme pour les Globigérinées caractéristiques de la craie, que les couches qui remontent à une période incalculable sont encore en voie de formation au fond des mers actuelles, car aucune trace de ce groupe n'a encore été constatée dans les stratifications modernes. Seulement Agassiz a trouvé également un *Holopus*, spécimen connu jusqu'ici à l'état fossile. La drague a ramené pendant la campagne du *Hassler* des *Mi-*

(1) Agassiz.

craster vivants ; ces échinodermes spéciaux à la formation crétacée étaient inconnus jusqu'alors à l'état vivant. La petite espèce que l'on a draguée est très-abondamment représentée dans les couches crétacées supérieures. La même observation s'applique à la trouvaille d'un *Pleurotomaire* par l'amiral Cécile, dans les mers de Chine.

Les draguages de ces dernières années ont démontré que beaucoup d'espèces de mollusques qu'on croyait perdues, ont encore des représentants. Mais, quoiqu'il soit démontré que les mers recèlent des types contemporains des époques reculées, on ne saurait cependant admettre sans restriction des conclusions trop générales, sur l'assimilation du dépôt qui se forme au fond des régions marines, avec des terrains repérés au moyen de ces mêmes fossiles. Un dépôt de fossiles s'effectue de la même manière que ceux qui procèdent d'une substance tenue en suspension dans l'eau. Il n'est pas invraisemblable, suivant certaines doctrines géologiques, qu'il y ait une graduation subsidiaire pour les terres émergées, comme pour celles qui sont sous les eaux. Les nombreux types crétacés extraits de la mer laisseraient supposer une *continuité absolue* de certaines formations.

Aucune roche stratifiée, depuis les plus anciennes jusqu'aux plus récentes, n'a été déposée dans les grandes profondeurs de la mer ; les oscillations des continents ne se sont opérées que dans des limites assez restreintes ; la situation relative d'un continent américain et des régions profondes de l'océan Atlantique doit avoir été à peu près toujours de même qu'à l'époque actuelle. Des dépôts de matériaux incohérents, sans aucune trace d'organismes marins, ne peuvent se former au fond de la mer.

Le génie humain qui peut s'exercer sur l'étendue entière du globe par les explorations des savants augmente tous les jours l'étendue des connaissances géographiques ; les contrées les plus éloignées finissent par être dévoilées.

Les recherches sur le fond des mers nous réservent encore beaucoup de révélations précieuses. Malheureusement sondages et draguages sont des opérations qui exigent de grands sacrifices. Aussi serait-il à désirer, d'une part, que les pays où la science du monde souterrain est en honneur voulussent bien prélever, sur le budget de leur marine, les moyens de poursuivre méthodiquement et avec continuité l'étude de ces questions ; d'autre part, que les navigateurs indépendants accordassent leur concours aux recherches, qui peuvent paraître de minime importance quant à présent, mais dont les résultats deviendront chaque jour plus évidents. Espérons que le siècle actuel ne s'écoulera pas, sans que les grands problèmes intéressant la surface de notre planète ne soient fort avancés, si du moins il n'est pas permis à la science de les résoudre d'une manière complète.

Observer toujours ! ne pas laisser un seul coin du globe sans l'observation minutieuse des investigateurs ! Les mystères de l'histoire du globe seront dévoilés et systématisés par une synthèse solide, d'accord avec les faits, bien équilibrée et vraiment philosophique.

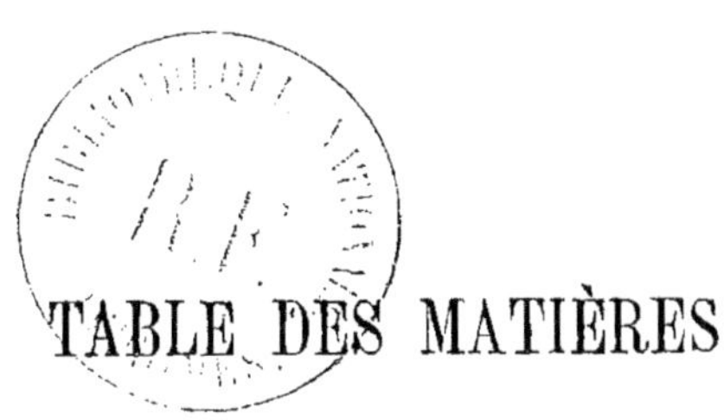

TABLE DES MATIÈRES

DEUXIÈME PARTIE

LA VIE DANS LES PROFONDEURS DE LA MER.

TROISIÈME PARTIE

LES EAUX.

QUATRIÈME PARTIE

LES MERS PRIMITIVES.

FIN DE LA TABLE

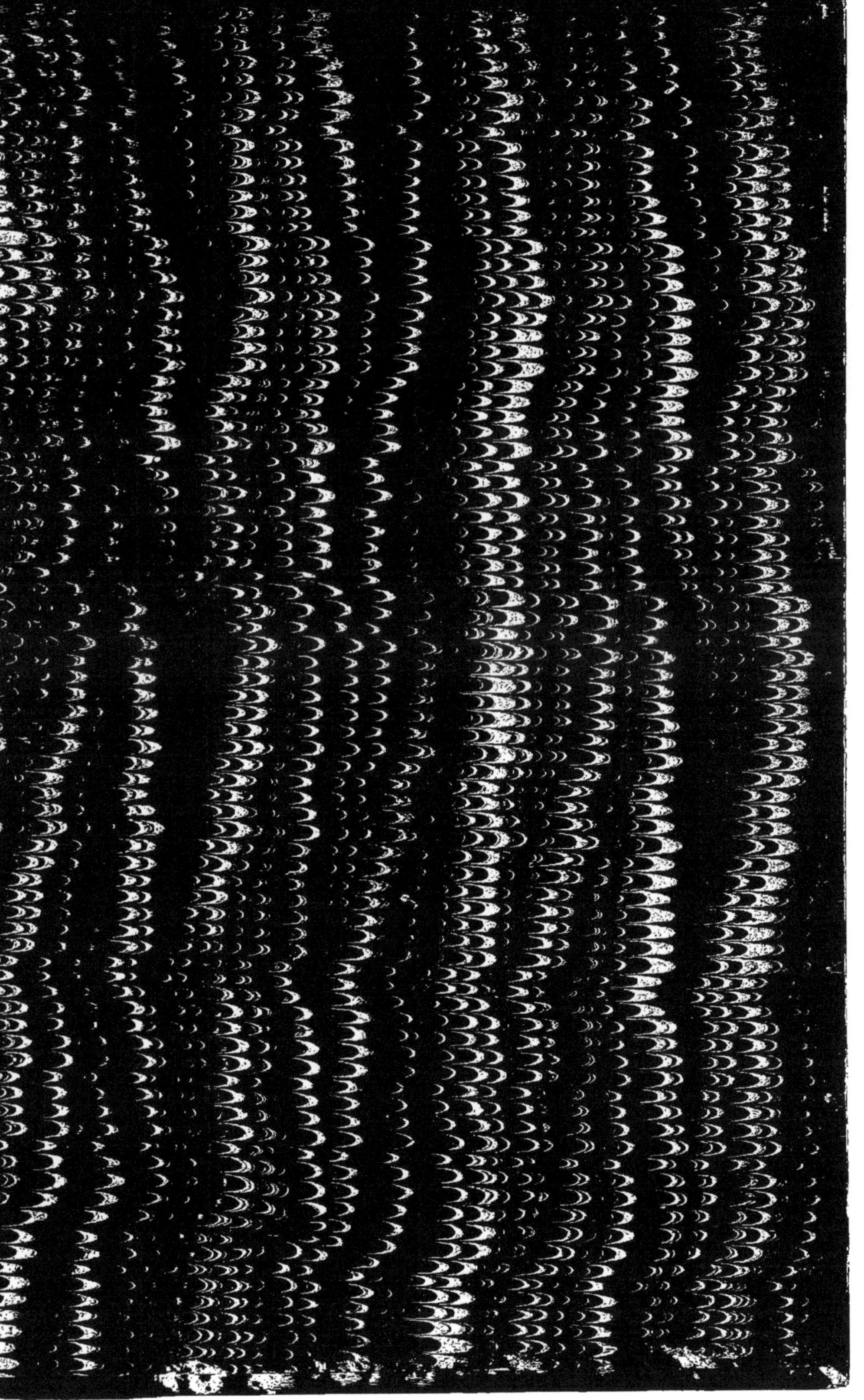

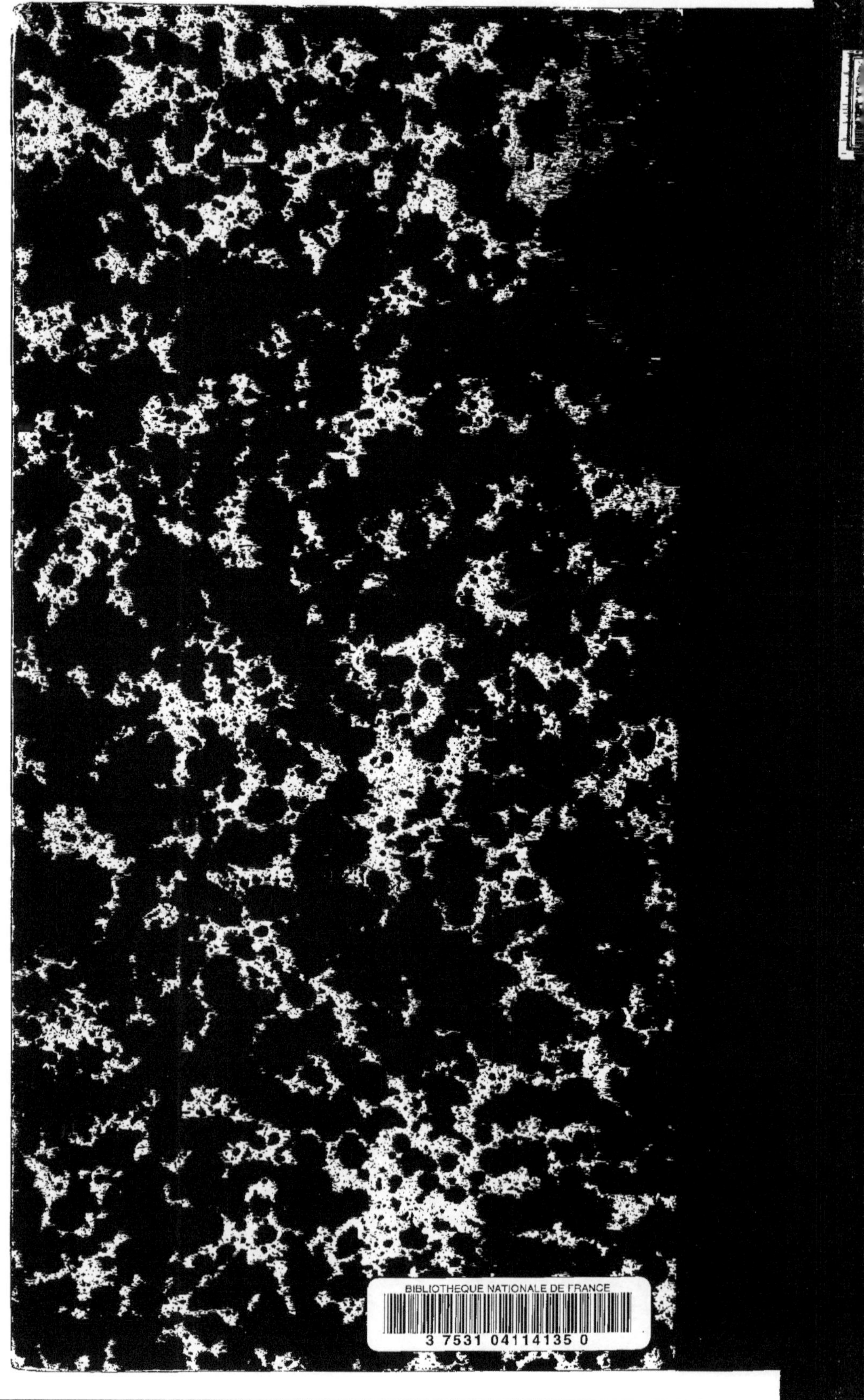
BIBLIOTHEQUE NATIONALE DE FRANCE
3 7531 04114135 0